海贼宝藏考研系列辅导书

# 操作系统抢分攻略

## 真题分类分级详解

海贼宝藏◎组编　胡光 宿叶露 孟迪◎编著

人民邮电出版社
北京

图书在版编目（CIP）数据

操作系统抢分攻略 ： 真题分类分级详解 / 海贼宝藏组编 ； 胡光，宿叶露，孟迪编著. -- 北京 ： 人民邮电出版社，2023.12
ISBN 978-7-115-62460-4

Ⅰ. ①操… Ⅱ. ①海… ②胡… ③宿… ④孟… Ⅲ. ①操作系统－研究生－入学考试－题解 Ⅳ. ①TP316-44

中国国家版本馆CIP数据核字(2023)第149997号

## 内 容 提 要

本书面向参加计算机相关专业的硕士研究生招生考试（以下简称计算机考研）的考生，以全国硕士研究生招生考试计算机学科专业基础（以下简称全国统考）的考试大纲中“操作系统”部分的内容为依据，在研究、分析全国统考和院校自主命题考试的历年真题及其命题规律的基础上编写而成。

本书就全国统考的考试大纲进行了深入解读，提供了应试策略，并根据“操作系统”所涉及考点的知识体系分章讲解，每章以“知识点分类+经典例题精解”的形式，剖析了常考题型、命题特点及解题方法，帮助考生掌握解题思路与解题技巧。此外，章末提供了“过关练习”，供考生进行自测练习。本书还提供了面向“操作系统”的2套全真模拟题，供考生实战演练。

本书适合参加计算机考研（包括全国统考和院校自主命题考试）的考生备考学习，也适合作为计算机相关专业学生的学习用书和培训机构的辅导用书。

◆ 组　　编　海贼宝藏
编　　著　胡　光　宿叶露　孟　迪
责任编辑　李　莎
责任印制　王　郁　胡　南

◆ 人民邮电出版社出版发行　　北京市丰台区成寿寺路 11 号
邮编　100164　　电子邮件　315@ptpress.com.cn
网址　https://www.ptpress.com.cn
固安县铭成印刷有限公司印刷

◆ 开本：787×1092　1/16
印张：14.5　　2023 年 12 月第 1 版
字数：349 千字　　2023 年 12 月河北第 1 次印刷

定价：69.80 元

读者服务热线：(010)81055410　印装质量热线：(010)81055316
反盗版热线：(010)81055315
广告经营许可证：京东市监广登字 20170147 号

# 前 言

## 本书主旨

“操作系统”是计算机学科的基础课程，也是计算机考研（包括全国统考和院校自主命题考试）涉及的重要内容。学好操作系统不仅有助于了解操作系统的工作原理，能更好地应对计算机考研，更有助于提高解决问题的能力，这对考生的个人成长大有裨益！

在计算机考研中，由于题量大、涉及的知识点多，不少考生难以抓住重点，导致考试成绩不理想。因此，为了帮助莘莘学子在较短的时间内掌握复习要点及解题方法，提高应试分数，我们深入研究与剖析计算机考研中的历年考点与考题，以新发布的全国统考大纲为蓝本，以计算机考研中的重点和难点为主线，精心编写了本书。

## 主要学习目标

全国统考的考查内容包括4部分——数据结构、计算机组成原理、操作系统和计算机网络，重点考查考生掌握相关基础知识、基本理论的情况，以及分析问题、解决问题的能力。

根据全国统考大纲对于“操作系统”部分的考查要求，本书主要帮助考生达成以下学习目标。

（1）掌握操作系统的基本概念、基本原理和基本功能，理解操作系统的整体运行过程。

（2）掌握操作系统进程、内存、文件和I/O管理的策略、算法、机制以及相互关系。

（3）能够运用所学的操作系统原理、方法与技术分析问题和解决问题，并能利用高级程序设计语言（如C语言）描述相关算法。

## 本书主要特色

（1）紧扣全国统考大纲，明确复习要点，减少复习时间。

本书深入研究全国统考和各院校自主命题考试的相关真题，依据全国统考大纲分类提炼考点，不仅有清晰的知识结构，而且准确地对各考点进行考情分析，归纳有效的学习方法，帮助考生抓住复习重点，提高复习效率。

（2）详细讲解大量真题和例题，揭示命题思路，点拨应试技巧。

对于每一考点注重结合不同的题型，采取以题带点、以点带面的方式进行讲解。所用题目为精选的相应历年真题或精心编写的典型例题，考生不仅能在学习解题的过程中巩固所学知识，而且能熟悉各种题型的解题思路与命题特点，从而有效提高应试能力。

（3）提供特色小栏目，直击命题要点，提高应试技能。

书中提供“知识链接”“误区警示”“解题技巧”“高手点拨”4个小栏目。其中，“知识链接”主要给出题目中涉及知识点的概念、理论，便于考生回顾考点，加深对知识的理解；“误区警示”主要用于点拨考生易犯的答题错误；“解题技巧”主要提供快速解题的方法和答题技巧；“高手点拨”主要是总结解题方法和归纳重点、难点。

（4）各章末尾均提供“过关练习”，考生可加以练习，提高解题能力。

在各章末尾，按该章考点所涉及的不同题型提供过关练习题。这些练习题是根据计算机考研的命题特点进行精心设计的。考生通过完成这些高质量的练习题，并与书中所提供的参考答案进行对照和检验，不仅可以巩固所学知识，还可进一步掌握重点、攻克难点，并能举一反三。

### 怎样使用本书

若要更好地使用本书进行备考，建议阅读以下提示。

（1）充分了解计算机考研的要求，明确复习思路。建议考生在充分了解全国统考大纲的考查要求后，跟随本书复习考查重点，掌握解题思路和解题技巧，提高应试能力。

（2）抓住计算机考研的重点，有的放矢。不主张考生采用题海战术，因为并不是练习题做得越多就越好。考题的要求虽然会千变万化，但是考查的重点与方式基本不变。因此，考生应注意对各种知识点进行归纳总结，并全面提高自己的记忆能力，这样在复习时才能抓住重点，掌握解题要领，以不变应万变。

### 说明

对于本书的选择题，若无特殊说明，均为单项选择题。

在本书的编写与出版过程中，尽管编者精益求精，但水平有限，书中若有不足之处，恳请广大读者批评指正，联系邮箱为 wangxudan@ptpress.com.cn。

最后，我们相信一分耕耘，一分收获。衷心祝愿本书的每一位读者都能开卷有益，更上一层楼！

编 者

# 目录

## 考纲分析与备考策略



## 第一章　操作系统概述

# 第二章 进程管理



# 第三章 处理机调度与死锁

## 第四章　内存管理

# 第五章 I/O 管理



# 第六章 文件管理

## 第七章 全真模拟题

# 考纲分析与备考策略

## 一、考试简介

全国硕士研究生招生考试是指教育主管部门和招生机构为选拔研究生而组织的相关考试的总称。考试分初试和复试两个阶段进行。初试由国家统一组织，复试由招生单位自行组织。

初试一般设置4个考试科目，分别是思想政治理论、外语、业务课一和业务课二，满分分别为100分、100分、150分和150分。初试方式均为笔试，考试的第一天上午考查思想政治理论，下午考查外语；第二天上午考查业务课一（数学或专业基础课），下午考查业务课二（专业课）。每一科目考试时长均为3小时。

对于计算机考研而言，业务课一是数学，业务课二则根据学校或专业的不同，考查内容也会不同。目前来看，越来越多的学校对计算机或信息相关专业的业务课二，偏向于选择全国统考，也有一部分学校是自主命题。因而，考生在备考业务课二之前，要先明确所报考院校的考查科目和考查内容。例如，在中国海洋大学2023年的硕士研究生招生考试中，计算机科学与技术专业（专业代码为081200）的业务课二考查的是计算机学科专业基础，而保密科学与技术专业（专业代码为0812Z1）的业务课二则考查计算机网络与安全；在中南大学2023年的硕士研究生招生考试中，计算机科学与技术专业（专业代码为081200）的业务课二考查的是数据结构。

## 二、考试方式

全国统考主要考查计算机科学与技术领域的核心知识和技能，旨在培养学生在该领域的研究和应用能力。考试内容较为广泛，包括计算机科学与技术的基础理论、专业知识和应用技术，涉及了数据结构、计算机组成原理、操作系统和计算机网络4部分内容。

答题方式为闭卷、笔试；考试时间为180分钟；试卷满分为150分，其中数据结构45分、计算机组成原理45分、操作系统35分、计算机网络25分；试卷题型结构为选择题80分（40小题，每小题2分），综合应用题70分。

在全国统考中，操作系统的总体分值一般是35分，约占总分的23%。具体考查的题型、题量及分值如下表所示。

| 题型与题量 | 选择题 | 综合应用题 |
| --- | --- | --- |
| | 10道（第23～32题） | 2道（第45、46题） |
| 分值/题 | 2分 | 7分（第45题）、8分（第46题） |
| 总分 | 20分 | 15分 |
| 合计 | 35分 | |

一些自主命题院校会有所不同，以北京交通大学计算机与信息技术学院的 2023 年硕士研究生招生考试为例，其考查的专业课为数据结构和操作系统，其中操作系统占 60 分，其具体的题型、题量及分值如下表所示。

| 题型与题量 | 选择题 | 判断题 | 综合应用题 |
| --- | --- | --- | --- |
| | 10 道 | 10 道 | 4 道 |
| 分值 / 题 | 2 分 | 1 分 | 10 分 |
| 总分 | 20 分 | 10 分 | 40 分 |
| 合计 | 60 分 | | |

而在哈尔滨工程大学软件工程专业的 2023 年硕士研究生招生考试中，考查的也是数据结构与操作系统，其中操作系统占 60 分，其具体的题型占题量及分值如下表所示。

| 题型与题量 | 选择题 | 填空题 | 综合应用题 |
| --- | --- | --- | --- |
| | 10 道 | 10 道 | 4 道 |
| 分值 / 题 | 1 分 | 1 分 | 10 分 |
| 总分 | 10 分 | 10 分 | 40 分 |
| 合计 | 60 分 | | |

再次强调，考生在备考前一定要了解自己心仪院校相关专业业务课二的考查内容及分数的分配情况，从而协调分配自己的复习时间，以达到高效复习的目的。

## 三、考试大纲解读

在全国统考中，对操作系统部分的考查目标如下。

（1）掌握操作系统的基本概念、基本原理和基本功能，理解操作系统的整体运行过程。

（2）掌握操作系统的进程、内存、文件和 I/O 管理的策略、算法、机制以及相互关系。

（3）能够运用所学的操作系统原理、方法与技术分析问题和解决问题，并能利用 C 语言描述相关算法。

1. 考查要点概览

根据新版的全国统考大纲，操作系统部分的主要考查内容是操作系统概述、进程管理、内存管理、I/O 管理、文件管理。

基于历年真题的分析，总结出常考知识点的分布情况，如下页表所示。

| 内容 | 考试大纲要求 | 历年高频考点 | 分值比例 | 复习重要程度 |
| --- | --- | --- | --- | --- |
| 一、操作系统概述 | 了解操作系统结构、虚拟机；理解操作系统引导过程、操作系统发展历程；掌握操作系统的基本概念，了解程序运行环境 | 1. 操作系统的概念、特征和功能<br>2. 内核态与用户态<br>3. 中断、异常<br>4. 系统调用 | 12.7% | ★★ |
| 二、进程管理 | 了解进程与线程的基本概念；理解线程的实现，进程与线程的组织与控制，进程间通信，锁，调度的基本概念、目标和实现，调度器，上下文及其切换机制，死锁的基本概念以及检测与解除；掌握进程和线程的基本方法、进程 / 线程的状态与转换、同步与互斥的基本概念以及基本实现方法、死锁预防；重点掌握信号量和经典同步问题、典型调度算法、死锁避免 | 1. 进程与线程<br>2. 进程状态与进程控制<br>3. 处理机调度<br>4. 进程同步与互斥<br>5. 经典同步问题<br>6. 死锁<br>7. 管程 | 36.9% | ★★★ |
| 三、内存管理 | 理解内存管理的基本概念、连续内存分配、段页式管理、内存映射文件、抖动、虚拟存储器的性能影响因素及改进方法；掌握页式管理和段式管理；重点掌握请求页式管理和页置换算法 | 1. 内存管理的概念<br>2. 连续分配管理方式<br>3. 非连续分配管理方式<br>4. 虚拟页式存储管理<br>5. 抖动 | 24.5% | ★★★ |
| 四、I/O 管理 | 了解设备的基本概念、I/O 应用程序接口、设备驱动程序接口、固态硬盘；理解 I/O 软件层次结构、设备分配与回收；掌握 I/O 控制方式、假脱机技术；重点掌握磁盘相关知识点 | 1. 磁盘组织与管理<br>2.I/O 软件的层次结构<br>3.I/O 调度与缓冲区<br>4. 设备分配与回收 | 9.6% | ★ |
| 五、文件管理 | 了解文件的基本概念、文件的操作、文件系统的全局结构、文件系统挂载；理解文件元数据和索引节点、文件保护、目录的基本概念、虚拟文件系统；掌握树形目录、目录的操作、硬链接和软链接；重点掌握文件的逻辑结构和物理结构、外存空闲空间管理方法 | 1. 目录结构<br>2. 文件共享和文件保护<br>3. 文件的操作<br>4. 文件实现 | 16.3% | ★★ |

大家可以看到，进程管理分值比例超过了 35%，所以在本书中，我们把进程管理的内容划分为两章来讲解，分别是第二章的“进程管理”和第三章的“处理机调度与死锁”。

2. 命题趋势分析

2022 年的全国统考大纲是操作系统考查内容变化的一个转折点。

这次的大纲修订，主要强调了考生对操作系统整体运行过程的理解，因而考生要更加全面地理解计算机操作系统，而不是只关注具体的考点。这个变化在真题中也有所体现，题目的综合性更强，考生需要提高综合运用所学知识的能力，才能准确答题。其次，新增了外核、操作系统引导、虚拟机、线程、文件系统挂载、固态硬盘等考点。这些新增考点，虽然不是核心考查内容，但增大了操作系统考查内容的广度。

## 四、应试经验与解题技巧

考生若想在考试中取得好成绩，除了需要牢固掌握知识点外，还需要快速、准确地对一些题目作出判断和处理。因此，考生平时要多归纳和总结一些通用的答题技巧，这有助于考生更好地应对考试，提高复习效率。

1. 关键词法

在全国统考中，因为时间有限，在选择题作答过程中，应做到尽快确定答案，然后稍作验证和确认，留出更多的时间作答综合应用题。如果能够抓住题目和选项中的关键词，就能快速锁定可能的答案，锁定答案之后，再将答案和题干一起验证，确保解答正确，没有必要花费过多的时间在其他选项上。

**【全国统考 2014】下列调度算法中，不可能导致饥饿现象的是（　　）。**

A. 时间片轮转　　B. 静态优先级调度

C. 非抢占式短任务优先　　D. 抢占式短任务优先

**【解析】**本题主要考查调度算法。

本题的关键词是“饥饿”，考生在读到这个关键词之后，应该马上想到“有优先，就会有饥饿”，也就是在学习的过程中，要将“饥饿”这个关键词与“优先”这个关键词绑定在一起。那么根据关键词法的技巧，就可以初步锁定答案——A 选项。进一步验证，时间片轮转算法的特点是将 CPU 时间片分为一个一个时间片，每个就绪进程轮流执行，每个进程都会在一次调度周期内得到执行，确实不会产生饥饿现象。所以，确定 A 选项为正确答案。

**【答案】**A

2. 理解易混淆的知识点

在全国统考中，有很多知识点相互关联，但各有侧重点。考生在准备不充分的时候，往往会混淆这些概念，导致无法正确答题。这就要求考生在复习阶段，对这些易混淆的概念重点掌握，明确其区别。

**【全国统考 2015】若系统 S1 采用死锁避免方法，S2 采用死锁检测方法。下列叙述中，正确的是（　　）。**

Ⅰ. S1 会限制用户申请资源的顺序，而 S2 不会

Ⅱ. S1 需要进程运行所需资源总量信息，而 S2 不需要

Ⅲ. S1 不会给可能导致死锁的进程分配资源，而 S2 会

A. 仅Ⅰ、Ⅱ　　B. 仅Ⅱ、Ⅲ　　C. 仅Ⅰ、Ⅲ　　D. Ⅰ、Ⅱ、Ⅲ

**【解析】**本题主要考查死锁避免、死锁检测、死锁预防的概念。

S1 采用的是死锁避免方法，Ⅰ限制用户申请资源的顺序，也就是顺序资源分配法，这是为了破坏“循环等待条件”，属于死锁预防的范畴，并非死锁避免；死锁避免的方法主要采用

的是银行家算法，所以需要知道进程运行所需资源的总量信息，在分配资源时，会进行安全检查，如果资源分配可能导致死锁，则不会给进程分配资源。S2 采用死锁检测方法，死锁检测对资源分配不作限制，而是对是否发生死锁进行检测，进而决定如何解除死锁。综上所述，Ⅱ、Ⅲ叙述正确，正确答案是 B 选项。

【答案】B

3. 理解操作系统的动态变化

操作系统是动态运行的，它在不同的情况下会以不同的方式运行和响应。仅仅掌握操作系统的静态概念是不够的，因为真实的操作系统在不同的负载、并发和资源分配条件下会有不同的行为。操作系统的调度算法、内存管理、进程同步等方面的问题通常涉及操作系统在实时环境中的行为。只有通过理解操作系统如何根据不同的负载情况调整资源分配、调度任务及处理各种竞争条件，才能正确地回答与操作系统实际运行相关的问题。

**【全国统考 2017】下列有关基于时间片的进程调度的叙述中，错误的是（　　）。**

A. 时间片越短，进程切换的次数越多，系统也越大

B. 当前进程的时间片用完后，该进程状态由执行态变为阻塞态

C. 时钟中断发生后，系统会修改当前进程在时间片内的剩余时间

D. 影响时间片大小的主要因素包括响应时间、系统开销和进程数量等

【解析】本题主要考查进程调度。

题目看似只是在考查基于时间片的进程调度，但实际上考查的是与进程调度、切换，以及进程状态变化等有关的诸多知识点。要正确解答本题，需要对进程调度的各种细节有充分的了解。这也就是我们强调的动态变化，考生需要明确知道进程调度的流程及细节。B 选项中，当前进程的时间片用完后，该进程状态由执行态变为阻塞态是错误的，在这种情况下，进程应该切换到就绪态。

【答案】B

4. 综合应用题：掌握常见题目的解题技巧

在全国统考中，操作系统的综合应用题有两道，题目主要涉及进程管理、文件管理和内存管理等内容。其中，在进程管理中进程同步与互斥的考核频率很高，主要考核方向为前驱关系、进程同步与互斥等。考生在备考时，需要明确综合应用题的考核形式。综合应用题的考核形式基本稳定，所以考生只要多做题，多总结解题方法与思路，往往就能做到胸有成竹。

以考核频率最高的进程同步与互斥为例，可以总结出以下几点。

（1）P 操作又名 wait，V 操作又名 signal。

（2）用于互斥的信号量，初始值为 1。

（3）用于保护资源的同步信号量，初始值为资源的总量。

（4）用于表示前驱关系的信号量，事件未发生，信号量初始值为 0。

（5）在互斥保护时信号量的 P 操作和 V 操作应该成对出现。

（6）要查看或者修改一个变量的值，都需要使用互斥信号量保护。

（7）“前 V 后 P”。在进程同步时，信号量的 P 操作和 V 操作通常在不同的进程中出现，前面的操作之后，使用 V 操作对信号量加 1，在操作之后，需要使用 P 操作对信号量减 1。例如，只有生产了商品之后，才能销售商品，商品存放的仓库容量为 $N$，则定义信号量 Full 的初始值

为 0，生产商品后需要使用 V(Full) 操作让仓库中的商品数量加 1，商品销售后，使用 P(Full) 操作让商品数量减 1。当然，细心的考生应该在此场景下发现另外一个同步关系，即只有仓库有空间时，才能生产新的商品，这就意味着需要定义信号量 Empty 的初始值为 $N$，在销售出商品后，使用 V(Empty) 操作来将 Empty 加 1，在生产商品之后，使用 P(Empty) 操作对 Empty 减 1。

（8）前驱关系。前驱关系是一种特别特殊的同步关系。

**【全国统考 2022 年】某进程的两个线程 T1 和 T2 并发执行 A、B、C、D、E 和 F 共 6 个操作，其中 T1 执行 A、E 和 F，T2 执行 B、C 和 D。如图表示上述 6 个操作的执行顺序所必须满足的约束：C 在 A 和 B 完成后执行，D 和 E 在 C 完成后执行，F 在 E 完成后执行。请使用信号量的 wait()、signal() 操作描述 T1 和 T2 之间的同步关系，并说明信号量的作用及其初值。**

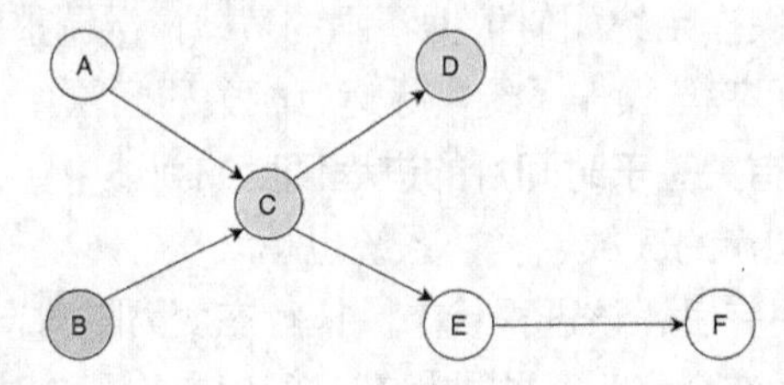


**【解析】**进程 T1 要执行 A、E、F，T2 要执行 B、C、D。由图可知，T2 执行 C 必须在 T1 执行完 A 之后，T1 执行 E 必须在 T2 执行完 C 之后。所以，有两对同步关系。

这是一道典型的前驱关系题目，每一对同步关系都可以设置一个信号量，将其值初始化为 0，表示前一事件默认未开始，比如定义信号量 a 的初始值为 0，表示 A 事件暂未发生。当 A 执行后，应该执行 V(a) 操作，而在 A 的后续操作 C 之前，必须执行 P(a)，等待 A 事件发生，这就是我们所说的前 V 后 P。

**【答案】**信号量的定义和同步关系的描述如下所示。

```
semaphore a = 0; //信号量a表示A过程是否执行，初始为0表示默认未执行
semphore c = 0;  //信号量c表示C过程是否执行，初始为0表示默认未执行
thread T1() {
    执行A;
    signal(a); //告知线程T2已经执行完A过程
    wait(c);     //等待线程T2执行完C过程
    执行E;
    执行F;
}
thread T2() {
    执行B;
    wait(a);     //等待线程T1执行完A过程
    执行C;
    signal(c); //告知线程T1已经执行完C过程
    执行D;
}
```

# 五、复习策略

对于参加全国统考的考生来说，操作系统的重要性次于数据结构和计算机组成原理，同时操作系统中有一些知识和计算机组成原理中的知识略有重叠（如内存管理、I/O 管理等内容），如果考生对计算机组成原理比较熟悉，学习操作系统会轻松一些。

综合来看，可以给大家提出以下几个建议。

（1）第一章“操作系统概述”是操作系统的基础，虽然分值占比较低，但需要重点学习，深入理解并熟练掌握。第一章所涉及的基础知识和概念，会贯穿后续所有章节，如果第一章掌握得不好，在后续学习中，对很多知识点往往难以做到真正理解。

（2）对于常考的知识点，一定要做到熟练掌握。只有做到充分理解各考点对应的历年真题且能独立解题，才意味着理解和掌握了该知识点。在做真题时，如果发现有模棱两可的情况，则必须认真学习相关理论知识，直至对知识点、考点的细节都掌握透彻。

（3）对于典型题目，特别是综合应用题，一定要多做。虽然每次考的题目乍看起来千差万别，但实际上，这些题目都是万变不离其宗，只有掌握了核心考点和考核形式，解答综合应用题时才能游刃有余。

（4）建议历年真题卷至少准备 2 套。在第一轮基础学习的时候，不需要使用真题卷。在第二轮巩固提升阶段，在学习每一章时，可以将真题卷中涉及的题目挑出来练习。在冲刺阶段，可以拿全新的真题卷，按照真实考试的要求，在一定的时间内完成操作系统部分的作答，并参照答案自己评分。对于此阶段依然做错的题目，需要重点对待，看看自己遗漏或疏忽了哪些知识点，以查漏补缺。

在全国统考中，数据结构、计算机组成原理、操作系统和计算机网络 4 个模块在一定程度上相互关联，只有进行整体学习，才能达到相辅相成的效果。

考生在备考时，可以分 3 个阶段进行。

（1）基础学习阶段：全面学习操作系统的所有知识点，可通过思维导图等方式记录笔记，快速过一遍操作系统的所有知识点。

（2）巩固提升阶段：面向考点，对自己掌握不好的，以及重点的知识进行重点学习，确保掌握高频考点。

（3）模拟冲刺阶段：基于真题进行自测，快速定位自己的弱项，开展有针对性的学习，并总结综合应用题的考核形式，确保在考场上作答时能得心应手。

# 第一章 操作系统概述

本章内容是计算机考研“操作系统”部分的基础知识。在历年考题中，单独考查基础知识的考题比例呈下降趋势。2022 年全国统考大纲就“操作系统”部分进行了较大调整，更为强调考生在掌握操作系统的基本概念、基本原理和基本功能的同时，能够深入理解操作系统的整体运行过程。这就意味着，关于操作系统基础知识的考题，会更加注重考查考生的综合运用能力。本章的考查重点是 CPU 运行模式、中断和异常、用户态和内核态的转换、系统调用等内容。

在全国统考中，所涉及的题型主要是选择题（单选题）。在近些年的全国统考中，相关的题型、题量、分值，以及高频考点的情况如下表所示。

| 题型 | 题量 | 分值 | 高频考点 |
| --- | --- | --- | --- |
| 选择题 | 2 ~ 3 题 | 4 ~ 6 分 | CPU 运行模式、中断和异常、用户态和内核态的转换、系统调用 |

**【知识地图】**

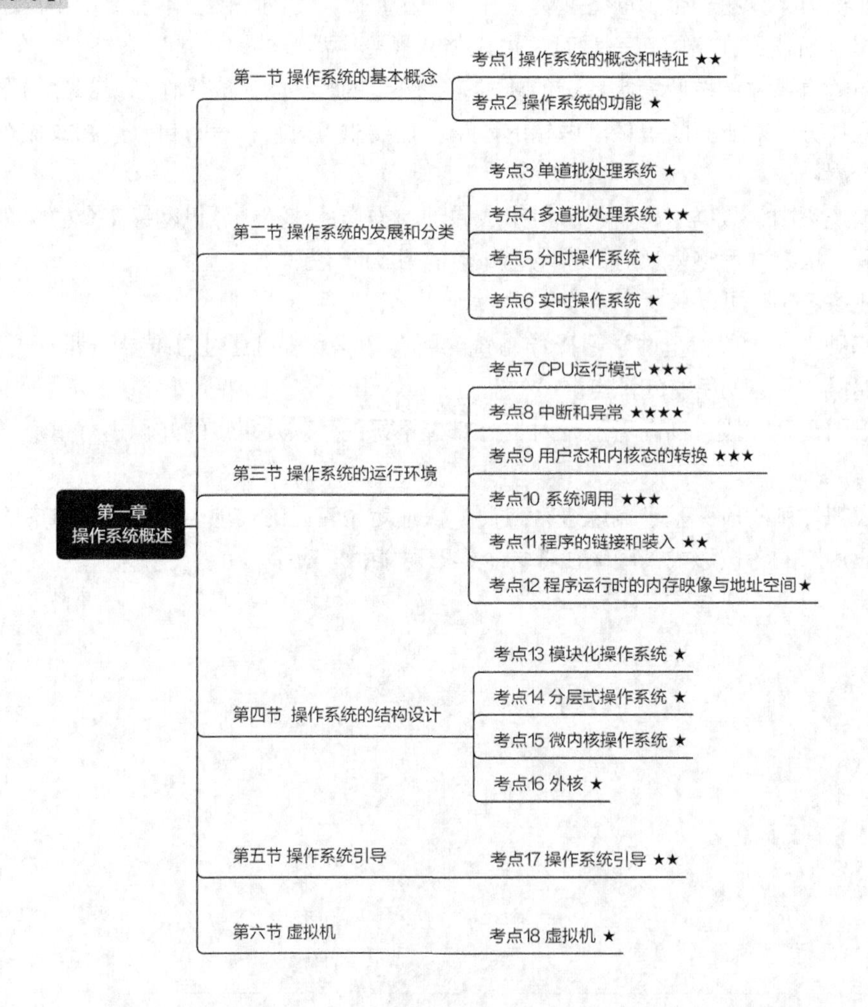

# 第一节 操作系统的基本概念

## 考点 1 操作系统的概念和特征

| 重要程度 | ★★ |
| --- | --- |
| 历年回顾 | 全国统考：2013 年（选择题）、2016 年（选择题）、2022 年（选择题）<br>院校自主命题：有涉及 |

**【例 1 · 选择题】【北京交通大学 2014 年】下面对操作系统描述正确的是（　　）。**

A. 操作系统属于应用软件

B. 操作系统控制和管理的对象是计算机硬件

C. 操作系统具有并发、共享、虚拟和异步 4 个特性

D. 操作系统跟数据库系统是同一类软件

**【解析】**本题主要考查操作系统的概念与特征。

首先要弄明白“应用软件”和“系统软件”的区别，系统软件为计算机提供最基本的功能，如操作系统、支撑软件的基本工具（编译器、文件系统、驱动管理等）。可见，系统软件的一个特征就是不针对特定领域提供特定功能。而应用软件则相反，它是根据用户的特定需求或者面向特定领域应用的功能性软件，如数据库、办公软件、微信（或 QQ）等。

操作系统可谓是计算机硬件与用户的“桥梁”，其对下管理计算机硬件，对计算机的硬件资源进行相应的组织管理，将其合理地分配给应用软件；对上负责给应用软件和用户提供支持。

操作系统不属于应用软件，A 选项描述错误。

操作系统控制和管理的对象是计算机硬件及软件，B 选项描述错误。

操作系统具有 4 个特性——并发、共享、虚拟和异步，C 选项描述正确。

数据库系统属于应用软件，D 选项描述错误。

**【答案】**C

**【例 2 · 选择题】【重庆大学 2017 年】操作系统中最基本的两个特征是（　　）。**

A. 并发和共享　　B. 并发和异步　　C. 并发和虚拟　　D. 共享与异步

**【解析】**本题主要考查操作系统的基本特征。

操作系统是直接控制和管理计算机硬件、软件资源，合理地对各类作业进行调度，以方便用户使用的程序集合。操作系统具备以下 4 个特征。

（1）并发性。两个或两个以上的程序在同一时间间隔内被执行。

（2）共享性。操作系统中的资源，可以供正在执行的多个程序共同使用。

（3）虚拟性。通过某种技术手段将一个物理实体转变成若干个逻辑上的对应物。

（4）异步性。在多道程序环境下，多个程序以不可预期的速度执行，无法确定谁先谁后，但如果运行环境保持不变，多次执行一定会得到相同结果。

其中，并发性和共享性是操作系统最基本的特征，因为并发提高了任务运行的效率，共享为资源的充分利用提供了可能性。

【答案】A

## 考点 2　操作系统的功能

| 重要程度 | ★ |
| --- | --- |
| 历年回顾 | 全国统考：2010 年（选择题）<br>院校自主命题：有涉及 |

【例 1 · 选择题】【模拟题】操作系统的功能是进行处理机管理、(　　)管理、设备管理及信息管理。

A. 进程　　B. 存储　　C. 硬件　　D. 兼容性

【解析】本题主要考查的是操作系统的基本功能。

操作系统主要包括以下几个方面的功能。

（1）进程管理，也叫处理机管理或 CPU 管理，其工作主要是进程调度。在单用户、单任务的情况下，处理器仅为一个用户的一个任务所独占，进程管理的工作十分简单。在多道程序或多用户的情况下，组织多个作业或任务时，就要解决处理器的调度、分配和回收等问题。

（2）存储管理，包含存储分配、存储共享、存储保护、存储扩张。

（3）设备管理，主要的功能有缓冲管理、设备分配、设备传输控制、设备独立性。

（4）文件管理，包含文件存储空间的管理、目录管理、文件操作管理、文件保护等功能。

（5）提供用户接口，包括命令接口、程序接口和图形接口。

【答案】B

【例 2 · 选择题】【中国科学院大学 2015 年】下面不是操作系统的功能的是(　　)。

A. CPU 管理　　B. 存储管理　　C. 网络管理　　D. 数据管理

【解析】本题主要考查的是操作系统的基本功能。

操作系统作为计算机系统资源的管理者，管理着各种各样的硬件和软件资源，所以 A 选项正确。操作系统的功能包括处理器、存储器、文件、I/O 设备以及信息等资源的存储管理，所以 B 选项正确。数据管理属于文件管理的范畴，所以 D 选项正确。网络管理不是操作系统的功能，所以本题选择 C 选项。

【答案】C

【例 3 · 选择题】【全国统考 2010 年】下列选项中，操作系统提供给应用程序的接口是(　　)。

A. 系统调用　　B. 中断　　C. 库函数　　D. 原语

【解析】本题主要考查的是系统调用的概念。

系统调用指的是操作系统提供给应用程序的接口，应用程序可以通过系统调用来请求内核服务，所以 A 选项正确。

中断是操作系统底层的一种机制，不是接口，所以 B 选项错误。

库函数是由编程语言为程序员提供的通用函数，在库函数中可能会使用系统调用，但也可以全部是简单的功能实现，如数学计算，所以 C 选项错误。

原语是对需要一次性执行的代码的总称，原语总是不可中断地、一气呵成地执行，原语也是操作系统内核的一部分，所以 D 选项错误。

【答案】A

## 第二节　操作系统的发展和分类

### 考点 3　单道批处理系统

| 重要程度 | ★ |
| --- | --- |
| 历年回顾 | 全国统考：2009 年（选择题）、2016 年（选择题）<br>院校自主命题：有涉及 |

【例 1 · 选择题】【模拟题】单道批处理系统的主要缺点是（　　）。

A. CPU 的利用率不高　　B. 失去了交互性

C. 不具备并行性　　D. 以上都不是

【解析】本题主要考查单道批处理系统的缺点。

A 选项、B 选项、C 选项讲的都是单道批处理系统的缺点，那么单道批处理系统的主要缺点是哪个呢？这就得全面且详细地了解操作系统的发展史。

单道批处理系统中的单道是指内存中只有一道程序在运行，批处理是指在系统监督程序的控制下磁带里的一批作业能一个接一个地连续处理。单道批处理系统是在解决人机矛盾以及 CPU 与 I/O 设备速度不匹配的矛盾中形成的，它提高了系统资源的使用率，具有自动性、顺序性、单道性的特点。

因为单道批处理系统在内存中仅有一道程序，所以当程序在运行中发出 I/O 请求后，CPU 便只能等待。因此单道批处理系统最主要的缺点是 CPU 的利用率不高。为了解决这个缺点，产生了多道批处理系统。多道批处理，也就是在同一时间段内，有多个作业在运行。这解决的是单道批处理系统在发起 I/O 请求后，CPU 阻塞，等待 I/O 数据的问题。多道批处理系统在 I/O 请求阻塞后，CPU 转而去执行其他任务，这提升的是 CPU 的利用率。

【答案】A

【例 2 · 选择题】【全国统考 2009 年】单处理机系统中，可并行的是（　　）。

Ⅰ. 进程与进程

Ⅱ. 处理机与设备

Ⅲ. 处理机与通道

Ⅳ. 设备与设备

A. Ⅰ、Ⅱ、Ⅲ　　B. Ⅰ、Ⅱ、Ⅳ

C. Ⅰ、Ⅲ、Ⅳ　　D. Ⅱ、Ⅲ、Ⅳ

【解析】本题主要考查单处理机系统的特点。

此题有一个关键词——并行，并行和并发的联系和区别一定要清楚。

联系：并行和并发都能增加对资源的利用率，增加系统吞吐量。

区别：并行是指在同一时刻，有两个或两个以上的进程在运行；而并发是指，在同一时间段内，有两个或两个以上的进程得到了运行。

因为只有一个 CPU，所以两个进程不可能并行，所以 I 错误。

设备由设备控制器来控制，当设备忙碌的时候，等待设备数据的进程可能会被阻塞，CPU 可以去运行其他进程，这样 CPU 也就运行了起来，处理机和设备之间就并行了，所以Ⅱ正确。

通道是简化版的 CPU，通道在处理数据的时候，不需要 CPU 处于阻塞状态等待，通道和 CPU 是可以并行的，所以Ⅲ正确。

操作系统的多个设备可以在各自设备控制器的管理下并行，如磁盘和显示器，所以Ⅳ正确。

**【知识链接】**并行的前提一定是具有多个处理机，因为进程在 CPU 上运行，且一个 CPU 同时只能运行一个进程，想在同一时刻运行多个进程，必须要有多个 CPU。

在单处理机中只有一套硬件资源（单核 CPU），进程是程序在 CPU 上的运行过程，因此，在单处理机中，进程与进程需要争夺 CPU 硬件资源，只能并发而不能并行。处理机与设备是计算机硬件系统中的不同部件，两者之间不存在争夺资源的情况，因此，是可以并行的。同理，处理机与通道、设备与设备也是可以并行的。

**【答案】**D

**【例 3 · 选择题】【全国统考 2016 年】下列关于批处理系统的叙述中，正确的是（　　）。**

Ⅰ. 批处理系统允许多个用户与计算机直接交互

Ⅱ. 批处理系统分为单道批处理系统和多道批处理系统

Ⅲ. 中断技术使得多道批处理系统的 I/O 设备可与 CPU 并行工作

A. 仅Ⅱ、Ⅲ　　B. 仅Ⅱ　　C. 仅Ⅰ、Ⅱ　　D. 仅Ⅰ、Ⅲ

**【解析】**本题主要考查批处理系统。

Ⅰ错误，批处理系统中，作业执行时用户无法干预其运行，只能通过实现编制作业控制说明书来间接干预，缺少交互能力，也因此才发展出分时系统。Ⅱ正确，批处理系统按发展历程分为单道批处理系统和多道批处理系统。Ⅲ正确，多道程序设计技术允许同时把多个程序放入内存，并允许它们交替地在 CPU 中运行。多个程序共享系统中的各种硬件、软件资源，当一道程序因 I/O 请求而暂停运行时，CPU 便立即转去运行其他程序，即多道批处理系统的 I/O 设备可与 CPU 并行工作，这都是借助中断技术实现的。

**【答案】**A

**【例 4 · 选择题】【浙江大学 2012 年】批处理系统的主要特点是（　　）。**

A. CPU 利用率高　　B. 不能并发执行　　C. 缺少交互性　　D. 以上都不是

**【解析】**本题主要考查批处理系统的特点。

批处理系统分为单道批处理系统和多道批处理系统。

CPU 利用率高是多道批处理系统的主要特点，但是题目没有说明是单道批处理系统还是多道批处理系统，所以如果是单道批处理系统的话，CPU 利用率就不高了，A 选项错误。

对于多道批处理系统，是支持作业的并发执行的，B 选项错误。

缺乏交互性是单道批处理系统和多道批处理系统共有的主要缺点，也是主要特点。一旦提交作业，用户就失去了对其运行的控制能力，使用不方便，C 选项正确。

【答案】C

## 考点 4　多道批处理系统

| 重要程度 | ★★ |
|---|---|
| 历年回顾 | 全国统考：2012 年（选择题）、2016 年（选择题）、2017 年（选择题）、2018 年（选择题）、2022 年（选择题）<br>院校自主命题：有涉及 |

**【例 1 · 选择题】【全国统考 2012 年】一个多道批处理系统中仅有 P1 和 P2 两个作业，P2 比 P1 晚 5ms 到达，它们的计算和 I/O 操作顺序如下：**

P1：计算 60ms，I/O80ms，计算 20ms。

P2：计算 120ms，I/O40ms，计算 40ms。

若不考虑调度和切换时间，则完成两个作业需要的时间最少是（　　）。

A．240ms　　B．260ms　　C．340ms　　D．360ms

【解析】本题主要考查多道批处理系统作业完成时间的计算。

由于 P2 比 P1 晚 5ms 到达，因此 P1 先占用 CPU，计算 60ms 后释放 CPU，时间到达 60ms。

P1 进行 I/O 操作，80ms 后释放 I/O，时间到达 140ms；同时 P2 占用 CPU，计算 120ms 后释放 CPU，时间到达 180ms。在 140ms 后 P1 等待 P2 释放 CPU，时间到达 180ms，此时 CPU 和 I/O 皆为空闲。

P2 进行 I/O 操作，40ms 后释放 I/O，时间到达 220ms，同时 P1 占用 CPU，计算时间 20ms，时间到达 200ms，P1 结束。

P2 占用 CPU，40ms 后释放 CPU，时间到达 260ms，两个作业全部结束。

【解题技巧】此种类型题目建议读者画出作业运行的甘特图。甘特图简洁、直观地表达了作业随时间发展的过程，可以很快得到计算结果。

该题目作业运行的甘特图如下图所示。

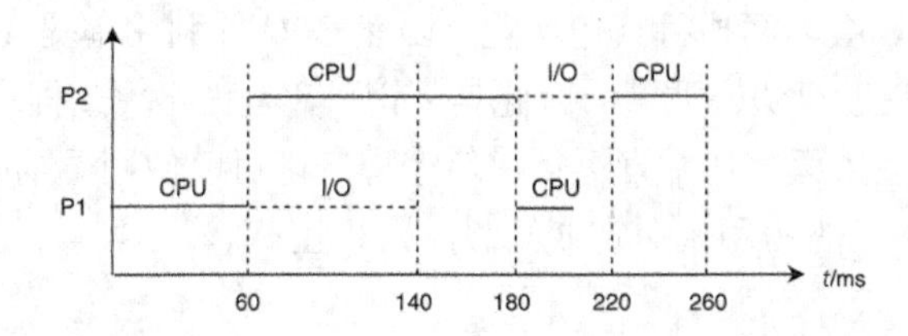


【答案】B

**【例 2 · 选择题】【全国统考 2016 年】某单 CPU 系统中有输入和输出设备各 1 台，现有 3 个并发执行的作业，每个作业的输入、计算和输出时间均分别为 2ms、3ms 和 4ms，且都按输入、计算和输出的顺序执行，则执行完 3 个作业需要的时间最少是（　　）。**

A. 15ms　　B. 17ms　　C. 22ms　　D. 27ms

**【解析】**本题主要考查多道批处理系统作业完成时间的计算。

因 CPU、输入设备、输出设备都只有一台，因此各个操作步骤不能重叠。画出该题运行的甘特图后可以清楚地看到不同作业间的时序关系，如下图所示。

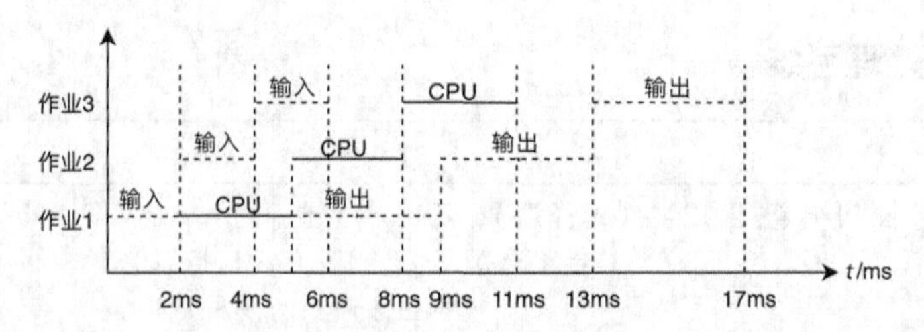


可得出时间为 17ms。

**【答案】**B

**【例 3·选择题】【全国统考 2017 年】与单道程序系统相比，多道程序系统的优点是（　　）。**

Ⅰ. CPU 利用率高　　Ⅱ. 系统开销小

Ⅲ. 系统吞吐量大　　Ⅳ. I/O 设备利用率高

A. 仅Ⅰ、Ⅲ　　B. 仅Ⅰ、Ⅳ　　C. 仅Ⅱ、Ⅲ　　D. 仅Ⅰ、Ⅲ、Ⅳ

**【解析】**本题主要考查单道批处理系统（单道程序系统）与多道批处理系统（多道程序系统）的对比。

多道程序系统的作业在外存上形成后备队列，由作业调度程序从队列中挑选几个作业调入内存，这样当一个占据内存的作业不使用 CPU 使用 I/O 设备，CPU 可以选择内存中的其他作业运行。与单道程序系统相比，多道程序系统中允许多个作业在内存中停留，共享资源，使系统长时间处于忙碌状态，各种资源可以被充分利用，CPU 的利用率也大大提高。

另外多道程序系统具有多道性、无序性和调度性的特点。

在多道程序系统中，一个任务阻塞后，CPU 不再等待，转而去执行其他任务，提高了 CPU 利用率，也提高了内存和 I/O 设备的利用率。在单位时间内，利用率变高，做的事情也就多了，吞吐量也就变大了，所以Ⅰ和Ⅲ正确。

在单道程序系统中，CPU 会一直服务于一个作业，直到作业运行结束。但在多道程序系统中，一个作业阻塞，CPU 会转而执行其他作业，虽然 CPU 的利用率提高了，但是作业的平均周转时间增长，并且需要调度算法去调度，因此其开销一定是大于单道程序系统的，所以Ⅱ错误。

在内存中可能存在多道程序在并发运行，每个程序都可以使用不同的设备，同时 CPU 和设备可以并行运行，I/O 设备的利用率一定变高，所以Ⅳ正确。

**【答案】**D

**【例 4·选择题】【全国统考 2018 年】下列关于多任务操作系统的叙述，正确的是（　　）。**

Ⅰ. 具有并发和并行的特点

Ⅱ. 需要实现对共享资源的保护

Ⅲ. 需要运行在多 CPU 的硬件平台上

A. 仅Ⅰ　　B. 仅Ⅱ　　C. 仅Ⅰ、Ⅱ　　D. Ⅰ、Ⅱ、Ⅲ

【解析】本题主要考查多任务操作系统的特点。

多道批处理系统可以并发执行多个程序，这样的系统又称多任务操作系统。Ⅰ叙述正确，多任务操作系统可以在同一时间内运行多个应用程序。Ⅱ叙述正确，多个任务必须互斥地访问共享资源，为达到这一目标必须对共享资源进行必要的保护。Ⅲ叙述错误，现代操作系统都是多任务的，并不一定需要运行在多 CPU 的硬件平台上，单个 CPU 也可以满足要求。

【答案】C

**【例 5 · 选择题】【全国统考 2022 年】下列关于多道程序系统的叙述中，不正确的是（　　）。**

A. 支持进程的并发执行　　B. 不必支持虚拟存储管理

C. 需要实现对共享资源的管理　　D. 进程数越多，CPU 利用率越高

【解析】本题主要考查多道程序系统的概念和特征。

A 选项、C 选项叙述正确。现代计算机操作系统几乎全部支持多道程序处理，操作系统的基本特点是并发、共享、虚拟、异步，其中最基本的特点是并发和共享。

B 选项叙述正确。早期的多道程序系统会将所有进程的数据全部调入主存，再让多道程序并发执行，即使不支持虚拟存储管理，也能实现“多道程序并发”。

D 选项叙述错误。进程多并不意味着 CPU 利用率高，进程数量越多，进程之间的资源竞争越激烈，甚至可能出现死锁现象，导致 CPU 利用率降低。

【答案】D

**【例 6 · 选择题】【模拟题】下面叙述中，错误的是（　　）。**

A. 操作系统既能进行多任务处理，又能进行多重处理

B. 多重处理是多任务处理的子集

C. 多任务是指同一时间内在同一系统中同时运行多个进程

D. 一个 CPU 的计算机上也可以进行多重处理

【解析】本题主要考查多任务操作系统的特点。

多任务处理指同一个时间内计算机系统中允许多个进程同时处于运行状态；多重处理指对于有多个 CPU 的计算机，同时在多个 CPU 上执行进程，能同时执行多道程序。只有一个 CPU 的计算机，操作系统可以进行多进程并发执行，实现多任务处理。如果一台计算机有多个 CPU，其操作系统既能进行多任务处理又能进行多重处理。

【答案】D

**【例 7 · 选择题】【南京航空航天大学 2017 年】引入多道程序的目的在于（　　）。**

A. 充分利用 CPU，减少 CPU 等待时间

B. 提高实时响应速度

C. 有利于代码共享，减少主、辅存信息交换量

D. 解放 CPU 对外设的管理

【解析】本题主要考查单道批处理系统与多道批处理系统的特点。

首先明确引入多道程序的目的是解决单道批处理系统的主要问题——CPU 利用率较低。

A 选项正确。在单道批处理系统中，内存中只有一道作业，无法充分利用系统资源。在多道批处理系统中，所有待处理的进程形成一个队列，由作业调度程序根据适当的算法，选择若干个进程调入内存，因此充分利用了 CPU 和系统资源，也减少了 CPU 的等待时间。

B 选项错误。提高实时响应速度是实时操作系统解决的主要问题。

C 选项错误。多道程序设计只是在一个作业阻塞的时候，可以转而去执行另一个作业，从而提升 CPU 利用率，但是在内存上，并没有实现虚拟存储相关的内容。

D 选项错误。解放 CPU 对外设的管理主要是设备控制器和通道的功能，与多道程序设计无关。

【答案】A

## 考点 5　分时操作系统

| 重要程度 | ★ |
| --- | --- |
| 历年回顾 | 全国统考：未涉及<br>院校自主命题：有涉及 |

**【例 1 · 选择题】【模拟题】分时操作系统通常采用（　　）策略为用户服务。**

A. 可靠性和灵活性　B. 时间片轮转　C. 时间片加权分配　D. 短作业优先

【解析】本题主要考查分时操作系统的策略。

分时操作系统允许一台主机为多个用户服务，并能及时响应用户的请求，主要用到的是时间片轮转算法，核心策略是时间片轮转策略。分时操作系统将 CPU 时间分割为一个个小的时间片，每个用户（作业）轮流使用时间片，让用户觉得自己是“独占”整个计算机。分时操作系统具有多路性、独立性、及时性和交互性的特点。

A 选项错误，可靠性和灵活性并不是策略，而是描述操作系统的特点。B 选项正确，时间片轮转策略是分时操作系统的主要策略。C 选项错误，时间片加权分配是将分时操作系统和优先级调度算法结合的分配方式，在分时操作系统中，只是简单的时间片轮转。D 选项错误，短作业优先算法是作业调度算法，不符合分时操作系统所具备的与用户的交互性。

【答案】B

**【例 2 · 选择题】【北京交通大学 2014 年】推动操作系统发展的动力有多个方面的原因。其中，推动分时操作系统出现和发展的最主要原因是（　　）。**

A. 提高资源利用率　B. 方便用户

C. 器件更新　D. 计算机体系结构的发展

【解析】本题主要考查分时操作系统产生的原因。

推动分时操作系统出现和发展的主要原因是多道批处理系统的缺陷，其最大的缺陷在于多道批处理系统在作业运行时，无法与用户交互。

提高资源利用率，是多道批处理系统解决的主要矛盾，所以 A 选项错误。

方便用户是推动分时操作系统出现和发展的主要原因，主要是提升交互性，所以B选项正确。

在操作系统的发展过程中，虽然器件更新在一定程度上也推动了系统的发展，但不是主要原因，所以C选项错误。

计算机体系结构的发展关注的是操作系统的结构，涉及无结构操作系统、分层操作系统、模块化操作系统、宏内核操作系统、微内核操作系统等，与本题问题无关，所以D选项错误。

把计算机与许多终端用户连接起来，分时操作系统将系统处理机时间与内存空间按一定的时间间隔，轮流地切换给各终端用户使用。由于时间间隔很短，给每个用户的感觉就像在“独占”计算机一样。分时操作系统的特点是可有效增加资源的使用率。例如，UNIX系统就采用剥夺式动态优先的CPU调度来支持分时操作。

【答案】B

## 考点6 实时操作系统

| 重要程度 | ★ |
|---|---|
| 历年回顾 | 全国统考：未涉及<br>院校自主命题：有涉及 |

**【例1·选择题】【模拟题】下列不需要采用实时操作系统的产业应用是（ ）。**

A. 办公自动化　B. 机床系统　C. 股票交易系统　D. 航空订票系统

**【解析】**本题主要考查实时操作系统的应用。

实时操作系统要求系统及时响应外部时间的请求，并在规定时间内完成相应操作。按照截止时间的要求可以把实时操作系统分为硬实时操作系统和软实时操作系统，区别在于能否接受不能及时响应的情况，前者要求必须在截止时间内完成，否则会造成很严重的后果，后者则接受超过时间限制内的完成，如果没有及时响应，也不会带来严重后果。

A选项，办公自动化软件虽然有效率上的需求，但并不需要实时，所以不是实时操作系统；B选项，机床系统属于硬实时操作系统，机床要求在发生异常时实时反馈并处理，否则可能会引发严重后果；C选项和D选项，股票交易系统和航空订票系统都属于软实时操作系统，在多数情况下，能够严格地在规定的时间内完成任务，可以允许偶尔出现一定的时间偏差，并不会造成严重后果。

【答案】A

**【例2·选择题】【南京航空航天大学2017年】在下列系统中，（ ）是实时系统。**

A. 计算机激光照排系统　B. 军用反导弹系统

C. 办公自动化系统　D. 计算机辅助设计系统

**【解析】**本题主要考查实时操作系统（简称实时系统）的应用。

判断是不是实时系统的主要依据是此系统是否要求及时响应，响应不及时是否会给此系统带来极严重甚至毁灭的后果。

计算机激光照排系统是将汉字通过激光扫描成字，并存储的系统，显然在时间维度上，它没有很强的急迫性，所以A选项错误。

军用反导弹系统、武器系统、自动驾驶、汽车的防抱死系统等，对时间是极其敏感的，所以这些都是实时系统，所以B选项正确。

办公自动化系统也不要求能够及时响应，不是实时系统，所以C选项错误。

计算机辅助设计系统要求的是机器和人的交互，这种系统在乎交互性，而非实时性，所以D选项错误。

【答案】B

**【例3·选择题】【广东工业大学2017年】在（　　）的控制下，计算机系统能及时处理由过程控制反馈的数据，并做出响应。**

A. 批处理操作系统　　B. 实时操作系统

C. 分时操作系统　　D. 多处理机操作系统

【解析】本题主要考查多种计算机系统的区别。

及时处理数据是解答本题的关键。各个操作系统的特点如下。

- 单道批处理系统：作业串行，无并发，资源利用率低。
- 多道批处理系统：作业并发，资源利用率高。
- 分时操作系统：交互性强。
- 实时操作系统：响应及时处理。
- 多处理机操作系统：用于管理和协调多处理器。

实时操作系统能及时响应外部发生的事件，并对事件做出快速处理，在限定的时间内对外部的请求和信号做出响应。故选B选项。

【答案】B

# 第三节　操作系统的运行环境

## 考点7　CPU运行模式

| 重要程度 | ★★★ |
| --- | --- |
| 历年回顾 | 全国统考：2011年（选择题）、2012年（选择题）、2014年（选择题）、2021年（选择题）<br>院校自主命题：有涉及 |

**【例1·选择题】【全国统考2011年】下列选项中，在用户态执行的是（　　）。**

A. 命令解释程序　　B. 缺页处理程序

C. 进程调度程序　　D. 时钟中断处理程序

【解析】本题主要考查在用户态和内核态执行的程序。

A选项正确，命令解释程序属于命令接口，在用户态执行。

B选项和D选项错误，缺页处理程序和时钟中断处理程序都属于中断，都在内核态执行。

C选项错误，进程调度程序需要操作系统内核的参与，需要在内核态执行。

【知识链接】大多数的现代操作系统中，CPU 是在内核模式和用户模式两种不同的模式下运行的。依据在 CPU 上执行的代码类型，CPU 在两个模式之间切换。

内核模式运行也称为核心态、管态、特权态、内核态、系统态。用户模式运行也称为用户态、目态。运行在内核态的代码不受任何限制，可以自由地访问任何有效地址，也可以直接进行端口的访问。而在用户态运行的代码则要受到处理器的诸多检查，只能访问其用户地址空间的数据，且只能对在用户态下可访问的设备进行访问。由用户态切换到内核态，可以通过系统调用、异常、外围设备中断实现。由内核态切换为用户态，只能是由内核主动让出。

【答案】A

**【例 2 · 选择题】【全国统考 2012 年】下列选项中，不可能在用户态发生的事件是（　　）。**

A. 系统调用　　B. 外部中断　　C. 进程切换　　D. 缺页

【解析】本题主要考查对用户态状态的理解。

系统调用可能在用户态和内核态发生，系统调用把应用程序的请求（用户态的请求）传入内核，由内核（内核态）处理请求并将结果返回给应用程序（用户态），所以 A 选项可能发生。

中断的发生与 CPU 当前的状态无关，既可以发生在用户态，又可以发生在内核态，因为无论系统处于何种状态都需要处理外部设备发来的中断请求，所以 B 选项可能发生。

进程切换属于系统调用执行过程中的事件，只能在内核态下完成，不能发生在用户态，所以 C 选项不可能发生。

缺页（异常）也可能在用户态发生，所以 D 选项可能发生。

【答案】C

**【例 3 · 选择题】【全国统考 2014 年】下列指令中，不能在用户态执行的是（　　）。**

A. trap 指令　　B. 跳转指令　　C. 压栈指令　　D. 关中断指令

【解析】本题主要考查在用户态执行的指令。

trap 指令、跳转指令和压栈指令均可以在用户态执行，其中 trap 指令负责由用户态转换为内核态。而关中断指令为特权指令，必须在内核态执行。

【答案】D

**【例 4 · 选择题】【模拟题】在操作系统中，只能在内核态下运行的指令是（　　）。**

A. 读时钟指令　　B. 置时钟指令　　C. 取数指令　　D. 寄存器清零指令

【解析】本题主要考查不同指令的运行状态约束。

指令可以分为特权指令和非特权指令，特权指令只能在内核态下运行。

特权指令是指只能提供给操作系统的核心程序使用的指令，如启动 I/O 设备、设置时钟、控制中断屏蔽位、清主存、建立存储键、加载程序状态字（Program Status Word，PSW）等。非特权指令是指操作系统和用户应用程序都能使用的指令。

读时钟指令是非特权指令，不同于置时钟指令，置时钟指令只能在内核态下运行，而读时钟指令可以在用户态下运行，所以 A 选项错误。

置时钟指令是特权指令，只能在内核态下运行，设置时钟属于内核功能，所以 B 选项正确。

取数指令是非特权指令，用于读取内存上的存储单元内的数据，所以 C 选项错误。

寄存器清零指令是非特权指令，对于寄存器的清零有两种，一种是在用户态下，进程可以清除自己的可清零寄存器，而在内核态下，进程可以清除全部可清零的寄存器，所以寄存器清零指令也可以在用户态下运行，所以 D 选项错误。

【答案】B

**【例 5 · 选择题】【模拟题】下列选项中，必须在 CPU 内核态下运行的软件是（　　）。**

A. JVM　　B. 中间件　　C. 中断处理程序　　D. 库程序

**【解析】**本题主要考查可以运行在 CPU 内核态的软件。

在做这种类型的题目时，可以抓住题目核心点：必须在 CPU 内核态下运行的软件。在内核态下运行意味着高权限，也意味着该程序需要直接带计算机硬件进行操作。

Java 虚拟机（Java Virtual Machine，JVM）是通过虚拟化技术，在宿主机上构建一个完整的虚拟机器，用来执行 Java 程序。JVM 是基于宿主机操作系统提供的服务来工作的，所以无须在内核态下运行，故 A 选项错误。

中间件是一类基础软件的统称，它工作在用户软件和系统软件之间，连接系统和应用软件，是在操作系统之上运行的，不属于内核功能，所以无须在内核态下运行，故 B 选项错误。

中断机制是内核的基本功能，中断处理程序必须在内核态下运行，中断会将应用程序由用户态转为内核态，故 C 选项正确。

库是指由编程语言官方封装的功能库或第三方的功能库，这些库是在用户态下运行的，如果需要系统服务，会在内部使用系统调用，所以 D 选项错误。

【答案】C

**【例 6 · 选择题】【南京大学 2013 年】下列指令中，在用户态执行的是（　　）。**

A. 访管指令　　B. 关中断　　C. 启动 I/O 指令　　D. 设置时钟

**【解析】**本题主要考查特权指令与非特权指令的区别。

B 选项、C 选项、D 选项都是系统底层的服务，属于特权指令，只能在内核态下执行。

A 选项正确，访管指令又称 trap 指令，在系统调用中使用。通过 trap 指令，应用程序由用户态转入内核态，为用户的请求提供服务。访管指令是唯一一个不能在内核态下执行的指令。

【答案】A

**【例 7 · 选择题】【南京大学 2013 年】当计算机提供了管态和目态时，（　　）必须在管态（核心态）下执行。**

A. 从内存取数的指令　　B. 把运算结果送入内存的指令

C. 算术运算指令　　D. 输入 / 输出指令

**【解析】**本题主要考查的是在管态（内核态）和目态（用户态）下，能够运行的指令有哪些。

A 选项错误。从内存取数的指令，如果是用户空间内的数据操作，读一个变量的值，就是从内存中取数，并不需要在管态下执行。

B 选项错误。将运算结果送入内存的指令，也要区分是用户空间还是内核空间。对于普通情况下，用户程序将运算的结果存入内存都是在目态下完成的。

C 选项错误。算数运算指令是非特权指令，可在目态下执行。

D 选项正确。输入 / 输出指令属于操作硬件资源的指令，用户程序在目态下是不能直接操作硬件的，必须通过系统调用才能实现，系统调用会让用户程序由目态转换为管态。

**【知识链接】**从目态转换为管态的唯一途径是中断；从管态到目态可以通过修改程序状态字来实现，这将伴随着由操作系统程序到用户程序的转换。硬件资源不可由用户程序在目态下直接驱动。

**【答案】**D

**【例 8 · 选择题】【全国统考 2021 年】下列指令中，只能在内核态执行的是（　　）。**

A. trap 指令　　B. I/O 指令　　C. 数据传送指令　　D. 设置断点指令

**【解析】**本题主要考查在内核态执行的指令。

在内核态下，CPU 可执行任何指令，在用户态下 CPU 只能执行非特权指令。

常见的特权指令包括对 I/O 设备操作的有关指令、访问程序状态的有关指令、存取特殊寄存器指令，以及其他指令。

A 选项、C 选项和 D 选项都是提供给用户使用的指令，可以在用户态下执行，使 CPU 从用户态切换到内核态。

**【答案】**B

## 考点 8　中断和异常

| 重要程度 | ★★★★ |
| --- | --- |
| 历年回顾 | 全国统考：2012 年（选择题）、2015 年（选择题）、2016 年（选择题）、2018 年（选择题）、2020 年（选择题）<br>院校自主命题：有涉及 |

**【例 1 · 选择题】【模拟题】下面对中断的描述正确的是（　　）。**

A. 中断是由硬件引起的　　B. 时钟中断不属于外中断

C. 中断分为内中断与外中断　　D. 外中断又称为异常

**【解析】**本题主要考查中断的基本概念。

引起中断的原因有很多，按照引发的因素可将其分为内、外两类中断：一类是系统外界的干预（与程序执行无关的因素）引起的中断，称为外中断；一类是自身运行出错引起的中断，称为内中断，又叫作异常。B 选项中的时钟中断属于外中断。

**【知识链接】**CPU 会在每个指令周期末尾检查是否有外中断，如果有外中断，则 CPU 会暂停下一条即将要执行的指令，转而执行中断处理程序；如果之前执行的是用户态指令，那么处理中断就势必会发生由用户态到内核态的切换。

异常发生在 CPU 正在执行的指令中，由指令内部触发中断，所以是内中断。在 CPU 执行用户态下的程序时，发生了某些事先不可知的异常，如缺页异常，这时会导致进程由当前的用户态切换到内核态。

【答案】C

【例 2 · 选择题】【模拟题】中断发生后进入的中断处理程序属于（　　）。

A. 用户程序

B. 可能是用户程序，也可能是 OS 程序

C. OS 程序

D. 单独的程序，既不是用户程序也不是 OS 程序

【解析】本题主要考查中断发生后的情况。

引起中断的程序可以是任意程序，也可以是外界的中断事件。当中断发生时，系统将从用户态转入内核态，根据中断类型，执行对应的中断处理程序，所以中断处理程序属于内核程序，是操作系统（Operating System，OS）程序。

【答案】C

【例 3 · 选择题】【模拟题】以下对原语的表述正确的是（　　）。

A. 原语在执行的过程中可以进行相应的进程切换

B. 原语是一段小程序，完成特定的常用的功能

C. 原语是通过硬件实现的

D. 原语的执行过程可以被其他中断打断

【解析】本题主要考查的是原语的概念。

首先需要确定原语的定义，以及原语在操作系统中的位置。

【知识链接】原语是一段程序，具有原子性，在执行过程中会保证一气呵成地执行，不会被外界（外中断）中断。

原语在执行时，不能被中断，也就意味着不能进行进程切换，切换必然导致此时正在 CPU 运行着的原语的中断，所以 A 选项错误。

原语是一段小程序，在操作系统内核中，用于完成特定操作而不被中断，所以 B 选项正确。

原语是一段小程序，不是通过硬件实现的，所以 C 选项错误。

原语不能被中断，所以 D 选项错误。

【答案】B

【例 4 · 选择题】【全国统考 2012 年】中断处理和子程序调用都需要压栈以保护现场，中断处理一定会保存而子程序调用不需要保存其内容的是（　　）。

A. 程序计数器　　　　B. 程序状态字寄存器

C. 通用数据寄存器　　D. 通用地址寄存器

【解析】本题主要考查程序状态字寄存器的特点。

程序状态字寄存器用于记录当前处理器的状态和控制指令的执行顺序，并且保留与运行程序相关的各种信息，主要作用是实现程序状态的保护和恢复。所以中断处理程序要将 PSW 保

存，子程序调用在进程内部执行只需保存程序断点，即该指令的下一条指令的地址，不会更改PSW。

【高手点拨】在中断处理中，最重要的两个寄存器是程序计数器和程序状态字寄存器。

【答案】B

**【例5·选择题】【全国统考2015年】内部异常（内中断）可分为故障（fault）、陷阱（trap）和终止（abort）3类。下列有关内部异常的叙述中，错误的是（　　）。**

A. 内部异常的产生与当前执行指令相关

B. 内部异常的检测由CPU内部逻辑实现

C. 内部异常的响应发生在指令执行过程中

D. 内部异常处理后返回到发生异常的指令继续执行

【解析】本题主要考查内中断和外中断的概念区分。

A选项正确。内中断是指来自CPU和内存内部产生的中断，包括程序运算引起的各种错误，如地址非法、页面失效、用户程序执行特权指令自行中断（INT）和除数为零等，以上各种错误都是在指令的执行过程中产生的。

B选项正确。内中断产生在指令运行的过程中，检测由CPU内部逻辑实现，这是内中断的特点。

C选项正确。当内中断发生时，内中断不能被屏蔽，必须马上处理，所以内部异常的响应是发生在指令执行过程中。

D选项错误。内部异常发生后，必须立刻响应处理，处理完后，不一定会返回到发生异常的那条指令，如果是终止，则进程终止。

【高手点拨】本题需要着重弄清楚，到底什么是内中断，什么是外中断。“内”和“外”到底有什么深意，明确了这两个概念之后，此类题目就可以迎刃而解。

【答案】D

**【例6·选择题】【全国统考2015年】处理外部中断时，应该由操作系统保存的是（　　）。**

A. 程序计数器（PC）的内容　　B. 通用寄存器的内容

C. 快表（TLB）中的内容　　D. Cache中的内容

【解析】本题主要考查外部中断的处理过程。

PC的内容由中断隐指令自动保存，而通用寄存器的内容由操作系统保存。快表、Cache中的内容不需要在外部中断的时候保存。

【答案】B

**【例7·选择题】【全国统考2016年】异常是指令执行过程中在处理器内部发生的特殊事件，中断是来自处理器外部的请求事件。下列关于中断或异常情况的叙述中，错误的是（　　）。**

A. “访存时缺页”属于中断　　B. “整数除以0”属于异常

C. “DMA传送结束”属于中断　　D. “存储保护错”属于异常

【解析】本题主要考查中断与异常的区别。

异常也称为内中断、例外或陷入，是指CPU执行指令内部的事件，常见的异常有非法操作码、地址越界、算术溢出、虚拟存储系统的缺页、异常指令引起的事件等。中断是指CPU执行指令外发生的事件，如设备发出的I/O中断和时钟中断等。

A选项错误，"访存时缺页"是指访问数据时发现请求的页面不在内存中，而是在指令周期内，发生在正在执行的指令上的事件，所以这是内中断，属于异常，不属于中断。

B选项正确，"整数除以0"也是在指令周期内，发生在正在执行的指令上的事件，所以属于异常。

C选项正确，"DMA传送结束"是在已通过DMA方式管理的设备中，完成了数据的传输后，由外部设备向CPU发起的中断，中断产生于CPU之外，不是发生在正在执行的指令中，所以是外中断，属于中断。

D选项正确，"存储保护错"是在访问存储时，发现存储保护机制不允许当前进程访问或修改内存，属于发生在当前指令内部的异常。

【答案】A

**【例8·选择题】【全国统考2018年】当定时器产生时钟中断后，由时钟中断服务程序更新的部分内容是（　　）。**

Ⅰ. 内核中时钟变量的值

Ⅱ. 当前进程占用CPU的时间

Ⅲ. 当前进程在时间片内的剩余执行时间

A. 仅Ⅰ、Ⅱ　　B. 仅Ⅱ、Ⅲ　　C. 仅Ⅰ、Ⅲ　　D. Ⅰ、Ⅱ、Ⅲ

【解析】本题主要考查时钟中断的主要工作。

时钟中断的主要工作是处理和时间有关的信息以及决定是否执行调度程序。因此，和时间有关的所有信息，包括系统时间、进程的时间片、延时、使用CPU的时间、各种定时器都会更新，故全部正确。

【答案】D

**【例9·选择题】【全国统考2020年】下列与中断相关的操作中，由操作系统完成的是（　　）。**

Ⅰ. 保存被中断程序的中断点

Ⅱ. 提供中断服务

Ⅲ. 初始化中断向量表

Ⅳ. 保存中断屏蔽字

A. 仅Ⅰ、Ⅱ　　B. 仅Ⅰ、Ⅱ、Ⅳ　　C. 仅Ⅲ、Ⅳ　　D. 仅Ⅱ、Ⅲ、Ⅳ

【解析】本题主要考查中断操作过程。

Ⅰ错误，当CPU检测到中断信号后，由硬件（即程序计数器）自动保存被中断程序的中断点。Ⅲ正确，硬件找到该中断信号对应的中断向量（各中断向量统一存放在中断向量表中，该表由操作系统初始化），中断向量指明中断服务程序入口地址。Ⅱ和Ⅳ正确，由操作系统保存PSW、保存中断屏蔽字、保存各通用寄存器的值，并提供与中断信号对应的中断服务。中断服务程序属于操作系统内核。

【答案】D

## 考点 9 用户态和内核态的转换

| 重要程度 | ★★★ |
|---|---|
| 历年回顾 | 全国统考：2013 年（选择题）、2015 年（选择题）<br>院校自主命题：未涉及 |

**【例 1 · 选择题】【全国统考 2013 年】下列选项中，会导致用户进程从用户态切换到内核态的操作是（ ）。**

Ⅰ. 整数除以零

Ⅱ. sin() 函数调用

Ⅲ. read() 系统调用

A. 仅Ⅰ、Ⅱ　　B. 仅Ⅰ、Ⅲ　　C. 仅Ⅱ、Ⅲ　　D. Ⅰ、Ⅱ和Ⅲ

【解析】本题主要考查从用户态切换到内核态的操作。

sin() 是数学函数，不是系统调用函数，所以Ⅱ错误。Ⅰ操作是异常，Ⅲ操作是系统调用。

由用户态切换到内核态，可以通过系统调用、异常、外围设备中断这 3 种方式。由内核态切换为用户态，只能是由内核主动让出。

【答案】B

**【例 2 · 选择题】【全国统考 2015 年】假定下列指令已装入指令寄存器，则执行时不可能导致 CPU 从用户态变为内核态（系统态）的是（ ）。**

A. DIV R0，R1　; (R0)/(R1) → R0

B. INT n　; 产生软中断

C. NOT R0　; 寄存器 R0 的内容取非

D. MOV R0，addr ; 把地址 addr 处的内存数据放入寄存器 R0 中

【解析】本题主要考查用户态和内核态转换情况的判断。

指令 A 有除零异常的可能，指令 B 为中断指令，指令 D 有缺页异常的可能，指令 C 不会发生异常。

【答案】C

## 考点 10 系统调用

| 重要程度 | ★★★ |
|---|---|
| 历年回顾 | 全国统考：2010 年（选择题）、2017 年（选择题）、2021 年（选择题）、2022 年（选择题）<br>院校自主命题：有涉及 |

**【例 1 · 选择题】【全国统考 2010 年】下列选项中，操作系统提供给应用程序的**

**接口是（　　）。**

A. 系统调用　　B. 中断　　C. 库函数　　D. 原语

**【解析】**本题主要考查系统调用的基本概念。

操作系统为应用程序提供的接口是系统调用，应用程序的代码翻译成机器语言后，会在需要系统提供服务时执行相应的访管指令，切换到内核态。

系统调用是操作系统提供给应用程序的接口，应用程序可以通过系统调用来请求内核服务，所以 A 选项正确。

中断是操作系统底层的一种机制，不是接口，所以 B 选项错误。

库函数是由编程语言为程序员提供的通用函数，在这些函数中可能会使用系统调用，但也可以全部是简单功能的实现，如数学计算，所以 C 选项错误。

原语是对需要一次性执行的代码的总称，原语总是“不可中断的、一气呵成”地执行，原语也是操作系统内核的一部分，所以 D 选项错误。

**【答案】**A

**【例 2 · 选择题】【模拟题】处理器运行系统调用时，处于（　　）。**

A. 用户态　　B. 内核态　　C. 阻塞态　　D. 挂起态

**【解析】**本题主要考查系统调用的执行环境。

系统调用又称软中断，是一种由用户进程主动发起、可将用户态切换到内核态的方法。用户进程通过系统调用申请使用操作系统提供的服务程序来完成工作。用户程序在用户态下被执行，操作系统的程序是在内核态下被执行的。系统调用被执行时，是在执行操作系统的代码，属于内核态。

**【答案】**B

**【例 3 · 选择题】【模拟题】为方便系统调用处理，操作系统内部设立存有系统调用号与子程序入口地址映射关系的系统调用表。系统调用表本质上是（　　）。**

A. 函数指针数组　　B. 中断向量表

C. 逻辑设备表　　D. 工作集

**【解析】**本题主要考查系统调用表的本质。

A 选项正确。以 Linux 4.8 为例，其内核提供了将近 500 个系统调用，系统调用是以函数指针数组的形式存储的，数组的下标是系统调用号，数组内容为函数指针，指向系统调用程序的首地址。

B 选项错误。系统中所有的中断类型码及对应的中断向量按一定的规律存放在一个区域内，这个存储区域就叫作中断向量表。中断向量表存储在系统中最低端的 1K 字节空间中，存储了 256 个中断向量，每个向量就是中断服务程序的入口地址，但是存储为“(段基址，段内偏移)”的形式。

C 选项错误。逻辑设备表是设备管理中的内容，用来存储逻辑设备名和物理设备之间的映射关系。

D 选项错误。工作集是虚拟内存的知识点，工作集指在某段时间内，进程要访问的页面的集合。

【高手点拨】不少读者会根据自己的第一感觉选择B选项，因为系统调用是一种特殊的中断，那就意味着，系统调用表很有可能就是中断向量表，这是本题最大的误区。

实际上，应用程序是通过SYSENTER、SYSCALL或INT 0x80中断进入系统调用，然后通过系统调用表定位系统调用程序，最终获得系统服务。系统调用表指明了操作系统各项服务所对应的程序的位置，该表实际上是一个索引表，实现方式是使用函数指针数组，数组的下标为系统调用号，服务程序的地址为数据的内容项，是一个函数指针。

【答案】A

**【例4·选择题】【南京理工大学2013年】系统调用的目的是（　　）。**

A. 请求系统服务　B. 终止系统服务　C. 申请系统资源　D. 释放系统资源

【解析】本题主要考查系统调用的目的。

先明确系统调用的功能，即用户程序通过系统调用来调用内核提供的服务。

从CPU模式层面来看，CPU有内核态和用户态；从指令层面来看，指令分为特权指令和非特权指令。操作系统为了安全性，不允许应用程序执行某些危险操作，如操纵外设、读取文件等，如果应用程序需要这些功能或服务，可以通过系统调用请求内核完成。

【答案】A

**【例5·选择题】【全国统考2017年】执行系统调用的过程包括如下主要操作：①返回用户态；②执行陷入（trap）指令；③传递系统调用参数；④执行相应的服务程序。正确的执行顺序是（　　）。**

A. ②→③→①→④　B. ③→②→④→①

C. ②→④→③→①　D. ③→④→②→①

【解析】本题主要考查系统调用的过程。

在操作系统中，在执行系统调用的时候首先需要传递系统调用的参数，再执行陷入（trap）指令，并使系统进入内核态。在内核态下执行相应的服务程序以后，再返回到用户态。故选B选项。

【答案】B

**【例6·选择题】【全国统考2021年】下列选项中，通过系统调用完成的操作是（　　）。**

A. 页置换　B. 进程调度　C. 创建新进程　D. 生成随机数

【解析】本题主要考查系统调用的操作过程。

A选项错误。当内存中的空闲页框不够时，操作系统会通过页置换将某些页面调出，并将要访问的页面调入，这个过程完全由操作系统完成，不涉及系统调用。

B选项错误。进程调度完全由操作系统完成，无法通过系统调用完成。

C选项正确。创建新进程可以通过系统调用来完成，比如Linux通过fork系统调用来创建新进程。

D选项错误。生成随机数只需要普通的函数调用，并不涉及请求操作系统的服务。

【答案】C

【例 7 · 选择题】【北京交通大学 2019 年】下列关于系统调用描述正确的是（　　）。

A. 直接通过键盘交互方式使用　　　　B. 只能通过用户程序间接使用

C. 是命令接口中的命令　　　　D. 与系统的命令一样

【解析】本题主要考查系统调用的基本概念。

系统调用是编程接口，在操作系统中对应着一个特定功能的子程序。命令接口则不同，它是提供给用户来组织和控制作业的执行的。

A 选项错误。直接通过键盘交互的是命令接口，用户可以直接在终端输入命令来请求操作系统的服务。

B 选项正确。系统调用是操作系统提供给应用程序的接口，也只能由程序来使用。

C 选项错误。对于每个命令接口的命令，背后都有相应的解释器来解释并执行，与系统调用不在同一层面。

D 选项错误。系统的命令需要有对应的解释器来解释并执行，与系统调用不在同一层面。

【答案】B

【例 8 · 选择题】【全国统考 2022 年】执行系统调用的过程涉及下列操作，其中由操作系统完成的是（　　）。

Ⅰ. 保存断点和程序状态字

Ⅱ. 保存通用寄存器的内容

Ⅲ. 执行系统调用服务例程

Ⅳ. 将 CPU 模式改为内核态

A. 仅Ⅰ、Ⅲ　　　　B. 仅Ⅱ、Ⅲ

C. 仅Ⅱ、Ⅳ　　　　D. 仅Ⅱ、Ⅲ、Ⅳ

【解析】本题主要考查系统调用的过程。

发生系统调用时，CPU 执行陷入（trap）指令，检测到“内中断”后，由 CPU 负责保存断点和程序状态字，并将 CPU 模式改为内核态，然后执行操作系统内核的系统调用入口程序，该内核程序负责保存通用寄存器的内容，再执行某个特定的系统调用服务例程。综上，Ⅰ、Ⅳ是由硬件完成的，Ⅱ、Ⅲ是由操作系统完成的。

【答案】B

## 考点 11　程序的链接和装入

| 重要程度 | ★★ |
| --- | --- |
| 历年回顾 | 全国统考：未涉及<br>院校自主命题：有涉及 |

【例 1 · 选择题】【中国计量大学 2017 年】采用动态重定位方式装入作业，在执行中允许（　　）将其移走。

A. 用户有条件地　　B. 用户无条件地

C. 操作系统有条件地　　D. 操作系统无条件地

【解析】本题主要考查作业的装入过程。

动态重定位方式不是在程序装入内存时完成的，而是 CPU 每次访问内存时由动态地址变换机构（硬件）自动把相对地址转换为绝对地址。动态重定位方式需要软件和硬件相互配合完成。采用动态重定位方式装入作业，装入内存的作业仍然保存原来的逻辑地址，必要时可通过操作系统有条件地将其移动。故选 C 选项。

【答案】C

**【例 2 · 选择题】【四川大学 2015 年】虚拟内存管理中，地址变换机构将逻辑地址变换为物理地址，形成该逻辑地址的阶段是（　　）。**

A. 程序录入　　B. 编译　　C. 链接　　D. 内外存对换

【解析】本题主要考查应用程序的链接过程。

编译后形成的目标文件可以理解为一个小块一个小块的程序碎片，这样的程序小块一般都是具有从 0 开始的逻辑地址。目标文件在和相应的库函数链接以后形成一个可执行的文件，需要修改这些程序小块的逻辑地址，使之统一、有序。所以，在链接的过程中又把每个程序小块的逻辑地址按照一定的顺序组装成一个统一的逻辑地址范围，用来标识出此程序。

【知识链接】虽然编辑后的目标文件形成的程序小块内的地址也叫逻辑地址，但是和链接后形成的逻辑地址是截然不同的。

【答案】C

## 考点 12　程序运行时的内存映像与地址空间

| 重要程度 | ★ |
| --- | --- |
| 历年回顾 | 全国统考：未涉及<br>院校自主命题：未涉及 |

**【例 · 选择题】【模拟题】程序运行时内存映像的静态区域包含（　　）。**

Ⅰ. 代码段

Ⅱ. 只读数据段

Ⅲ. 已初始化读写数据段

Ⅳ. 未初始化数据段

A. Ⅰ、Ⅱ和Ⅲ　　B. Ⅱ、Ⅲ和Ⅳ

C. Ⅰ、Ⅲ和Ⅳ　　D. Ⅰ、Ⅱ、Ⅲ和Ⅳ

【解析】本题主要考查程序运行时内存映像的结构。

程序运行时的内存映像分为静态区域与动态区域。静态区域包含代码段、只读数据段、已初始化读写数据段和未初始化数据段。动态区域包含栈和堆。因此，本题选 D 选项。

【答案】D

# 第四节　操作系统的结构设计

## 考点 13　模块化操作系统

| 重要程度 | ★ |
| --- | --- |
| 历年回顾 | 全国统考：未涉及<br>院校自主命题：未涉及 |

【例 · 选择题】【模拟题】下列有关模块化操作系统的描述错误的是（　　）。

A. 模块化是将操作系统按功能划分为若干个具有一定独立性的模块，各模块之间相互协作

B. 内核由主模块和可加载内核模块构成

C. 主模块负责核心功能和设备驱动程序

D. 任何模块都可以直接调用其他模块，无须采用消息传递进行通信

【解析】本题主要考查模块化操作系统的基本概念。

模块化是将操作系统按功能划分为若干个具有一定独立性的模块，各模块之间相互协作。模块化操作系统的内核由主模块和可加载内核模块构成。其中，主模块只负责核心功能，如进程调度、内存管理等。可加载内核模块可以动态加载新模块到内核而无须重新编译整个内核，如设备驱动程序。模块化操作系统的优点是任何模块都可以直接调用其他模块，无须采用消息传递进行通信。

【知识链接】模块化操作系统采用模块化程序设计的技术，按其功能划分为若干个独立的模块，管理相应的功能，同时规定好各模块之间的接口，以实现其交互，对较大模块又可按子模块进一步细化下去。

优点：提高了操作系统设计的正确性、可理解性和可维护性。

缺点：模块及接口划分比较困难，未区分共享资源和独占资源，由于资源管理之间存在差异，使得操作系统结构变得不清晰。

【答案】C

## 考点 14　分层式操作系统

| 重要程度 | ★ |
| --- | --- |
| 历年回顾 | 全国统考：未涉及<br>院校自主命题：未涉及 |

【例 · 选择题】【模拟题】下列有关分层式操作系统的描述，（　　）是正确的。

Ⅰ. 便于调试和验证

Ⅱ. 易扩充和易维护，各层之间调用接口清晰固定

Ⅲ. 仅可调用相邻低层，难以合理定义各层的边界

Ⅳ. 效率低，不可跨层调用，系统调用执行时间长

A. 仅Ⅱ　　B. Ⅰ和Ⅱ

C. Ⅰ、Ⅱ和Ⅲ　　D. 全部

【解析】本题主要考查分层式操作系统的优、缺点。

优点:（1）便于调试和验证，简化了系统的设计和实现。可以先调试第一层而无须考虑系统的其他部分，因为它只使用了基本硬件。第一层调试完且验证正确之后，就可以调试第二层，如此向上调试。如果在调试某层时发现错误，那么错误应该在这一层上，因为它的底层都调试好了。

（2）易扩充和易维护，各层之间调用接口清晰固定。在系统中增加、修改或替换一层中的模块或整层时，只要不改变相应层的接口，就不会影响其他层。

缺点:（1）仅可调用相邻低层，难以合理定义各层。因为依赖关系固定后，往往就显得不够灵活。

（2）效率较低，不可跨层调用，各层之间有相应层间的通信机制，增加了额外开销，使得系统调用执行时间长。

【答案】D

## 考点 15　微内核操作系统

| 重要程度 | ★ |
| --- | --- |
| 历年回顾 | 全国统考：未涉及<br>院校自主命题：未涉及 |

【例 1 · 选择题】【模拟题】下列关于微内核的说法正确的是（　　）。

A. 微内核的执行速度较大内核快

B. 微内核的可维护性低

C. 微内核没有大内核稳定

D. 微内核添加服务时，不必修改内核

【解析】本题主要考查微内核的概念。

本题答题关键在于了解微内核中“微”的含义，以及“微”带来的优势和执行代价。

执行速度等价于执行效率，与执行的代价成反比，因为微内核导致进程在用户态和内核态之间的切换次数增加，协作成本增加，执行速度一定会降低，所以 A 选项说法错误。

微内核将不需要内核态执行的功能移出到用户态，服务外移之后，耦合性降低，扩展性增强，可维护性一定是变高了，所以 B 选项说法错误。

微内核通过解耦操作，让内核的可扩展性和可维护性都增加，具有架构上的优势，稳定性增加，所以 C 选项说法错误。

微内核只保留了最基本的功能，增加服务时，无须修改内核，只在用户空间实现就行，所以 D 选项说法正确。

【知识链接】微内核将很多不需要在内核态执行的功能移出到用户态，只在内核态中保留一部分最基本的功能。具有耦合性低、可维护性强、可扩展性强等优势。

实现微内核的代价是进程在内核态与用户态之间的切换次数增加，执行速度减慢。

【答案】D

**【例 2 · 选择题】【模拟题】与早期的操作系统相比，采用微内核结构的操作系统具有很多优点，但这些优点不包含（　　）。**

A. 提高了系统的可扩展性　　B. 提高了操作系统的运行效率

C. 增强了系统的可靠性　　D. 使操作系统的可移植性更好

【解析】本题主要考查微内核操作系统的优点。

微内核将操作系统内核微小化，将内核功能做减法，将原本应该由内核来完成的功能变为非内核功能，这样导致内核各个服务之间耦合性降低，同时提升了可扩展性、可靠性、通用性和可移植性。但是，微内核的运行效率会下降，将各服务功能解耦之后，交互增加，无法很好地利用共享特性，协作的成本增加。

微内核结构存在诸多优势，但运行效率却一定是降低了，所以选择 B 选项。

【知识链接】微内核操作系统与宏内核操作系统的比较。

在宏内核操作系统中，操作系统的功能都是在内核中实现的。

在微内核操作系统中，内核只保留一些最基本的功能，而将其他服务都分离出去，由工作在用户态的进程（客户进程）来实现，形成了所谓的“客户 / 服务器”模式，客户进程可通过内核向服务器进程发送请求，以取得操作系统服务。

从理论上来说，微内核操作系统的思想更好一些，微内核将系统分为各个小的功能块，降低了设计难度，系统的维护和修改也更容易，单微内核的设计增加了模块之间的交互以及内核态和用户态的切换频率，导致系统会有性能损失。微内核便于扩充操作系统，具有很好的移植性。宏内核每个功能模块之间的耦合性很高，导致系统维护和修改的代价太高，但宏内核没有性能损失，所以宏内核操作系统的性能和效率更高。

【答案】B

**【例 3 · 选择题】【模拟题】相对于传统的操作系统设计方式，微内核方式具有很多的优点。关于微内核操作系统的描述不正确的是（　　）。**

A. 微内核可以增加操作系统的可靠性

B. 微内核可以提高操作系统的执行效率

C. 微内核可以提高操作系统的可移植性

D. 微内核可以提高操作系统的可拓展性

【解析】本题主要考查微内核的优点。

微内核操作系统把操作系统分为微内核和多个服务器，可移植性更好，可靠性更高。因为服务器可以进行扩展，所以，微内核操作系统的扩展性更好。但是微内核操作系统的执行效率降低，因为在传统操作系统的设计中，用户程序直接向操作系统请求服务，而在微内核操作系统中，用户程序向操作系统请求服务需要由微内核转发给服务器程序，因此执行效率更低。

【答案】B

## 考点 16　外核

| 重要程度 | ★ |
| --- | --- |
| 历年回顾 | 全国统考：未涉及<br>院校自主命题：未涉及 |

【例·选择题】【模拟题】以下不属于外核的优点的是（　　）。

A. 外核使用户进程可以更灵活地使用硬件资源

B. 减少了虚拟硬件资源的“映射层”，提升了效率

C. 将多道外核内程序与用户空间内的操作系统代码加以分离，相应的负载并不重，保持多个虚拟机彼此不发生冲突

D. 内核外的某个功能模块出错不会导致整个系统崩溃

【解析】本题主要考查外核的优点。

D 选项是微内核的优点。

【知识链接】外核架构能为不同的应用提供定制化的高效资源管理，按照不同应用领域的要求，对硬件资源进行抽象模块化处理，将其封装为一系列的库，与应用直接连接，降低了应用开发的复杂度。

外核架构有以下两个好处。

（1）可以按照应用领域的特点与需求，动态组装成适合该应用领域的库操作系统（LibOS），最小化非必要代码，从而获得更高的性能。

（2）处于硬件特权级的操作系统可以做到非常小，并且由于对各个 LibOS 之间的强隔离性，从而可以提升整个计算机系统的安全性和可靠性。

外核架构的缺点是 LibOS 通常是为某种应用定制的，缺乏跨场景的通用性，应用生态差，较难应用于功能要求复杂，生态与接口丰富的场景。

【答案】D

# 第五节　操作系统引导

## 考点 17　操作系统引导

| 重要程度 | ★★ |
| --- | --- |
| 历年回顾 | 全国统考：2022 年（选择题）<br>院校自主命题：未涉及 |

【例 1·选择题】【模拟题】以下关于 BIOS 说法错误的是（　　）。

A. BIOS 一旦写入，永远不可修改

B. 主板上有专用的纽扣电池为 BIOS 供电，防止 BIOS 设置信息丢失

C. BIOS 能够设置开机引导设备的顺序

D. 经典 BIOS 的设置操作不能使用鼠标，只能使用键盘

【解析】本题主要考查基本输入输出系统（Basic Input Output System，BIOS）的基本概念。

早期的 BIOS 是直接焊在主板上的，是个只读储存器，控制程序是烧录在其中的，但并不是说它就永远无法修改。后来为了便于升级和维修，便改成了可拆可写的。因此，A 选项说法错误。

【知识链接】操作系统引导是指将操作系统装入内存并启动系统的过程。

整个操作系统引导的过程可以总结为以下几个步骤。

（1）BIOS 负责为操作系统内核的运行进行预先检测，主要包括中断服务程序、系统设置程序、上电自检和系统启动自举程序。

- 中断服务程序：是系统软、硬件之间的一个可编程接口，用于完成硬件的初始化
- 系统设置程序：用来设置 CMOS RAM 中的各项参数
- 上电自检：主要是对关键外设进行检查
- 系统启动自举程序：用来完成接下来的系统启动过程

（2）系统启动自举程序按照 CMOS 中的启动顺序配置，顺序查找有效驱动器，读入操作系统引导程序。

（3）BIOS 将操作系统控制权交给引导程序，并由引导程序装入内核代码。

（4）引导程序将 CPU 控制权交给内核，内核开始运行。

（5）完成内核初始化功能，包括对硬件电路等的低级初始化，以及对内核数据结构，如页表、中断向量表等的初始化。

（6）内核启动用户接口，使操作系统处于等待命令输入的状态。

（7）如果操作系统有图形用户界面（Graphical User Interface，GUI），GUI 将在整个操作系统引导过程的最后运行。

【答案】A

**【例 2 · 选择题】【全国统考 2022 年】下列选项中，需要在操作系统进行初始化过程中创建的是（　　）。**

A. 中断向量表

B. 文件系统的根目录

C. 硬盘分区表

D. 文件系统的索引节点表

【解析】本题主要考查操作系统的初始化过程。

在操作系统进行初始化的过程中需要创建中断向量表，用于实现“中断处理”，CPU 检测到中断信号后，根据中断号查询中断向量表，跳转到对应的中断处理程序，A 选项正确。当硬盘被逻辑格式化时，需要对硬盘进行分区，即创建硬盘分区表。分区完成后，需要在每个分区初始化一个特定的文件系统，并创建文件系统的根目录。如果某个分区采用 UNIX 系统，则需要在该分区中建立文件系统的索引节点表。综上，C 选项是在硬盘被逻辑格式化的过程中完成的，B 选项、D 选项是在初始化文件系统的过程中完成的。

【答案】A

# 第六节　虚拟机

## 考点 18　虚拟机

| 重要程度 | ★ |
| --- | --- |
| 历年回顾 | 全国统考：未涉及<br>院校自主命题：未涉及 |

**【例·选择题】【模拟题】关于虚拟机，以下说法正确的是（　　）。**

A. 所有虚拟机共享操作系统内核资源

B. 客户操作系统可以直接访问 I/O 设备

C. 在没有硬件支持的虚拟化环境中，客户操作系统直接管理自己内部运行的应用的虚拟内存映射

D. 虚拟机管理器是一个比操作系统简单的软件系统

**【解析】**本题主要考查虚拟机的基本概念。

虚拟机是指"虚拟"的计算机，是由软件模拟实现出来的计算机，实际上它是将本地主机上的硬盘和内存划分出一部分或几部分，虚拟成一台或多台子机。这些虚拟出的新计算机拥有独立的硬盘、软驱、光驱和操作系统，可以像使用普通计算机一样使用它们，如同时运行多个不同的操作系统等，对真实的计算机不会产生任何的影响。所以 A 选项、B 选项、C 选项说法错误。虚拟机管理器是一个管理虚拟机的应用软件，它建立和维护一个管理虚拟机的框架，同时为其他虚拟设备驱动程序提供许多重要的服务，所以 D 选项说法正确。

**【知识链接】**虚拟机管理器可以模拟运行在一个完全隔离环境中的具有完整硬件系统功能的计算机系统。在大多数情况下，在实体计算机上能完成的工作在虚拟机中都能完成。承载虚拟机的机器称为虚拟机的宿主机。

**【答案】**D

# 过关练习

### 选择题

**1.【模拟题】操作系统必须提供的功能是（　　）。**

A. GUI　　B. 命令接口　　C. 处理中断　　D. 编译源程序

**2.【模拟题】下列关于操作系统结构的说法中，正确的是（　　）。**

Ⅰ. 当前广泛使用的 Windows 操作系统采用的是分层式操作系统结构

Ⅱ. 模块化操作系统结构设计的基本原则是每一层都仅使用其底层所提供的功能和服务，这样使系统的调试和验证都变得容易

Ⅲ. 由于微内核结构能有效支持多处理机运行，故非常适合于分布式系统环境

Ⅳ. 采用微内核结构设计和实现操作系统具有诸多好处，如添加系统服务时不必修改内核，使系统更高效等

A. 仅Ⅰ、Ⅱ B. 仅Ⅰ、Ⅲ C. 仅Ⅲ D. 仅Ⅲ、Ⅳ

3.【模拟题】操作系统的功能不包括（ ）。

A. 设备管理 B. 处理器管理和存储管理

C. 文件管理和作业管理 D. 用户管理

4.【模拟题】设计实时操作系统，首先要考虑的是（ ）。

A. 周转时间和系统吞吐量 B. 交互性和响应时间

C. 灵活性和可适应性 D. 实时性和可靠性

5.【电子科技大学 2014 年】引入多道程序技术的前提条件之一是系统具有（ ）。

A. 分时功能 B. 中断功能 C. 多 CPU 技术 D. SPOOLing 技术

6.【模拟题】在操作系统中，有些指令只能在系统的内核状态下运行，而不允许普通用户程序使用。下列操作中，可以运行在用户态下的是（ ）。

A. 设置定时器的初值 B. 触发 trap 指令

C. 内存单元复位 D. 关闭中断允许位

7.【全国统考 2022 年】下列关于 CPU 模式的叙述中，正确的是（ ）。

A. CPU 处于用户态时只能执行特权指令

B. CPU 处于内核态时只能执行特权指令

C. CPU 处于用户态时只能执行非特权指令

D. CPU 处于内核态时只能执行非特权指令

8.【全国统考 2019 年】下列关于系统调用的叙述中，正确的是（ ）。

Ⅰ. 在执行系统调用服务程序的过程中，CPU 处于内核态

Ⅱ. 操作系统通过提供系统调用避免用户程序直接访问外设

Ⅲ. 不同的操作系统为应用程序提供了统一的系统调用接口

Ⅳ. 系统调用是操作系统内核为应用程序提供服务的接口

A. 仅Ⅰ、Ⅳ B. 仅Ⅱ、Ⅲ C. 仅Ⅰ、Ⅱ、Ⅳ D. 仅Ⅰ、Ⅲ、Ⅳ

9.【模拟题】下列关于批处理技术和多道程序设计技术的说法中，正确的是（ ）。

Ⅰ. 批处理系统的最大缺点是不能并发执行

Ⅱ. 所谓多道程序设计，是指每个时刻都有若干个进程在执行

Ⅲ. 引入多道程序设计的前提条件之一是系统具有中断功能

Ⅳ. 在采用多道程序设计的系统中，系统的程序道数越多，系统的效率越高

A. 仅Ⅰ、Ⅱ　　B. 仅Ⅱ、Ⅲ　　C. 仅Ⅲ　　D. 仅Ⅰ、Ⅳ

10.【浙江大学 2003 年】下列选项中，（　　）不是操作系统关心的主要问题。

A. 管理计算机逻辑

B. 设计、提供用户程序与计算机硬件系统的界面

C. 管理计算机系统资源

D. 高级程序设计语言的编译器

## 答案与解析

### 答案速查表

| 题号 | 1 | 2 | 3 | 4 | 5 | 6 | 7 | 8 | 9 | 10 |
|---|---|---|---|---|---|---|---|---|---|---|
| 答案 | C | C | D | D | B | B | C | C | C | D |

1.【解析】本题主要考查操作系统的功能。

A 选项错误。GUI 是为方便用户使用而出现的，实际上它的功能是通过各种指令来实现的，操作系统可以不提供这个功能。

B 选项错误。命令接口是操作系统提供给用户的接口，可以让用户使用命令来管理计算机，但这不是操作系统的必备组成。

C 选项正确。处理中断是操作系统必须提供的功能，开机时程序中的第一条指令就是一个 Jump 指令，指向一个中断处理程序的地址，进行开机自检等一系列操作。

D 选项错误。对于操作系统来说，一般是不提供编译源程序这项功能的。对于各种编译源程序，通常都有相应的编译程序或者编译器。

【答案】C

2.【解析】本题主要考查操作系统多种结构的特点。

Ⅰ说法错误。当前比较流行的、能支持多处理机运行的操作系统，大多采用微内核结构，如 Windows 操作系统。

Ⅱ说法错误。模块化操作系统结构设计的基本原则是分解和模块化。Ⅱ中描述的是分层式操作系统结构设计的基本原则。

Ⅳ说法错误。微内核结构将操作系统的很多服务移动到内核外（如文件系统），且服务使用进程间的通信机制进行信息交换，这种通过进程间的通信机制进行的信息交换影响了系统的效率，所以微内核结构设计并不会使系统更高效。一般来说，内核的服务越少，内核越稳定。

Ⅲ说法正确。

【答案】C

3.【解析】本题主要考查操作系统的功能。

操作系统的功能一般包括处理器管理、存储管理、文件管理、设备管理和作业管理等。

【答案】D

4.【解析】本题主要考查实时操作系统的概念。

实时操作系统首要考虑的是实时性和可靠性。

【答案】D

5.【解析】本题主要考查多道程序技术的特点。

A 选项错误。分时功能主要是基于时间片轮转来实现的，增加了用户和系统的交互性。

B 选项正确。在 I/O 操作发生阻塞时，可以调度其他可运行的作业继续运行。也就是说，内存中同时保持多道程序，主机以交替的方式同时处理，从而实现 CPU 与 I/O 设备的并行工作。多道程序交替执行必须要有中断功能的支持。因此，引入多道程序技术的操作系统必须具备中断功能。

C 选项错误。多 CPU 技术可以让系统实现并行，而多道程序技术讲的只是并发，在一个 CPU 上也可以实现。

D 选项错误。SPOOLing 技术是设备虚拟化技术，可以将一个独占式设备转换为共享设备，这属于 I/O 管理的范畴，跟多道程序技术没有关系。

【答案】B

6.【解析】本题主要考查用户态与内核态。

设定定时器的初值属于时钟管理的内容，需要在内核态运行，所以 A 选项错误；触发 trap 指令是用户态到内核态的入口，可以在用户态下运行，所以 B 选项正确；内存单元复位属于存储器管理的系统调用服务，用户态下随便控制内存单元的复位是很危险的行为。关闭中断允许位属于中断机制，它们都只能运行在内核态下。

【答案】B

7.【解析】本题主要考查对用户态、内核态以及特权指令的理解。

用户态下只能执行非特权指令，这是明确的。那么在内核态下，是只能执行特权指令呢，还是也可以执行非特权指令？大家可以直接思考系统调用的过程，在进行系统调用的时候，进程会进入内核态，但是在内核态中，进程并不是只可以执行特权指令，也可以执行类似于简单的数据计算等非特权的指令。

【答案】C

8.【解析】本题主要考查系统调用的基本概念。

用户可以在用户态调用操作系统的服务，但执行具体的系统调用服务程序是处于内核态的，所以 I 正确。

设备管理属于操作系统的职能之一，包括对输入 / 输出设备的分配、初始化、维护等，用户程序需要通过系统调用使用操作系统的设备管理服务，所以 II 正确。

操作系统不同，底层逻辑、实现方式也会不同，为应用程序提供的系统调用接口也不同，所以Ⅲ错误。

系统调用是用户在应用程序中调用操作系统提供的子功能，所以Ⅳ正确。

【答案】C

9.【解析】本题主要考查批处理技术和多道程序设计的基本概念。

Ⅰ说法错误。批处理系统的最大缺点是缺乏交互性。

Ⅱ说法错误。多道程序设计是指把多个程序同时存放在内存中，使它们同时处于运行状态。但是，在单处理机环境中，同一时刻只能有一个进程在执行。

Ⅲ说法正确。有了中断后才能实现进程并发，而实现了进程间的并发才有可能把多个进程装入内存实现多道程序设计技术。

Ⅳ说法错误。程序道数如果过多的话，会导致每个程序分配到的内存不够，很多程序所需的代码需要临时从磁盘调入内存，系统会频繁地处于I/O状态中，导致系统效率降低。

【答案】C

10.【解析】本题主要考查操作系统的作用。

从计算机资源的角度来看，操作系统的作用是管理计算机的硬件（逻辑）和软件等各种系统资源，所以A选项、C选项正确；从用户角度来看，操作系统的作用是提供用户程序和计算机硬件系统之间的接口，所以B选项正确；而高级程序设计语言的编译器不属于操作系统的作用范围，因此应该选择D选项。

【答案】D

# 第二章 进程管理

进程管理是计算机考研“操作系统”的核心知识。在历年考题中，进程管理的考题占比呈上升趋势，且出综合应用题的概率极高。本章重要的考点有进程、进程同步、线程等。在选择题中，进程的状态与转换为最常考的知识点，进程同步，以及线程也是常考知识点。在综合应用题中，最常见的考点是进程同步，并且生产者 - 消费者问题、前驱问题、哲学家就餐问题的变形考法最为常见。

在近些年的全国统考中，相关的题型、题量、分值，以及高频考点如下表所示。

| 题型 | 题量 | 分值 | 高频考点 |
|---|---|---|---|
| 选择题 | 2 ~ 3 题 | 4 ~ 6 分 | 进程的状态与转换、进程同步、临界区互斥的硬件实现、线程 |
| 综合应用题 | 1 题 | 7 ~ 8 分 | 信号量机制、经典同步问题 |

**【知识地图】**

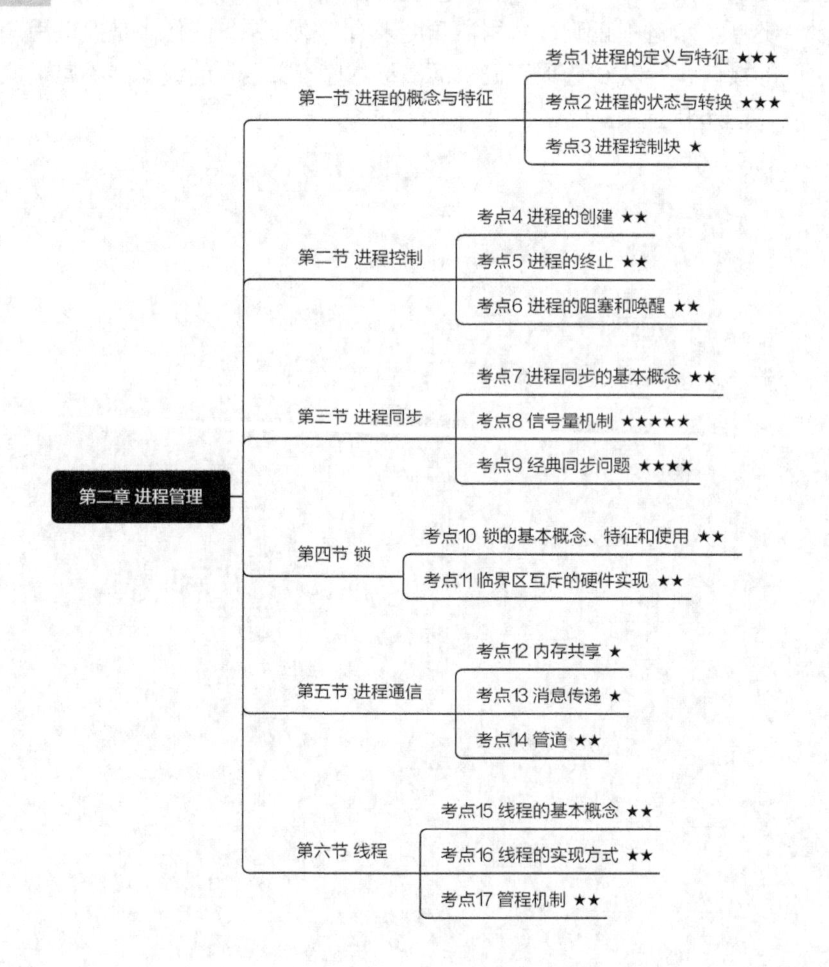

# 第一节 进程的概念与特征

## 考点1 进程的定义与特征

| 重要程度 | ★★★ |
| --- | --- |
| 历年回顾 | 全国统考：2011年（选择题）、2018年（选择题）、2020年（选择题）<br>院校自主命题：有涉及 |

**【例1·选择题】【中国科技大学2012年】下列（　　）不是进程的基本特征。**

A. 动态性　　B. 并发性　　C. 共享性　　D. 异步性

**【解析】**本题主要考查进程的特征。

进程的主要特征包括动态性、并发性、独立性、异步性、结构性。进程是一个能独立运行的基本单位，同时也是系统分配资源和调度的独立单位，所以不是共享的。注意，共享性是此考点中最容易出现的干扰选项。

**【知识链接】**对于进程的定义，从不同的角度出发，有很多不同的说法，以下是一些比较典型的说法。

（1）进程是资源分配的最小单位。

（2）进程是程序的一次执行过程。

（3）进程是程序在内存中的映像。

（4）进程是一个程序及其数据在处理器上顺序执行时所发生的活动集合。

**【答案】**C

**【例2·选择题】【全国统考2011年】有两个并发执行的进程P1和P2，共享初值为1的变量$x$。P1对$x$加1，P2对$x$减1。加1和减1操作的指令序列分别如下所示，两个操作完成后，$x$的值（　　）。**

| //加1操作 | //减1操作 |
| --- | --- |
| load R1,x ①//取x到寄存器R1中 | load R2,x ④ |
| inc R1, ②//寄存器R1的值加一操作 | dec R2 ⑤//寄存器R2的值减一操作 |
| store x, R1 ③//将R1的内容存入x | store x, R2 ⑥ |

A. 只可能为-1或3　　B. 只能为1

C. 可能为0、1或2　　D. 可能为-1、0、1或2

**【解析】**本题主要考查进程的并发性。

由于两个进程是并发执行，所以P1和P2中的语句顺序是不确定的，需要列出所有可能性，由于①、②，以及④、⑤两个组合中间加入其他操作不会影响结果，所以可以将两个组合进行绑定，然后用两个新编号ⓐ、ⓑ表示，则目前有编号ⓐ、ⓑ、③、⑥，并且P1、P2两个进程中每个指令之间的相对顺序不可以改变，即①必须在②、③之前执行，②必须在①之后、③之前执行，③必须在①、②之后执行。所以最后ⓐ、ⓑ、③、⑥可以组合的顺序如下。

组合 1：ⓐ、ⓑ、③、⑥；结果为 0
组合 2：ⓐ、ⓑ、⑥、③；结果为 2
组合 3：ⓐ、③、ⓑ、⑥；结果为 1
组合 4：ⓑ、ⓐ、③、⑥；结果为 0
组合 5：ⓑ、ⓐ、⑥、③；结果为 2
组合 6：ⓑ、⑥、ⓐ、③；结果为 1

当组合 1、组合 4 或组合 2、组合 5 出现时，ⓐ、ⓑ和ⓑ、ⓐ的顺序并不会影响结果，所以最终有 4 种组合方式：组合 1、组合 2、组合 3、组合 6。组合 1 的结果为 0；组合 2 的结果为 2；组合 3 的结果为 1；组合 6 的结果为 1。没有输出结果为 -1 的组合。所以选择 C 选项。

【答案】C

**【例 3 · 选择题】【全国统考 2018 年】属于同一进程的两个线程 thread1 和 thread2 并发执行，共享初值为 0 的全局变量 $x$。thread1 和 thread2 实现对全局变量 $x$ 加 1 的机器级代码描述如下。**

| thread1 | thread2 |
|---|---|
| mov R1,x //(x)->R1<br>inc R1 //(R1)+1->R1<br>mov x,R1 //(R1)->x | mov R2,x //(x)->R2<br>inc R2 //(R2)+1->R2<br>mov x,R2 //(R2)->x |

在所有可能的指令执行序列中，使 $x$ 的值为 2 的序列个数是（　　）。

A. 1　　B. 2　　C. 3　　D. 4

【解析】本题主要考查进程中线程的并发性。

两个线程 thread1 和 thread2 均是对 $x$ 进行加 1 操作，$x$ 初始值为 0，若要使得最终 $x=2$，可以先执行 thread1 再执行 thread2，或先执行 thread2 再执行 thread1，故只有 2 种可能。

【答案】B

**【例 4 · 选择题】【全国统考 2020 年】下列关于父进程与子进程的叙述中，错误的是（　　）。**

A. 父进程与子进程可以并发执行
B. 父进程与子进程共享虚拟地址空间
C. 父进程与子进程有不同的进程控制块
D. 父进程与子进程不能同时使用同一临界资源

【解析】本题主要考查父进程与子进程的区别。

进程具有独立性和并发性，所以父进程与子进程独立调度，可并发执行，所以 A 选项正确。

父进程可以和子进程共享一部分资源，但是不和子进程共享虚拟地址空间。系统在创建子进程时，会为子进程分配空闲的进程描述符、唯一标识的 PID 等，也就是说进程不具备共享性，所以 B 选项错误。

进程控制块是进程存在的唯一标识，父进程与子进程各自有一个属于自己的进程控制块，所以C选项正确。

临界资源只能被进程互斥使用，所以父进程和子进程不能同时使用同一临界资源，所以D选项正确。

【答案】B

## 考点2 进程的状态与转换

| 重要程度 | ★★★ |
|---|---|
| 历年回顾 | 全国统考：2015年（选择题）、2022年（选择题）<br>院校自主命题：有涉及 |

**【例1·选择题】【南京理工大学2013年】当一个进程处于（　　）状态时，称其为等待状态。**

A. 等待进入内存　　B. 等待协作进程的一个消息

C. 等待一个时间片　　D. 等待CPU调度

**【解析】**本题主要考查的是进程的等待状态。

等待状态（也就是阻塞态）下，进程在等待资源、事件或者其他进程的消息，由此可知B选项正确。

A选项错误。进程处于等待进入内存状态时，是指进程之前被挂起换出内存，现在要重新激活调入内存，此时是处于挂起态。

C选项错误。进程处于等待时间片状态时，是处于就绪态，即一切就绪，只等CPU时间片。

D选项错误。同上，等待CPU调度和等待一个时间片是一个意思。

**【误区警示】**此题中A选项为易错选项。基础不够扎实的读者可能看到“进入内存”会想到作业的调度，因为作业的调度是从磁盘上的后备队列调入内存的过程。但这里需要注意的是，题目的大前提是进程，所以这种情况下只能是挂起的进程；也会有读者认为，处于等待状态的进程不运行，应该不占用内存。这是错误的，处于等待状态的进程，只是处于一种类似睡眠的阻塞态。如果没有发生中级调度，进程就没有被挂起，依然是在内存中的。

**【知识链接】**一般情况下，我们讨论进程的状态会用到“三态模型”“五态模型”及“七态模型”，其中“三态模型”用得最多，“七态模型”只需要了解。

三态模型：运行态、就绪态、阻塞态。

五态模型则在三态模型的基础上增加了两个临时状态：创建态、结束态。

【答案】B

**【例2·选择题】【中国科技大学2012年】关于进程的状态和状态转换，以下哪一种说法是正确的（　　）。**

A. 进程由创建而产生，由调度而执行，因得不到资源而挂起，以及由撤销而消亡

B. 在具有挂起状态的进程管理中，处于静止就绪状态的进程会因为申请资源失败而进入静止阻塞状态

C. 进程在运行期间，不断地从一个状态转换到另一个状态，它可以多次处于就绪状态和

执行状态，也可多次处于阻塞状态，但可能排在不同的阻塞队列

D. 正在执行的进程，若时间片用完，会进入阻塞状态

【解析】本题主要考查进程的状态转换过程。

进程会因得不到资源而阻塞，不会因为得不到资源而挂起，所以 A 选项说法错误。

静止就绪状态是进程在就绪状态下被挂起导致的，该进程在挂起状态下，处于睡眠状态，不可能申请资源，所以 B 选项说法错误。

进程在运行期间，不断地从一个状态转换到另一个状态，其状态可以在就绪状态和执行状态之间来回转换，可以多次处于阻塞状态。在任意时刻，进程只能处于一种状态，同时系统可以根据被阻塞原因的不同，将进程放在不同的阻塞队列中，所以 C 选项说法正确。

正在执行的进程，若时间片用完，会进入就绪状态，所以 D 选项说法错误。

【答案】C

**【例 3 · 选择题】【中山大学 2010 年】某系统的进程状态转换如下图所示，图中事件 1、事件 2、事件 3、事件 4 分别表示引起状态转换的不同事件，事件 4 表示（　　）。**

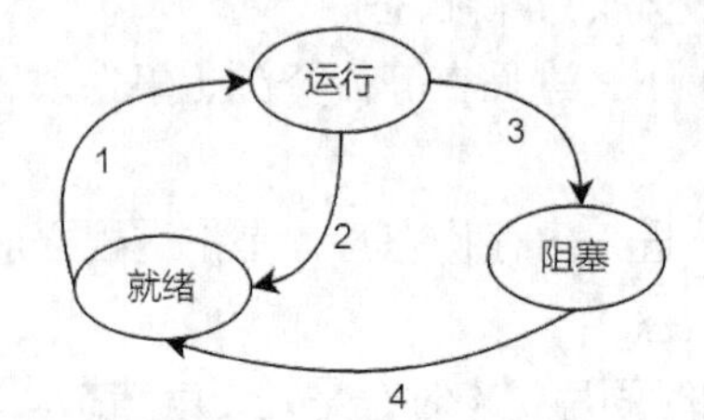


A. 就绪进程被调度　　　　B. 运行进程执行了 P 操作

C. 发生了阻塞进程等待的事件　　　　D. 运行进程时间片到了

【解析】本题主要考查进程状态转换的“三态模型”。

此题是一个典型的三态模型考题，答题的关键在于将三态模型学透，做到了然于胸，读者可以先不看下面的解析，把图中事件 1、事件 2、事件 3、事件 4 这 4 个不同的事件先在自己脑海中回顾一下。

事件 1：就绪进程被调度，CPU 转为运行态。事件 1 对应 A 选项。

事件 2：运行态的进程用完一个时间片，重新回到就绪队列，等待下次调度。事件 2 对应 D 选项。

事件 3：运行态的进程因为请求资源，等待事件、信号等不能继续往下运行，则转为阻塞态。事件 3 对应 B 选项。

事件 4：阻塞态的进程等到了导致它阻塞的事件、信号、资源，转为就绪态，万事就绪，只欠 CPU。事件 4 对应 C 选项。

【答案】C

**【例 4 · 选择题】【南京大学 2013 年】在进程状态切换时，引起内存与辅存之间交换数据的是（　　）。**

A. 运行到就绪　　B. 运行到等待　　C. 运行到挂起　　D. 就绪到运行

**【解析】**本题主要考查进程的状态转换过程。

此题的关键在于明确在进程状态切换时，什么情况下，会导致数据在内存和辅存之间交换。

C 选项正确，进程状态由运行态切换为挂起态，系统会将进程的内存数据转存到辅存，用以释放内存空间。

**【答案】**C

**【例 5 · 选择题】【全国统考 2015 年】下列选项中，会导致进程从执行态变为就绪态的事件是（　　）。**

A. 执行 P（wait）操作　　B. 申请内存失败

C. 启动 I/O 操作　　D. 被高优先级进程抢占

**【解析】**本题主要考查引起进程状态转换的事件。

P（wait）操作表示进程请求某一资源，A 选项、B 选项和 C 选项都因为请求某一资源会使进程进入阻塞态，而 D 选项只是被剥夺了处理机资源，由执行态进入就绪态，一旦得到处理机即可执行。

**【答案】**D

**【例 6 · 选择题】【全国统考 2022 年】下列事件或操作中，可能导致进程 P 由执行态变为阻塞态的是（　　）。**

Ⅰ. 进程 P 读文件

Ⅱ. 进程 P 的时间片用完

Ⅲ. 进程 P 申请外设

Ⅳ. 进程 P 执行信号量的 wait() 操作

A. 仅Ⅰ、Ⅳ　　B. 仅Ⅱ、Ⅳ

C. 仅Ⅲ、Ⅳ　　D. 仅Ⅰ、Ⅲ、Ⅳ

**【解析】**本题主要考查引起进程状态转换的事件。

Ⅰ正确，进程 P 读文件时，进程从执行态进入阻塞态，等待磁盘 I/O 完成。Ⅱ错误，进程 P 的时间片用完，导致进程从执行态进入就绪态，转入就绪队列等待下次被调度。Ⅲ正确，进程 P 申请外设，若外设是独占设备且正在被其他进程使用，则进程 P 从执行态进入阻塞态，等待系统分配外设。Ⅳ正确，进程 P 执行信号量的 wait() 操作，如果信号量的值小于等于 0，则进程进入阻塞态，等待其他进程用 signal() 操作唤醒。

**【高手点拨】**在进程的“三态模型”中，由执行态转到阻塞态的主要原因是进程缺少运行的必要资源、等待其他进程执行，以及等待信号等。另外，处于执行态的进程还可以转为挂起态和就绪态，如果是 CPU 时间片用完，就会转到就绪态，如果是在运行的过程中被挂起，则会转换到挂起态。

所以，进程由执行态转换为阻塞态的原因可能是读文件、申请外设、执行 wait() 操作。

**【答案】**D

## 考点 3 进程控制块

| 重要程度 | ★ |
|---|---|
| 历年回顾 | 全国统考：未涉及<br>院校自主命题：有涉及 |

**【例 1 · 选择题】【北京邮电大学 2017 年】进程被成功创建以后，该进程的进程控制块将会首先插入的队列是（　　）。**

A. 就绪队列　　B. 等待队列　　C. 运行队列　　D. 活动队列

**【解析】**本题主要考查进程创建的过程。

新创建成功的进程将插入就绪队列，从进程开始创建到加入就绪队列，这是一个不可分割的原子操作，所以 A 选项正确。

**【知识链接】**进程控制块（Processing Control Block，PCB）是进程的核心组成部分，同样也是进程存在的唯一标志。除了进程控制块，组成进程的另外两个部分为数据段和程序段。

在系统中，为了方便将不同状态的进程组织起来，进程控制块之间可以使用链接方式和索引方式进行组织。

**【答案】**A

**【例 2 · 选择题】【重庆大学 2013 年】进程创建过程必需的内容是（　　）。**

Ⅰ. 建立进程控制块

Ⅱ. 为进程分配 CPU

Ⅲ. 为进程分配内存

Ⅳ. 将进程链入就绪队列

A. 仅Ⅰ、Ⅱ　　B. 仅Ⅰ　　C. Ⅰ、Ⅱ、Ⅲ　　D. Ⅰ、Ⅲ、Ⅳ

**【解析】**本题主要考查进程创建的过程。

进程创建的过程不会为进程分配 CPU，所以Ⅱ错误。

**【知识链接】**进程的创建是由创建原语来完成的，此题的关键就是明确进程创建原语到底包含哪些过程。

（1）为进程创建进程控制块（进程控制块是进程存在的唯一标志）。

（2）为进程分配内存等待资源。

（3）将进程控制块中的状态设置为就绪态，并将该进程加入就绪队列。

同时，在“五态模型”中，进程从创建态开始，下一个状态就是就绪态，也侧面说明了进程的创建并不会为进程分配 CPU。

**【答案】**D

**【例 3 · 选择题】【南京理工大学 2015 年】进程控制块就是对进程进行管理和调度的信息集合，它包括（　　）4 类信息。**

A. 标识信息、内存信息、说明信息、现场信息

B. 标识信息、说明信息、现场信息、管理信息

C. 中央处理器信息、标识信息、说明信息、管理信息

D. 内存信息、标识信息、说明信息、控制器信息

**【解析】**本题主要考查进程控制块的组成。

进程控制块的组成包含标识信息、说明信息、现场信息和管理信息 4 类信息。

（1）标识信息：用于标识一个进程。常用的标识信息有进程标识符、父进程的标识符、用户进程名、用户组名等。

（2）说明信息：主要用于说明进程的情况。

（3）现场信息：保留进程运行时存放在处理器的现场信息。进程让出处理器时必须要将处理器现场信息保留到进程控制块中，当该进程重新恢复运行时也应该恢复处理器现场。现场信息包括通用寄存器内容、控制寄存器内容、用户堆栈指针、系统堆栈指针等。

（4）管理信息：用于管理进程。常见的管理信息包括进程的调度相关信息、进程组成信息、进程间通信相关信息、进程特权信息等。

**【答案】**B

**【例 4 · 选择题】【四川大学 2015 年】进程控制块 PCB 中不可能包含的信息是（　　）。**

A. 进程优先级　　B. 进程状态　　C. 进程执行的代码　　D. 进程名

**【解析】**本题主要考查进程控制块的构成。

进程实体是由进程控制块、程序段和数据段 3 部分组成的，进程的执行代码是在程序段中的。

**【知识链接】**进程控制块中包含标识信息、说明信息、现场信息和管理信息 4 类信息。

**【答案】**C

## 第二节　进程控制

### 考点 4　进程的创建

| 重要程度 | ★★ |
| --- | --- |
| 历年回顾 | 全国统考：2010 年（选择题）、2021 年（选择题）<br>院校自主命题：有涉及 |

**【例 1 · 选择题】【全国统考 2010 年】下列选项中，导致创建新进程的操作是（　　）。**

Ⅰ. 用户登录成功

Ⅱ. 设备分配

Ⅲ. 启动程序执行

A. 仅Ⅰ和Ⅱ　　B. 仅Ⅱ和Ⅲ　　C. 仅Ⅰ和Ⅲ　　D. Ⅰ、Ⅱ、Ⅲ

**【解析】**本题主要考查进程创建的过程。

Ⅰ正确。用户登录成功后，系统要为此创建一个用户管理的进程，所有用户的进程会在该进程下创建和管理，包括用户桌面、环境等。

Ⅱ错误。设备分配是通过在系统中设置相应的数据结构实现的，不需要创建进程。这是操作系统中 I/O 核心子系统的内容。

Ⅲ正确。启动程序执行是典型的引起创建进程的操作，启动程序执行的过程中，先使用高级调度将任务从后备队列调入内存，并为其创建进程。

【知识链接】在操作系统中，进程都是由父进程创建的，被创建的新进程称为子进程。

在下列这些场景中，会创建子进程：终端用户登录、作业调度、系统提供服务、用户程序的应用请求等。

操作系统创建进程，使用的是创建原语，创建原语将完成以下几个步骤。

（1）为新进程分配一个唯一的进程标识号，并申请一个空白的 PCB（PCB 是有限的）。若 PCB 申请失败，则创建原语失败。

（2）为新进程的程序和数据及用户栈分配必要的资源（在 PCB 中体现）。注意，若资源不足（如内存空间不足），则并不是创建原语失败，而是处于阻塞态，等待内存资源。

（3）初始化 PCB，主要包括初始化标识信息、初始化处理机状态信息、初始化处理机控制信息，以及设置进程的优先级等。

（4）若进程就绪队列能够接纳新进程，则将新进程插入就绪队列，等待被调度运行。

【答案】C

**【例 2 · 选择题】【全国统考 2021 年】下列操作中，操作系统在创建新进程时，必须完成的是（　　）。**

Ⅰ. 申请空白的进程控制块

Ⅱ. 初始化进程控制块

Ⅲ. 设置进程状态为执行态

A. 仅Ⅰ　　B. 仅Ⅰ、Ⅱ　　C. 仅Ⅰ、Ⅲ　　D. 仅Ⅱ、Ⅲ

【解析】本题主要考查创建新进程的过程。

操作系统感知进程的唯一方式就是 PCB，所以创建一个新进程就是为其申请一个空白的 PCB，并初始化进程的必要信息，如进程标识信息、处理及状态信息，以及设置进程优先级等，所以Ⅰ、Ⅱ正确。进程在创建时，一般会为其分配除了 CPU 外的大多数资源，所以一般设置进程为就绪态，等待调度程序的调度，所以Ⅲ错误。

【答案】B

**【例 3 · 选择题】【重庆大学 2016 年】当创建子进程时，下列哪项对子进程的执行或地址空间是可能的（　　）。**

A. 子进程与父进程并发运行　　B. 子进程加载一个新的程序

C. 孩子是父进程的副本　　D. 以上皆是

【解析】本题主要考查创建子进程的过程。

A 选项正确。创建子进程后，父进程与子进程之间相互独立，可并发运行，如果是多处理机系统，甚至可以并行运行，这是进程的“独立性”。

B 选项正确。子进程可以通过 exec( ) 系统调用函数，加载一个全新的程序。

C 选项正确。孩子指的是孩子进程，简称为子进程。创建子进程的过程，就是父进程对自己的拷贝，子进程会继承（拷贝）父进程的绝大部分资源。

**【误区警示】**部分读者可能对 B 选项有一定疑惑，父进程通过克隆自己生成新的子进程，怎么会跟其他新的程序有关系呢？这里其实考的是，子进程可以通过 exec() 系统调用函数来调入一个新的程序替换现有的进程空间去执行一个新的任务。

**【答案】**D

**【例 4 · 选择题】【四川大学 2015 年】在执行下列哪类操作时不允许 CPU 切换（　　）。**

A. 原语　　B. 系统调用　　C. 临界区　　D. 管程

**【解析】**本题主要考查原语的概念。

A 选项正确。原语一般是指由若干条指令组成的程序段，用来实现某个特定功能，在执行过程中不可被中断，如队列操作、对信号量的操作、检查启动外设操作。

B 选项错误。系统调用是操作系统提供给上层程序的服务接口，在实际使用过程中，并不要求系统调用一气呵成。

C 选项错误。临界区分为两种：用户临界区及内核临界区。如果是用户临界区，则可以进行 CPU 切换。

D 选项错误。管程将信号量的操作封装起来，方便用户使用，避免出错，但管程操作并不限制 CPU 的切换。

**【误区警示】**本题中 C 选项、D 选项都是易错点。C 选项中，需要强调的是，如果在内核临界区内，进程在内核临界区被抢占 CPU，会导致内核临界区的资源不能被释放，进而导致其他需要该临界区资源的内核功能无法正常运行。但是在用户临界区内，CPU 被剥夺不会造成系统问题；D 选项中，读者会认为管程中包含了信号量的 P、V 操作，所以应该是原子操作的，应该是不允许 CPU 切换的，但实则不然，管程中的 P、V 操作是原语，但管程自己并不是原语。关于 P、V 操作的相关解释将在考点 8 中进行讲解。

**【答案】**A

## 考点 5　进程的终止

| 重要程度 | ★★ |
| --- | --- |
| 历年回顾 | 全国统考：未涉及<br>院校自主命题：未涉及 |

**【例 · 选择题】【模拟题】以下无法引起进程终止的事件是（　　）。**

A. 正常结束　　B. 异常结束

C. 非主函数返回　　D. 外界干预

**【解析】**本题主要考查引起进程终止的事件。

引起进程终止的事件有正常结束、异常结束和外界干预。非主函数的返回不会引起进程终止。如果是主函数返回则会引起进程终止。

**【知识链接】**引起进程终止有以下几个事件。

（1）正常结束：表示进程的任务已完成并准备退出运行。

（2）异常结束：表示进程在运行时，发生了某种异常事件，使程序无法继续运行，如存储区越界、保护错、非法指令、特权指令错、运行超时、算术运算错、I/O 故障等。

（3）外界干预：指进程根据外界的请求而终止运行，如操作员或操作系统干预、父进程请求和父进程终止。

操作系统终止进程会用到撤销原语，撤销原语会完成以下操作。

（1）根据被终止进程的标识符，检索 PCB，从中读出该进程的状态。

（2）若被终止进程处于运行态，则立即终止该进程的执行，将处理机资源分配给其他进程。

（3）若该进程还有子孙进程，则应将其所有子孙进程终止。

（4）将该进程所拥有的全部资源归还给父进程，或归还给操作系统。

（5）将该 PCB 从所在队列（链表）中删除。

【答案】C

## 考点 6　进程的阻塞和唤醒

| 重要程度 | ★★ |
|---|---|
| 历年回顾 | 全国统考：2018 年（选择题）、2019 年（选择题）<br>院校自主命题：有涉及 |

**【例 1 · 选择题】【南京航空航天大学 2017 年】操作系统中有一组特殊的程序，它们不能被系统中断，在操作系统中称为（　　）。**

A. 初始化程序　　B. 原语　　C. 子程序　　D. 控制模块

【解析】本题主要考查原语的概念。

原语是指由若干个机器指令构成的完成某种特定功能的一段程序，原语必须连续执行，具有不可分割性。原语在执行过程中不允许被中断，不同层次之间通过使用原语来实现信息交换。故选 B 选项。

【答案】B

**【例 2 · 选择题】【模拟题】以下关于进程阻塞的描述错误的是（　　）。**

A. 进程通过调用阻塞原语 block 把自己阻塞

B. 进程的阻塞是进程自身的一种主动行为

C. 阻塞进程控制块中的现行状态由运行态改为阻塞态

D. 其他进程通过调用阻塞原语 block 把某个进程阻塞

【解析】本题主要考查进程阻塞的过程。

当要进行阻塞的事件发生时，进程通过调用阻塞原语 block 将自己阻塞，所以，阻塞是一个主动的过程，将进程自己进行阻塞。进程控制块的状态由运行态改为阻塞态，并将 PCB 插入阻塞队列，所以 D 选项错误。阻塞是进程的主动行为而不是被某个进程调用 block 阻塞。

【知识链接】正在执行的进程，由于期待的某些事件未发生，如请求系统资源失败、等待某种操作的完成、新数据尚未到达或无新工作可做等，由进程调用阻塞原语，使进程由运行态变为阻塞态。

阻塞原语的执行过程如下。

（1）找到将要被阻塞进程的标识号对应的 PCB。

（2）若该进程为运行态，则保护其现场，将其状态转为阻塞态，停止运行。

（3）把该 PCB 插入相应事件的等待队列，将处理机资源调度给其他就绪进程。

当被阻塞进程所期待的事件出现，如它所启动的 I/O 操作已完成或其所期待的数据已到达时，由有关进程（如释放该 I/O 设备的进程或提供数据的进程）调用唤醒原语，将等待该事件的进程唤醒。

唤醒原语的执行过程如下。

（1）在该事件的等待队列中找到相应进程的 PCB。

（2）将其从等待队列中移出，并将其状态改为就绪态。

（3）把该 PCB 插入就绪队列，等待调度程序调度。

唤醒原语和阻塞原语刚好是一对作用相反的原语。

**【答案】**D

**【例 3 · 选择题】【全国统考 2018 年】下列选项中，可能导致当前进程 P 阻塞的事件是（　　）。**

Ⅰ. 进程 P 申请临界资源

Ⅱ. 进程 P 从磁盘读数据

Ⅲ. 系统将 CPU 分配给高优先权的进程

A. 仅Ⅰ　　B. 仅Ⅱ　　C. 仅Ⅰ、Ⅱ　　D. Ⅰ、Ⅱ、Ⅲ

**【解析】**本题主要考查导致进程阻塞的事件。

进程等待某资源（不包括处理机）为可用或等待 I/O 完成均会进入阻塞态，故Ⅰ、Ⅱ正确。Ⅲ发生时，进程进入就绪态，所以错误。

**【答案】**C

**【例 4 · 选择题】【全国统考 2019 年】下列选项中，可能会将进程唤醒的事件是（　　）。**

Ⅰ. I/O 结束

Ⅱ. 某进程退出临界区

Ⅲ. 当前进程的时间片用完

A. 仅Ⅰ　　B. 仅Ⅲ　　C. 仅Ⅰ、Ⅱ　　D. Ⅰ、Ⅱ、Ⅲ

**【解析】**本题主要考查将进程唤醒的事件。

当被阻塞进程等待的某资源（不包括处理机）为可用时，进程将会被唤醒。Ⅰ正确，I/O 结束后，等待该 I/O 结束而被阻塞的有关进程就会被唤醒。Ⅱ正确，某进程退出临界区后，之前需要进入该临界区而被阻塞的有关进程就会被唤醒。Ⅲ错误，当前进程的时间片用完后，进入就绪队列等待重新调度，优先级最高的进程将获得处理机资源从就绪态变成运行态。

**【答案】**C

# 第三节 进程同步

## 考点 7 进程同步的基本概念

| 重要程度 | ★★ |
| --- | --- |
| 历年回顾 | 全国统考：2020 年（选择题）<br>院校自主命题：有涉及 |

**【例 1 · 选择题】【模拟题】为了实现进程同步，可以在系统中设置专门的同步机制来协调进程，同步机制应遵循的基本准则有（　　）。**

A. 环路等待；空闲让进；遇忙等待；有限等待

B. 不剥夺条件；遇忙等待；有限等待；让权等待

C. 空闲让进；遇忙等待；有限等待；让权等待

D. 部分分配；环路等待；遇忙等待；有限等待

【解析】本题主要考查进程的同步机制。

为了禁止两个进程同时进入临界区，进程的同步机制应遵循以下 4 个准则。

（1）空闲让进：当无进程处于临界区时，表明临界资源处于空闲状态，应允许一个请求进入临界区的进程立即进入自己的临界区。

（2）遇忙等待：也称为忙则等待，当已有进程进入临界区时，表明临界资源正在被访问，因而其他试图进入临界区的进程必须等待。

（3）有限等待：对任何要求访问临界资源的进程，应保证进程能在有限的时间内进入自己的临界区，以免进入"死等"状态。

（4）让权等待：当进程不能进入自己的临界区，应立即放弃占用 CPU，以使其他进程有机会得到 CPU 的使用权，以免陷入"忙等"。

综上所述，正确答案为 C 选项。其中，环路等待、不剥夺条件、部分分配、互斥条件是产生死锁的 4 个必要条件，不是同步机制应遵循的准则，因此 A 选项、B 选项和 D 选项均是不正确的。

【答案】C

**【例 2 · 选择题】【全国统考 2020 年】下列准则中，实现临界区互斥机制必须遵循的是（　　）。**

Ⅰ. 两个进程不能同时进入临界区

Ⅱ. 允许进程访问空闲的临界资源

Ⅲ. 进程等待进入临界区的时间是有限的

Ⅳ. 不能进入临界区的执行态进程立即放弃 CPU

A. 仅Ⅰ、Ⅳ　　B. 仅Ⅱ、Ⅲ　　C. 仅Ⅰ、Ⅱ、Ⅲ　　D. 仅Ⅰ、Ⅲ、Ⅳ

【解析】本题主要考查进程同步机制遵循的准则。

Ⅰ正确。实现临界区互斥需满足多个准则。两个进程不能同时进入临界区，遵循了"遇忙等待”准则。

Ⅱ正确。若临界区空闲，则允许其他进程访问，遵循了“空闲让进”准则。

Ⅲ正确。进程应该在有限时间内访问临界区，遵循了“有限等待”准则。

Ⅳ错误。进程不能进入自己的临界区，应立即放弃占用 CPU，遵循了“让权等待”准则，但是不是必须遵循的准则，如皮特森（Peterson）算法。

**【高手点拨】**尽管 Peterson 算法在实现互斥访问方面是正确的，但它并没有严格遵循“让权等待”准则。若满足“让权等待”准则，一个进程在无法进入临界区时，则应该主动让出 CPU，而不是被动让出。而在 Peterson 算法中，当一个进程发现其他进程也“希望”进入临界区时，它会主动让出 CPU，但是这个让出 CPU 的动作是在其他进程的请求发生后才触发的，与“让权等待”原则中的让出条件是不同的。因此，虽然 Peterson 算法实现了互斥访问的功能，但它并不符合“让权等待”准则的严格定义。

**【答案】**C

**【例 3 · 选择题】【北京交通大学 2014 年】进程同步的最主要目的是（　　）。**

A. 公平和高效地使用资源　　B. 使得并发的程序能顺序地执行

C. 避免死锁　　D. 使得程序的执行具有可再现性

**【解析】**本题主要考查进程同步的主要目的。

在多道程序环境下，进程是并发执行的，不同进程之间存在着不同的相互制约关系。为了协调进程之间的相互制约关系，引入了进程同步的概念。

**【知识链接】**在计算机中，进程同步中的“同步”，不是“齐头并进”“一起”的含义，同步是指执行的先后顺序，相互之间的依存关系，也即存在确定的规律，而不是杂乱无章、不确定的执行顺序。

举例：假设 A 进程用来做饭，而 B 进程用来吃饭，那么则一定存在这样的同步关系：A 做完饭之后，B 才能吃饭，不可能是 B 先吃饭，而 A 还没做饭。

1. 临界资源

进程可以共享系统中的各种资源，但是有些资源在同一时间只能为一个进程所用，这类在同一时间只允许一个进程使用的资源称为临界资源。生活中常见的打印机就是典型的临界资源。

对临界区的访问，则必须互斥地进行，每个进程中访问临界资源的那部分代码被称为临界区。

临界资源的访问过程分为 4 个部分。

（1）进入区，在进入区要检查临界资源能否进入临界区，若能进入临界区，则应设置正在访问临界区的标志，以阻止其他进程同时进入临界区。

（2）临界区，又称为临界段，是进程中访问临界资源的那段代码。

（3）退出区，将正在访问临界区的标志清除。

（4）剩余区，是代码中的其余部分。

2. 同步

同步，亦称直接制约关系，是指为完成某种任务而建立的两个或多个进程，这些进程因为需要在某些位置上协调它们的工作次序，并因为等待、传递信息而产生了制约关系。进程间的直接制约关系源于它们之间的相互合作。

3. 互斥

互斥，也称间接制约关系。当一个进程进入临界区使用临界资源时，另一个进程必须等待，当占用临界资源的进程退出临界区后，另一进程才允许去访问此临界资源。

【答案】B

## 考点 8　信号量机制

| 重要程度 | ★★★★★ |
| --- | --- |
| 历年回顾 | 全国统考：2009 年（综合应用题）、2010 年（选择题）、2011 年（综合应用题）、2013 年（综合应用题）、2015 年（综合应用题）、2017 年（综合应用题）、2018 年（选择题）、2020 年（综合应用题）、2022 年（综合应用题）<br>院校自主命题：有涉及 |

**【例 1 · 选择题】【全国统考 2010 年】设与某资源相关联的信号量初值为 3，当前值为 1。若 $M$ 表示该资源的可用个数，$N$ 表示等待该资源的进程数，则 $M$、$N$ 分别是（　　）。**

A. 0、1　　B. 1、0　　C. 1、2　　D. 2、0

【解析】本题主要考查信号量机制的应用。

由题意知，信号量初始值为 3，当前值为 1，也就是有 2 个进程正在占用资源，还可以进入 1 个进程，所以没有进程等待。

【答案】B

**【例 2 · 选择题】【全国统考 2018 年】在下列同步机制中，可以实现让权等待的是（　　）。**

A. Peterson 方法　　B. swap 指令　　C. 信号量方法　　D. TestAndSet 指令

【解析】本题主要考查同步机制中的信号量方法。

硬件方法实现进程同步时不能实现让权等待，故 B 选项、D 选项错误；Peterson 算法满足有限等待，但不满足让权等待，故 A 选项错误；信号量方法由于引入阻塞机制，消除了不让权等待的情况，故选 C 选项。

【答案】C

**【例 3 · 选择题】【南京大学 2013 年】若信号量 $S$ 的初值为 3，当前值为 −2，则表示有（　　）个等待进程。**

A. 2　　B. 3　　C. 4　　D. 5

【解析】本题主要考查信号量值的含义。

若信号量为正，则表示资源数；若为负，则其绝对值表示等待的进程数。

【知识链接】信号量机制是一种功能较强的机制，可用来解决互斥与同步问题，它只能被两个标准的原语 wait(S) 和 signal(S) 访问，也可记为 P 操作和 V 操作。

1. 整型信号量

整型信号量被定义为一个用于表示资源数目的整型量 $S$，P 操作和 V 操作可描述为如下形式。

```
wait(S){
    while (S <= 0); //注意此行
        S = S-1;
}
signal(S){
    S = S + 1;
}
```

V 操作中，只要信号量 $S \leqslant 0$，就会不断地测试。因此，该机制并未遵循“让权等待”的准则，而是使进程处于“忙等”的状态。

2. 记录型信号量

记录型信号量是不存在“忙等”现象的进程同步机制。除需要一个用于代表资源数目的整型变量 value 外，再增加一个进程链表 L，用于链接所有等待该资源的进程。记录型信号量得名于采用了记录型的数据结构。记录型信号量可描述为如下的形式。

```
typedef struct {
    int value;
    struct process *L;
} semaphore;

void wait(semaphore S) {
    S.value--;
    if(S.value < 0) {
        add this process to S.L;
        block(S.L);
    }
}
void signal (semaphore S) {
    S.value++;
    if (S.value <= 0) {
        remove a process P from S.L;
        wakeup(P);
    }
}
```

在 P 操作中，S.value-- 表示进程请求一个该类资源，当 S.value< 0 时，表示该类资源已耗尽，因此进程应调用 block 原语，进行自我阻塞，放弃处理机，并插入该类资源的等待队列 S.L，可见该机制遵循了“让权等待”的准则。

在 V 操作中，表示进程释放一个资源，使系统中可供分配的该类资源数加 1，因此有 S.value++。若 S.value 加 1 后仍是 S.value $\leqslant 0$，则表示在 S.L 中仍有等待该资源的进程被阻塞。

因此，调用 wakeup 原语，将 S.L 中的第一个等待进程唤醒。

3. 信号量的应用

信号量可以用来实现进程之间的同步和互斥关系。

（1）实现进程同步。

假设存在并发进程 P1 和 P2，P1 中有一条语句 S1，P2 中有一条语句 S2，要求 S1 必须在 S2 之后执行，则可以使用下面的代码实现。

```
sempaphore N = 0;
P1(){
  …;
  P(N);
  S1;
  …;
}
P2() {
  …;
  S2;
  V(N);
  …;
}
```

（2）实现进程互斥。

假设有进程 P1 和 P2，两者有各自的临界区，但系统要求一次只能有一个进程进入自己的临界区。设置信号量 $N$，初值为 1（即可用资源数为 1），只需要将临界区放在 P($N$) 和 V($N$) 之间即可实现两进程的互斥进入。需要注意的是，对于互斥关系，信号量值、初始值都应该设置为 1。

```
semaphore N = 1;
P1() {
  …;
  P(N);
  P1 访问临界资源的临界区代码;
  V(N);
  …;
}
P2() {
  …;
  P(N);
  P2 访问临界资源的临界区代码;
  V(N);
  …;
}
```

【答案】A

【例 4 · 选择题】【中国科技大学 2013 年】假设记录型信号量 *A* 和 *B* 的信号量值分别初始化为 1，则下面的用法中，(　　)会导致死锁。

A. P1：wait(A)；signal(A)；P2：wait(A)；signal(B)；

B. P1：wait(A)；signal(B)；P2：wait(B)；signal(A)；

C. P1：wait(A)；wait(A)；P2：signal(B)；signal(B)；

D. P1：wait(A)；wait(B)；P2：signal(A)；signal(B)；

【解析】本题主要考查信号量值的含义。

由题可知，*A* 和 *B* 的信号量值均初始化为 1，P1 在执行完第一个 wait(A) 后，*A* 的信号量值为 0；再执行 wait(A) 时，进入阻塞队列，出现死锁。

【答案】C

【例 5 · 综合应用题】【全国统考 2009 年】三个进程 P1、P2、P3 互斥使用一个包含 *N*(*N*>0) 个单元的缓冲区。P1 每次用 produce() 生成一个正整数，并用 put() 送入缓冲区某一空单元中；P2 每次用 getodd() 从该缓冲区中取出一个奇数，并用 countodd() 统计奇数个数；P3 每次用 geteven() 从该缓冲区中取出一个偶数，并用 counteven() 统计偶数个数。请用信号量机制实现这三个进程的同步与互斥活动，并说明所定义信号量的含义。要求用伪代码描述。

【答案】互斥资源：缓冲区只能互斥访问，设置互斥信号量 mutex 控制进程间互斥使用缓冲区。

同步问题：定义信号量 S1 控制 P1 与 P2 之间的同步、S2 控制 P1 与 P3 之间的同步；empty 控制生产者与消费者之间的同步。程序如下。

```
semaphore S1=0, S2=0, empty=N, mutex=1;
```

```
Process P1()
while(True){
  x=produce(); /*生成一个数*/
  P(empty); /*判断缓冲区是否有空单元*/
  P(mutex); /*缓冲区是否被占用*/
  put(); /*送入缓冲区*/
  V(mutex); /*使用完缓冲区，释放*/
  if (x%2==0)
  V(S2); /*如果是偶数，向P3发出信号*/
else
  V(S1); /*如果是奇数，向P2发出信号*/
```

```
Process P2()
while(True){
```

```
P(S1); /*收到P1发来的信号，已产生一个奇数*/
P(mutex); /*缓冲区是否被占用*/
getodd();
V(mutex); /*释放缓冲区*/
V(empty); /*向P1发出信号，多出一个空单元*/
countodd();
}
```

```
Process P3()
while(True){
P(s2); /*收到P1发来的信号，已产生一个偶数*/
P(mutex); /*缓冲区是否被占用*/
geteven();
V(mutex); /*释放缓冲区*/
V(empty); /*向P1发出信号，多出一个空单元*/
counteven();
}
```

**【例 6 · 综合应用题】【全国统考 2011 年】某银行提供 1 个服务窗口和 10 个供顾客等待的座位。顾客到达银行时，若有空座位，则到取号机上领取一个号，等待叫号。取号机每次仅允许一位顾客使用。当营业员空闲时，通过叫号选取一位顾客，并为其服务。顾客和营业员的活动过程描述如下所示。**

```
cobegin{
Process 顾客i{
        从取号机获取一个号码;
        等待叫号;
        获取服务;
}
Process 营业员;
While(TRUE){
      叫号;
      为顾客服务;
   }
}coend
```

请添加必要的信号量和 P、V 或 wait()、signal() 操作，实现上述过程中的互斥与同步。要求写出完整的过程，说明信号量的含义并赋初值。

**【答案】**（1）互斥资源：取号机（一次仅允许一位顾客领号），设置一个互斥信号量 mutex。

（2）同步问题：顾客需要获得空座位等待叫号，当营业员空闲时，将选取一位顾客为其服务。有无空座位决定了顾客等待与否，有无顾客决定了营业员是否提供服务，故设置信号量 empty 和信号量 full 来实现这个同步关系。另外，顾客获得空座位后，需要等待叫号和被服务。

这样，顾客和营业员之间也存在同步关系，定义信号量 service 来实现这个同步关系。

```
semaphore mutex=1;        //管理取号机的互斥信号量，初值为1，表示取号机空闲
semaphore empty=10;      //表示空余座位数量的资源信号量，初值为10
semaphore full=0;        //表示已占座位数量的资源信号量，初值为0
semaphore service=0;     //等待叫号
Process 顾客 i(){
   P(empty);
   P(mutex);
   从取号机上取号;
   V(mutex);
   V(full);
   P(service);  //等待叫号
   获取服务;
  }
Process 营业员{
   While(true){
   P(full);
   V(empty);
   V(service);
   //叫号
   为顾客服务;
   }
}
```

【例 7 · 综合应用题】【全国统考 2013 年】某博物馆最多可容纳 500 人同时参观，有一个出入口，该出入口一次仅允许一个人通过。参观者的活动描述如下：

```
cobegin
参观者进程i:
{
    ...
    进门;
    ...
    参观;
    ...
    出门;
    ...
}
coend
```

请添加必要的信号量和P、V，或者wait()、signal()操作，以实现上述过程中的互斥与同步。要求写出完整的过程，说明信号量的含义并赋初值。

【答案】出入口一次仅允许一个人通过，设置互斥信号量mutex的初值为1。博物馆最多可同时容纳500人，故设置信号量empty的初值为500。

```
//定义两个信号量
semaphore empty = 500;   //博物馆可以容纳的最多人数
semaphore mutex= 1;      //用于出入口资源的控制
cobegin {                //参观者进程i
    P(empty);            //当博物馆还有空位时才能进入博物馆
    P(mutex);         //进门操作是互斥的，一次只允许一个人进去，所以用P、V操作包起来
    进门;
    V(mutex);
    参观;
    P(mutex);
    出门;             //这个操作和进门操作一样也是互斥的，一次只允许一个人出去
    V(mutex);
    V(empty);         //出门后释放一个空位
}
coend
```

**【例8·综合应用题】【全国统考2015年】有A、B两人通过信箱进行辩论，每个人都从自己的信箱中取得对方的问题，将答案和向对方提出的新问题组成一个邮件放入对方的信箱中。假设A的信箱最多放$M$个邮件，B的信箱最多放$N$个邮件。初始时A的信箱中有$x$个邮件（$0<x<M$），B的信箱中有$y$个邮件（$0<y<N$）。辩论者每取出一个邮件，邮件数减1。A和B两人的操作过程描述如下：**

| A | B |
|---|---|
| coBegin<br>A{<br>  while(TRUE){<br>    从A的信箱中取出一个邮件;<br>    回答问题并提出一个新问题;<br>    将新邮件放入B的信箱;<br>  }<br>}<br>coEnd | coBegin<br>B{<br>  while(TRUE){<br>    从B的信箱中取出一个邮件;<br>    回答问题并提出一个新问题;<br>    将新邮件放入A的信箱;<br>  }<br>}<br>coEnd |

当信箱不为空时，辩论者才能从信箱中取邮件，否则等待。当信箱不满时，辩论者才能将新邮件放入信箱，否则等待。请添加必要的信号量和P、V，或者wait()、signal()操作，实现上述过程的同步。要求写出完整的过程，并说明信号量的含义和初值。

【答案】

```
semaphore Full_A = x;          //Full_A表示A的信箱中的邮件数量
semaphore Empty_A = M - x;     //Empty_A表示A的信箱中还可存放的邮件数量
semaphore Full_B = y;          //Full_B表示B的信箱中的邮件数量
semaphore Empty_B = N - y;     //Empty_B表示B的信箱中还可存放的邮件数量
semaphore mutex_A= 1;          //mutex_A用于A的信箱互斥
semaphore mutex_B= 1;          //mutex_B用于B的信箱互斥
```

```
A{
  while(TRUE) {
      P(Full_A);
      P(mutex_A);
      从A的信箱中取出一个邮件:
      V(mutex_A);
      V(Empty_A);
      回答问题并提出一个新问题:
      P(Empty_B);
      P(mutex_B);
      将新邮件放入B的信箱:
      V(mutex_B);
      V(Full_B);
  }
}
```

```
B{
  while(TRUE) {
      P(Full_B);
      P(mutex_B);
      从B的信箱中取出一个邮件:
      V(mutex_B);
      V(Empty_B);
      回答问题并提出一个新问题:
      P(Empty_A);
      P(mutex_A);
      将新邮件放入A的信箱:
      V(mutex_A);
      V(Full_A);
  }
}
```

【例 9 · 综合应用题】【全国统考 2017 年】某进程中有 3 个并发执行的线程 thread1、thread2 和 thread3，其伪代码如下所示。

```
//复数的结构类型定义
typedef struct {
    float a;
    float b;
} cnum;
cnum x,y,z; //全局变量

//计算两个复数之和
cnum add(cnum p, cnum q) {
    cnum s;
    s.a = p.a + q.a;
    s.b = p.b + q.b;
    return s;
}
```

```
thread1{
    cnum w;
    w = add(x, y);
    ...
}

thread2{
    cnum w;
    w = add(y, z);
    ...
}
```

```
thread3{
    cnum w;
    w.a = 1;
    w.b = 1;
    z = add(z, w);
    y = add(y, w);
    ...
}
```

请添加必要的信号量和P、V，或者wait()、signal()操作，要求确保线程互斥访问临界资源，并且最大程度地并发执行。

【答案】先找出线程对在各个变量上的互斥、并发关系。如果是一读一写或两个都是写，那么这就是互斥关系。每一个互斥关系都需要一个信号量进行调节。

| semaphore mutex_y1 = 1;  //mutex_y1 用于 thread1 与thread3 对变量y的互斥访问。<br>semaphore mutex_y2 = 1;  //mutex_y2 用于 thread2 与thread3 对变量y的互斥访问。<br>semaphore mutex_z = 1;  //mutex_z 用于变量z的互斥访问。 | | |
|---|---|---|
| thread1 {<br>cnum w;<br>wait(mutex_y1);<br>w = add(x, y);<br>signal(mutex_y1);<br>...<br>} | thread2 {<br>cnum w;<br>wait(mutex_y2);<br>wait(mutex_z);<br>w = add(y, z);<br>signal(mutex_z);<br>signal(mutex_y2);<br>...<br>} | thread3 {<br>cnum w;<br>w.a = 1;<br>w.b = 1;<br>wait(mutex_z);<br>z = add(z, w);<br>signal(mutex_z);<br>wait(mutex_y1);<br>wait(mutex_y2);<br>y = add(y, w);<br>signal(mutex_y1);<br>signal(mutex_y2);<br>...<br>} |

【例10·综合应用题】【全国统考2020年】现有5个操作A、B、C、D和E，操作C必须在A和B完成后执行，操作E必须在C和D完成后执行，请使用信号量的wait()、signal()，操作（P、V操作）描述上述操作之间的同步关系，并说明所用信号量及其初值。

【答案】根据前驱关系，可以定义如下信号量，并定义初值。

（1）A和B之后，才能执行C。定义A、B信号量，初始值为0，表示都没执行。

（2）C和D之后，才能执行E。定义C、D信号量，初始值为0，表示都没执行。

| semaphore A = B = C = D = E = 0; | | | | |
|---|---|---|---|---|
| A(){<br>完成行为A;<br>V(A);<br>} | B(){<br>完成行为B;<br>V(B);<br>} | C(){<br>P(A);<br>P(B);<br>完成行为C;<br>V(C);<br>} | D(){<br>完成行为D;<br>V(D);<br>} | E(){<br>P(C);<br>P(D);<br>完成行为E;<br>V(E);<br>} |

【例11·综合应用题】【全国统考2022年】某进程的两个线程T1和T2并发执行A、B、C、D、E和F共6个操作，其中T1执行A、E和F，T2执行B、C和D。下图表示上述6

个操作的执行顺序所必须满足的约束：C 在 A 和 B 完成后执行，D 和 E 在 C 完成后执行，F 在 E 完成后执行。请使用信号量的 wait()、signal() 操作描述 T1 和 T2 之间的同步关系，并说明信号量的作用及其初始值。

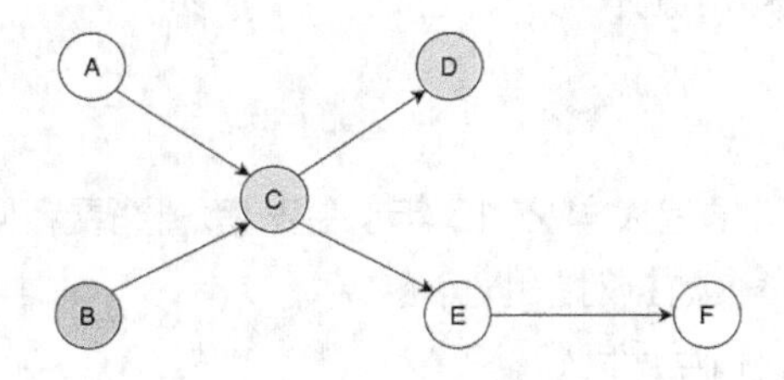


【解析】

进程 T1 要执行 A、E、F。T2 要执行 B、C、D。由图可知，T2 执行 C 必须在 T1 执行完 A 之后，T1 执行 E 必须在 T2 执行完 C 之后。所以，有两对同步关系。

【答案】信号量的定义和同步关系的描述如下。

```
semaphore a = 0; //信号量a表示A过程是否执行，初始为0表示默认未执行
semaphore c = 0;  //信号量c表示C过程是否执行，初始为0表示默认未执行
thread T1() {
        执行A;
        signal(a); //告知线程T2已经执行完A过程
        wait(c); //等待线程T2执行完C过程
        执行E;
        执行F;
}

thread T2() {
        执行B;
        wait(a); //等待线程T1执行完A过程
        执行C;
        signal(c); //告知线程T1已经执行完C过程
        执行D;
}
```

## 考点 9　经典同步问题

| 重要程度 | ★★★★ |
|---|---|
| 历年回顾 | 全国统考：2014 年（综合应用题）、2019 年（综合应用题）<br>院校自主命题：有涉及 |

【例 1 · 选择题】【北京邮电大学 2013 年】在 9 个生产者、6 个消费者共享 8 个单元缓冲区的生产者－消费者问题中，互斥使用缓冲区信号量的初始值为（　　）。

A. 1　　B. 6　　C. 8　　D. 9

【解析】本题主要考查生产者 - 消费者问题。

在生产者 - 消费者问题中，缓冲区是临界资源，在同一时间段只允许一个进程使用它，所以互斥使用缓冲区信号量的初始值为 1。

【答案】A

【例 2 · 选择题】【中国科学院大学 2015 年】生产者 – 消费者问题用于解决（　　）。

A. 多个并发进程共享一个数据对象的问题

B. 多个进程之间的同步和互斥问题

C. 多个进程共享资源的死锁与饥饿问题

D. 利用信号量实现多个进程并发的问题

【解析】本题主要考查生产者 - 消费者问题。

生产者和消费者对缓冲区的互斥访问是互斥关系，同时生产者和消费者又是相互协作的关系，只有生产者生产之后，消费者才能消费，他们也是同步关系。

【答案】B

**【例 3 · 综合应用题】【全国统考 2014 年】系统中有多个生产者进程和多个消费者进程，共享一个能存放 1000 件产品的环形缓冲区（初始值为空）。当缓冲区未满时，生产者进程可以放入其生产的一件产品，否则等待；当缓冲区未空时，消费者进程可以从缓冲区取走一件产品，否则等待。要求一个消费者进程从缓冲区连续取出 10 件产品后，其他消费者进程才可以取产品。请使用信号量 P、V，或者 wait()，signal() 操作实现进程间的互斥与同步，要求写出完整的过程，并说明所用信号量的含义和初值。**

【答案】这是典型的同步问题中的生产者和消费者问题，只是对典型问题加了一个条件，因此只需在标准模型上新加一个信号量，即可完成指定要求。

设置 4 个变量 mutex1、mutex2、empty 和 full。mutex1 用于一个消费者进程在一个周期（10 次）内对于缓冲区的控制，初值为 1；mutex2 用于进程单次的互斥访问缓冲区，初值为 1；empty 代表缓冲区的空位数，初值为 0；full 代表缓冲区的产品数，初值为 1000；具体进程的描述如下。

```
semaphore mutex1 = 1;
semaphore mutex2 = 1;
semaphore empty = n;
semaphore full = 0;
producer(){
    while(1){
        生产一个产品；
        P(empty);        //判断缓冲区是否有空位
        P(mutex2);       //互斥访问缓冲区
        把产品放入缓冲区；
```

```
        V(mutex2);        //互斥访问缓冲区
        V(full);          //产品的数量加1
    }
}
consumer(){
    while(1){
        P(mutex2); //连续取10次
        for(int i=0; i < 10; ++i){
            P(full);      //判断缓冲区是否有产品
            P(mutex2);    //互斥访问缓冲区
            从缓冲区取出一件产品;
            V(mutex2);    //互斥访问缓冲区
            V(empty);     //腾出一个空位
            消费这件产品;
        }
        V(mutex2);
    }
}
```

**【例4·综合应用题】【全国统考2019年】有$n(n \geqslant 3)$位哲学家围坐在一张圆桌边，每位哲学家交替地就餐和思考。在圆桌中心有$m(m \geqslant 1)$个碗，每两位哲学家之间有1根筷子。每位哲学家必须取到一个碗和两侧的筷子之后，才能就餐，进餐完毕，将碗和筷子放回原位，并继续思考。为使尽可能多的哲学家同时就餐，且防止出现死锁现象，请使用信号量的P、V操作，也就是用wait()、signal()操作来描述上述过程中的互斥与同步，并说明所用信号量及初值的含义。**

**【解析】**

回顾传统哲学家问题：假设餐桌上有$n$个哲学家，$n$个筷子，那么可以用这种方法避免死锁：限制至多允许$n$-1个哲学家同时拿筷子，那么至少有1个哲学家可以获得两根筷子并顺利进餐，于是不可能发生死锁的情况。

本题可以用碗这个限制资源来避免死锁：当碗的数量$m$小于哲学家的数量$n$时，可以直接让碗的资源（也就是信号量的值）等于$m$，确保不会出现所有哲学家都拿一侧的筷子而无限等待另一侧筷子，进而造成死锁的情况；当碗的数量$m$大于等于哲学家的数量$n$时，为了让碗起到同样的限制效果，我们让碗的资源量等于$n$-1，这样就能保证最多只有$n$-1个哲学家同时进餐，所以得到碗的资源量为$\min\{n-1, m\}$。在进行P、V操作时，碗的资源量起限制哲学家取筷子的作用，所以需要对碗的资源量进行P操作。

**【答案】**具体的程序设计如下。

```
//信号量
semaphore bowl;                      //用于协调哲学家对碗的使用
```

```
semaphore chopsticks[n];          //用于协调哲学家对筷子的使用
for(int i = 0; i < n; i++) {
   chopsticks[i].value = 1;   //设置两个哲学家之间的筷子的数量
}
bow.value = min(n - 1,m);       //bowl.value <= n - 1，确保不死锁
                                //哲学家i的程序
coBegin
while(true){
  思考;
  P(bowl); //取碗
  P(chopsticks[i]); //取左边筷子
  P(chopsticks[(i + 1) MOD n]);    //取右边筷子
  就餐;
  V(chopsticks[i]);
  V(chopsticks[(i + 1) MOD n]);
  V(bowl);
}
coEnd
```

**【例 5 · 综合应用题】【模拟题】在一间酒吧里有 3 个音乐爱好者队列，第 1 队的音乐爱好者只有随身听，第 2 队只有音乐磁带，第 3 队只有电池。而要听音乐就必须随身听、音乐磁带和电池这 3 种物品俱全。酒吧老板一次出售这 3 种物品中的任意两种。当一名音乐爱好者得到这 3 种物品并听完一首乐曲后，酒吧老板才能再一次出售这 3 种物品中的任意两种。于是第 2 名音乐爱好者得到这 3 种物品，并开始听乐曲。全部买卖就这样进行下去。试用 P、V 操作正确解决这一买卖。**

**【解析】**

在该场景中，主要考查两类关系：老板与 3 名爱好者在售卖物品上存在着同步的关系。老板需要根据手中的货物类型去激活 3 名爱好者中的某一名。无论是激活了哪名爱好者，在其完成听音乐之前，是无法进入下一个售卖循环的，这是另外一个同步的关系。至于付费、给货可写可不写，因为不是重点。重点信号量是 buy1、buy2、buy3、music_over。

**【答案】**程序如下。

```
semaphore buy1 = buy2 = buy3 = 0;
semaphore payment = 0;
semaphore goods = 0;
semaphore music_over = 0;
Process boss(){
  //酒吧老板
  while(TRUE) {
```

```
        拿出任意两种物品出售；
        if(出售的是音乐磁带和电池) {
        V(buy1);
        } else if(出售的是随身听和电池) {
        V(buy2);
        } else if(出售的是随身听和音乐磁带) {
        V(buy3);
        }
        P(payment);             //等待付费
        V(goods);               //给货
        P(music_over);          //等待音乐结束
    }
}

Process fan1(){
    //第1队音乐爱好者
    while(TRUE) {
      //因为一个进程代表一队，而不是一名爱好者，所以这里是//while(TRUE)，下同
      P(buy1);                  //等有音乐磁带和电池出售
      V(payment);               //付费
      P(goods);                 //取货
      欣赏一首乐曲；
      V(muisc_over);            //通知老板乐曲结束
    }
}
Process fan2(){
    //第2队音乐爱好者
    while(TRUE) {
      P(buy2);                  //等有随身听和电池出售
      V(payment);               //付费
      P(goods);                 //取货
      欣赏一首乐曲；
      V(muisc_over);            //通知老板乐曲结束
    }
}
Process fan3(){
    //第3队音乐爱好者
    while(TRUE) {
      P(buy3);                  //等有随身听和音乐磁带出售
```

```
    V(payment);              //付费
    P(goods);                //取货
    欣赏一首乐曲；
    V(muisc_over);           //通知老板乐曲结束
  }
}
```

**【例 6 · 综合应用题】【模拟题】现在有一峡谷分为南北两侧，其中仅有一根绳索，南北两侧分别有猴子想通过峡谷。请使用 P、V 操作避免死锁。**

**【解析】**

由于两个方向的猴子不能在绳索上相遇，如果相遇，则会出现死锁。因此，两个方向上的猴子不能同时使用绳索（不能同时访问绳索这个临界资源），那么，两个方向上的猴子对于绳索的使用需要互斥。同一个方向上的猴子（都是南或者都是北）可以共同访问该绳索，因此，需要一个计数来计算当前在同一个方向上有多少只猴子。如果前面已经有该方向上的猴子去占用这根绳索，就不需要申请访问资源；如果是第一只的话，需要去申请资源。因此，需要 2 个计数变量、3 个互斥信号量。

**【答案】**程序如下。

```
int SmonkeyCount = 0; //从南向北攀越绳索的猴子的数量
int NmonkeyCount = 0; //从北向南攀越绳索的猴子的数量
semaphore mutex = 1;  //对绳索使用的互斥信号量
semaphore Smutex = 1; //从南向北猴子间的互斥信号量
semaphore Nmutex = 1; //从北向南猴子间的互斥信号量

Process South_i(i = 1,2,3,...) {
  P(Smutex);                          //互斥访问 SmonkeyCount
  if(SmonkeyCount == 0) {             //本方第一只猴子发出绳索使用请求
     P(mutex);
     SmonkeyCount = SmonkeyCount + 1 ;     //后方猴子可以进来
     V(Smutex);
     Pass the cordage;
     P(Smutex);                      //猴子爬过去后需要更新SmonkeyCount，互斥
     SmonkeyCount = SmonkeyCount - 1;     //更新SmonkeyCount
      if(SmonkeyCount  ==  0)  {  //若此时后方已没有要通过的猴子，那么最后一只猴子
                                      通过后，就放开绳索
        V(mutex);
        V(Smutex);
     }
  }
}
```

```
Process North_j(j = 1,2,3,...) {
  P(Nmutex);                          //互斥访问NmonkeyCount
  if(NmonkeyCount == 0) {             //本方第一个猴子发出绳索使用请求
     P(mutex);
     NmonkeyCount = NmonkeyCount + 1;     //后方猴子可以过来
     V(Nmutex);
     Pass the cordage;
     P(Nmutex);                       //猴子爬过去后需要更新NmonkeyCount，互斥
     NmonkeyCount = NmonkeyCount - 1;     //更新NmonkeyCount
     if(NmonkeyCount == 0) { //若此时后方已没有要通过的猴子，那么最后一只猴子通
                               过后就放开绳索
        V(mutex);
        V(Nmutex);
     }
  }
}
```

【例 7 · 综合应用题】【模拟题】兄弟俩共同使用一个账号，每次限存或取 10 元，存钱与取钱的进程分别如下所示：由于兄弟俩可能同时存钱和取钱，因此两个进程是并发的。若哥哥先存了两次钱，但在第三次存钱时，弟弟在取钱。请问：（1）最后，账号 amount 上面可能出现的值是多少？（2）如何用 P、V 操作实现两并发进程的互斥执行？

```
int amount = 0;
Cobegin
{
  process SAVE(){
    int m1;
    m1 = amount;
    m1 = m1 + 10;
    amount = m1;
}
  process TAKE(){
    int m2;
    m2 = amount;
    m2 = m2 - 10;
    amount = m2;
}
}
Coend
```

【答案】(1)由于 amount 存在读取跟写入的过程。前两次存钱后，amount 值为 20。第三次存钱时，如果是弟弟先于哥哥写入前读取 amount 值，但是后写入 amount 值，amount 值最后更新为 10；如果是哥哥先于弟弟写入前读取 amount 值，但是后写入 amount 值，amount 最后更新为 30；如果是哥哥后于弟弟写入后读取或者是弟弟后于哥哥写入后读取，amount 值为 20。

(2)能产生该问题的原因在于存钱、取钱过程中对于账号 amount 值的读取没有一次性操作。因此，需要通过 P、V 操作实现对 amount 访问的互斥，保证临界区执行的一次性。

```
int amount = 0;
coBegin
{
  Process SAVE(){
    int m1;
    P(mutex);
    m1 = amount;
    m1 = m1 + 10;
    amount = m1;
    V(mutex);
  }
  Process TAKE(){
    int m2;
    P(mutex);
    m2 = amount;
    m2 = m2 - 10;
    amount = m2;
    V(mutex);
  }
}
coEnd
```

**【例 8 · 综合应用题】【桂林电子科技大学 2015 年】银行负责办理业务有 3 个柜台，每个柜台有一名银行职员负责相关业务，有 $N$ 个供用户等待的椅子。如果没有顾客，则银行职员便休息；当有顾客到来时，唤醒银行职员。每位顾客进入银行后，如果还有空椅子，则顾客到取号机领取一个号并且坐在椅子上等待；如果顾客进入银行后发现没有空椅子就离开银行。请用信号量和 P、V 操作正确编写银行职员进程和顾客进程并发的程序。**

**【解析】**

所有顾客(生产者)领取号码后就进入了一个等待队列，该等待队列相当于缓冲区。这个问题基本符合一般意义的“生产者 - 消费者”问题，但又有所不同。不同点在于顾客(生产者)“取号进入等待队列”操作不需要与柜员(消费者)同步。所以，程序只需要两个信号量即可，一个信号量用于互斥访问等待队列(对于顾客，就是互斥使用柜员机取号；对于柜员，就是叫号时互斥访问等待队列），一个信号量用于柜员“叫号”操作与顾客的同步。

【答案】具体的程序设计如下。

```
semaphore waiting = 0;             //顾客数量，初始值为0
semaphore mutex = 1;               //顾客排列找空椅子的互斥操作，初值为1
semaphore table = 3;               //柜台信号量，初值为3
semaphore chair = N;               //椅子的信号量，初值为N
semaphore ready = finish = 0;      //同步银行职员与顾客的信号量，初值均为0
Process cook() {                   //银行职员进程
    While (true) {
            P(ready);     //有顾客到达柜台，为顾客服务
            V(finish);    //服务完毕

    }
}
Process customer(){              //顾客进程
      P(mutex);                  //寻找空座椅
      if(waiting <= N) {         //找到空座椅，留下等待服务
            waiting++;           //等待的顾客人数加1
            V(mutex);            //允许其他顾客寻找座椅
      } else {                   //没有空座椅，离开
            V(mutex);
            离开;
      }
      P(mutex);                  //离开座椅，前往柜台
      waiting--;                 //等待的顾客数减1
      V(mutex);                  //空椅子数量加1
      P(table);                  //到达柜台，等待服务
      V(ready);                  //开始接受服务
      P(finish);                 //服务结束
      V(table);                  //离开柜台
}
```

# 第四节　锁

## 考点 10　锁的基本概念、特征和使用

| 重要程度 | ★★ |
| --- | --- |
| 历年回顾 | 全国统考：未涉及<br>院校自主命题：未涉及 |

**【例 · 选择题】【模拟题】进程间通信时，下列哪一种情形下，发送进程不能再申请互斥锁？（　　）**

A. 已满的邮件槽　　B. 已空的邮件槽

C. 未加锁的邮件槽　　D. 半满的邮件槽

**【解析】**本题主要考查互斥锁的使用。

进程间通信时，如果邮件槽已满，说明没有多余的空间可以进行通信，所以不能再申请互斥锁。而 B 选项和 D 选项，已空的和半满的邮件槽是有多余空间的，所以可以申请互斥锁，C 选项是未加锁的邮件槽，所以可以申请互斥锁。

**【知识链接】**锁也叫互斥量，指某一个资源同时只允许一个访问者对其进行访问，避免出现竞态。锁有两个部分：加锁和释放锁。

（1）加锁。如果没有其他线程持有锁，则当前线程获取锁并进入临界区。当另一个线程调用锁时，锁由于被当前线程持有，因此另一个线程不能获取锁，进而无法进入临界区。

（2）释放锁。一个线程使用完了就释放该锁，等待的线程便可以获取。

**【答案】**A

## 考点 11　临界区互斥的硬件实现

| 重要程度 | ★★ |
| --- | --- |
| 历年回顾 | 全国统考：2010 年（选择题）、2016 年（选择题）<br>院校自主命题：未涉及 |

**【例 1 · 选择题】【全国统考 2010 年】进程 p0 和 p1 的共享变量定义及其初值如下。**

```
boolean flag[2];
int turn = 0;
flag[0] = FALSE; flag[1] = FALSE;
```

若进行 p0 和 pl 访问临界资源的类 C 代码实现如下。

```
void p0(){       //进程p0
  while(TRUE){
       flag[0] = TRUE;
       turn = 1;
       while(flag[1] && (turn==1));
       临界区;
       flag[0] = FALSE;
  }
}
```

```
void p1(){      //进程p1
  while(TRUE){
       flag[1] = TRUE;
       turn = 0;
       while(flag[0] && (turn==0));
       临界区;
       flag[1] = FALSE;
  }
}
```

则并发执行进程 p0 和 p1 时产生的情形是（　　）。

A. 不能保证进程互斥进入临界区，会出现“饥饿”现象

B. 不能保证进程互斥进入临界区，不会出现“饥饿”现象

C. 能保证进程互斥进入临界区，会出现“饥饿”现象

D. 能保证进程互斥进入临界区，不会出现“饥饿”现象

【解析】本题主要考查 Peterson 算法。

Peterson 算法是一种经典的用于实现两个进程之间的互斥访问共享资源的算法，被广泛应用于并发编程和操作系统中。该算法为了防止两个进程为进入临界区而无限期等待，设置了变量 turn，表示不允许进入临界区的编号。每个进程在设置自己的标志后，再设置 turn。这时，检测到一个进程状态标志和不允许进入表示后，不允许另一个进程进入，就可保证当两个进程同时要求进入临界区时，只允许一个进程进入临界区。较早的进程进入，较晚的进程等待，保存的是较晚的一次赋值。先到先入，后到等待，从而完成临界区访问的要求。

【高手点拨】其实这里可想象为两个人进门，每个人进门前都会和对方客套一句“你先走”。若进门时没别人，就当和空气说句废话，然后大步登门入室；若两人同时进门，就互相和对方客套一句，但各自只客套一次，所以先客套的人请完对方，就等着对方请自己，然后光明正大地进门。

【答案】D

**【例 2 · 选择题】【全国统考 2016 年】使用 TSL（Test and Set Lock）指令实现进程互斥的伪代码如下所示。下列与该实现机制相关的叙述中，正确的是（　　）。**

```
do{
   …
    while(TSL(&lock));
    critical section;
    lock = FALSE:
   …
}while(TRUE);
```

A. 退出临界区的进程负责唤醒阻塞态进程

B. 等待进入临界区的进程不会主动放弃 CPU

C. 上述伪代码满足“让权等待”的同步准则

D. while(TSL(&lock)) 语句应在关中断状态下执行

【解析】本题主要考查 TSL 实现进程互斥的机制。

测试与设置指令锁（Test and Set Lock，TSL），是实现进程互斥的方法。

A 选项错误。当进程退出临界区时，设置 lock 为 FALSE，会唤醒处于就绪态的进程。

B 选项正确。等待进入临界区的进程会一直停留在执行 while(TSL(&lock)) 的循环中，不会主动放弃 CPU。

C 选项错误。让权等待，即当进程不能进入临界区时，应立即释放处理器，防止进程“忙等”。通过 B 选项的分析发现上述伪代码并不满足“让权等待”的同步准则。

D 选项错误。若 while(TSL(&lock)) 在关中断状态下执行，则当 TSL(&lock) 一直为 TRUE 时，不再开中断，则系统可能会因此终止。

【答案】B

## 第五节　进程通信

### 考点 12　内存共享

| 重要程度 | ★ |
| --- | --- |
| 历年回顾 | 全国统考：未涉及<br>院校自主命题：未涉及 |

**【例·选择题】【模拟题】下列关于共享存储的描述，错误的是（　　）。**

A. 共享存储和使用信号量一样，属于进程间通信的一种方式

B. 使用 shmget 函数来创建共享内存

C. 尽管每个进程都有自己的内存地址，但不同的进程可以同时将同一个内存页面映射到自己的地址空间中，从而达到共享内存的目的

D. 共享存储提供了同步机制，在第一个进程结束对共享内存的写操作之前，操作系统会自动阻止第二个进程开始对它进行读取

【解析】本题主要考查共享存储的方式。

共享存储，也叫共享内存，是在内存中开辟出一段空间用于需要通信的进程，进行相应的读写信息的操作。共享的存储块是临界资源，传递消息过程中对读写信息的控制需要信号量来进行。D 选项中提出操作系统会自动阻止第二个进程开始对它进行读取的说法是不正确的，共享存储方式本身是不提供同步机制的。

【知识链接】进程通信指进程间的信息交换，相互通信的进程共享某些数据结构或共享存储区，进程之间能够通过这些空间进行通信。其中，基于共享数据结构的方式属于低级通信方式，基于共享存储区的方式属于高级通信方式。

（1）低级通信：进程的互斥与进程的同步就是低级通信的两种方式，由于信息量较少而且效率低，被归结为低级通信。

（2）高级通信：可以直接利用操作系统所提供的一组通信命令高效地传送大量数据。共享内存、消息传递和管道通信都属于高级通信。

【答案】D

### 考点 13　消息传递

| 重要程度 | ★ |
| --- | --- |
| 历年回顾 | 全国统考：未涉及<br>院校自主命题：未涉及 |

【例·选择题】【模拟题】以下关于消息传递中直接通信的描述错误的是（　　）。

A. 直接通信方式发送消息要指明接收进程的 ID

B. 进程 PCB 会维护一个队列

C. 其他进程给一个进程发送的消息都挂在这个进程 PCB 维护的队列上

D. 两进程通信前会在内核开辟一个空间

【解析】本题主要考查消息传递中直接通信和间接通信的区别。

消息传递是进程间通信的一种方法。在消息传递系统中，进程间的数据交换以格式化的消息为单位进行。消息传递可以分为直接通信和间接通信两种方式。在直接通信方式中，发送进程要指明接收进程的 ID。间接通信方式类似通过“信箱”间接接收信的方式，因此又称“信箱通信方式”，进程通信前内核空间会开辟一个空间，两进程使用原语从空间收发消息。可以多个进程向同一个“信箱”发送消息，也可以多个进程从同一个“信箱”中接收消息。所以 A 选项正确，而 D 选项描述的是间接通信方式，并不是所有的进程通信都需要这样，所以 D 选项错误。

B 选项、C 选项正确，进程的 PCB 中有一个消息队列，其他进程发送给这个进程的消息都挂在这个队列上。

【答案】D

## 考点 14　管道

| 重要程度 | ★★ |
| --- | --- |
| 历年回顾 | 全国统考：2014 年（选择题）<br>院校自主命题：有涉及 |

【例 1·选择题】【南京航空航天大学 2017 年】管道通信是以（　　）进行写入和读出的。

A. 消息为单位　　B. 自然字符流　　C. 文件　　D. 报文

【解析】本题主要考查管道的工作原理。

管道通信的数据格式通常是字节流，写进程将字节流写入管道中，读进程则将数据读出。选项 B 中的自然字符流是一种广义的描述，它包括字符流和字节流。通常字符流是指文本数据，而字节流是指原始二进制数据。管道通信的数据格式可以是字符流或字节流，具体取决于应用程序的需求和实现方式。

【知识链接】所谓管道，是指用于连接一个读进程和一个写进程以实现它们之间通信的一种共享文件，也就是管道文件。向管道提供输入的是发送进程，也称为写进程，负责向管道输入数据。接收管道数据的接收进程为读进程。

【答案】B

【例 2·选择题】【全国统考 2014 年】下列关于管道（pipe）通信的叙述中，正确的是（　　）。

A. 一个管道可实现双向数据传输

B. 管道的容量仅受磁盘容量大小限制

C. 进程对管道进行读操作和写操作都可以被阻塞

D. 一个管道只能有一个读进程或一个写进程对其操作

【解析】本题主要考查进程间通信中管道通信的特点。

A 选项错误，由于管道采用半双工通信方式，因此，同一时刻数据只能单向传输。

B 选项错误，管道是由内核管理的一个缓冲区，其容量受缓冲区容量大小、磁盘容量大小等多方面的影响。

C 选项正确，当管道中没有信息时，从管道中读取的进程会等待，直到另一端的进程放入信息。当管道被放满信息时，尝试放入信息的进程会等待，直到另一端的进程取出信息。当两个进程都终结时，管道也自动消失。进程对管道进行读操作和写操作都可能被阻塞。

D 选项错误，管道的一端连接一个进程的输出，这个进程会向管道中放入信息。管道的另一端连接一个进程的输入，这个进程取出被放入管道的信息。因此，管道可以同时进行读进程和写进程。

【答案】C

# 第六节　线程

## 考点 15　线程的基本概念

| 重要程度 | ★★ |
| --- | --- |
| 历年回顾 | 全国统考：2011 年（选择题）<br>院校自主命题：有涉及 |

**【例 1 · 选择题】【广州工业大学 2017 年】在引入线程的操作系统中，把（　　）作为调度和分派的基本单位，而把（　　）作为资源拥有的基本单位。**

A. 进程，线程　　B. 程序，线程　　C. 程序，进程　　D. 线程，进程

【解析】本题主要考查进程和线程的区别。

在传统的操作系统中，拥有资源的基本单位和独立调度、分派的基本单位都是进程。而在引入线程的操作系统中，则把线程作为调度和分派的基本单位，而将进程作为资源拥有的基本单位。故选 D 选项。

【知识链接】这里读者需要将进程与虚拟内存挂钩，也就是进程是内存等资源分配的最小单位，每个进程独立，并感觉自己独占内存；将线程和虚拟处理器挂钩，操作系统对每个线程独立调度，线程感觉自己独占整个 CPU。

1. 为什么引入线程

进程在创建、撤销和切换时的代价大，这导致进程并发度不够高，而且一个进程也无法做到充分利用多核心的计算资源，为了解决这些问题，系统引入了线程。

2. 什么是线程

线程（thread）是进程中某个单一顺序的控制流，也被称为轻量级进程（Light Weight Processes，LWP）。因此，线程的本质是一种特殊的进程，是进程中的一个实体，是被系统独立调度的基本单位。

3. 线程的特点与属性

（1）轻型实体。线程基本上不占用系统资源，只拥有一点在运行中必不可少的资源。线程控制块里包含线程ID、程序计数器、寄存器组等。

（2）独立调度和分配的基本单位。在引入线程的操作系统中，线程是独立调度的基本单位。

（3）可并发执行。在多线程操作系统中，同一个进程中的多个线程之间或不同进程间的多个线程之间都可以并发执行。

（4）共享进程资源。在多线程操作系统中，一个进程中的多个线程都可以共享该进程所拥有的资源。

**【答案】**D

**【例2·选择题】【全国统考2011年】在支持多线程的系统中，进程P创建的若干个线程不能共享的是（　　）。**

A. 进程P的代码段
B. 进程P中打开的文件
C. 进程P的全局变量
D. 进程P中某线程的栈指针

**【解析】**本题主要考查同进程中多线程的资源共享。

进程是资源分配的基本单位，线程是处理机调度的基本单位。因此，进程的代码段、进程中打开的文件、进程的全局变量等都是进程的资源，唯有进程中某些线程的栈指针是属于线程的。属于进程的资源可以共享，而属于线程的栈是独享的，对其他线程透明。

**【答案】**D

## 考点16 线程的实现方式

| 重要程度 | ★★ |
|---|---|
| 历年回顾 | 全国统考：未涉及<br>院校自主命题：有涉及 |

**【例1·选择题】【模拟题】下面说法正确的是（　　）。**

A. 不论是系统支持的线程还是用户级线程，其切换都需要内核的支持
B. 线程是资源分配的单位，进程是调度和分派的单位
C. 不管系统中是否有线程，进程都是拥有资源的独立单位
D. 在引入线程的系统中，进程仍是资源调度和分派的基本单位

**【解析】**本题主要考查线程的基本概念与实现方式。

用户级线程与内核级线程存在着映射关系（一对一、多对一、多对多的关系）。当需要切换的线程在内核级线程对应的是同一个线程时，内核级线程是不需要进行相应的切换的，所以A选项说法错误。在引入线程后，进程仍然是资源分配的单位，线程是处理器调度和分派的单位，C选项说法正确，B选项、D选项说法错误。

**【知识链接】**

线程的实现方式主要有两种：内核级线程和用户级线程。

1. 内核级线程

内核级线程，也叫内核支持线程，是在内核的支持下运行的线程，它的创建、阻塞、撤

销、切换等操作都是在内核空间实现的。为了对内核级线程进行控制和管理，在内核空间中，每一个内核级线程都设置了一个线程控制块，内核根据该控制块感知某线程的存在，并加以控制。当前大多数操作系统都支持内核级线程。

优点：在多处理器中，内核能同时调度同一进程中的多个线程并行运行；如果进程中的某一个线程被阻塞，则内核可以继续调度同一进程中的其他线程或其他进程中的线程；内核级线程具有很小的数据结构和堆栈，其切换速度快，开销小。

缺点：相对于用户级线程而言，内核级线程切换的开销较大，同一进程中的一个线程切换到另一个线程，需要下沉到内核态完成。

2. 用户级线程

用户级线程存在于用户空间中，线程的创建、撤销、切换等操作都在用户空间内完成，无须内核参与，内核无法感知到用户级线程的存在。

优点：同一进程内的线程切换方便，系统开销小；调度算法可以被每个进程专项；与底层操作系统无关，可以在不支持线程的系统上实现。

缺点：内核无法感知线程，一个线程被阻塞，同一进程内的其他线程也将被阻塞；同一进程内的线程无法在多个核心上并行。

用户级线程带给进程的是业务逻辑的多样化，而内核级线程带给进程的是被调度执行的机会。有些操作系统把用户级线程和内核级线程进行组合，这种机制结合了两者的优点，并克服了各自的缺点。

【答案】C

**【例 2 · 选择题】【模拟题】在多对一的线程模型中，当一个多线程进程中的某一个线程被阻塞时（　　）。**

A. 该进程中的其他线程可以继续执行　　B. 整个进程都将会被阻塞

C. 该线程将会被撤销　　D. 该线程所在的进程将会被撤销

【解析】本题主要考查线程模型。

在线程的实现模型中，根据内核级线程和用户级线程的对应关系，有如下 3 种模型。

（1）一对一模型：一个内核级线程和一个用户级线程对应。这种方式实现简单，效率最高，但是内核级线程较多，开销较大；即使一个用户级线程被阻塞，其他用户级线程也可以继续运行。

（2）多对一模型：多个用户级线程对应一个内核级线程。这种方式执行内核级线程较少，开销较小；但是当一个用户级线程被阻塞时，整个进程都将被阻塞，因此本题选 B 选项。

（3）多对多模型：是一对一模型和多对一模型的折中方式。

【答案】B

## 考点 17　管程机制

| 重要程度 | ★★ |
| --- | --- |
| 历年回顾 | 全国统考：2016 年（选择题）、2018 年（选择题）<br>院校自主命题：有涉及 |

【例 1 · 选择题】【全国统考 2016 年】下列关于管程的叙述中，错误的是（　　）。

A. 管程有数据结构，但不包含对数据的操作

B. 管程内部定义函数的具体实现对于外部来说是不可见的

C. 管程是一个基本程序单位，可以单独编译

D. 管程中引入了面向对象的思想

【解析】本题主要考查管程的基本概念。

管程是由自己内部定义的若干公共变量及其说明和所有访问这些公共变量的操作所组成的软件模块。所以 A 选项中说的不包含对数据的操作是错误的。

【知识链接】

1. 管程的引入和概念

简单的信号量同步机制，有同步操作分散、易读性差等缺点。为了弥补这些缺点，才有了管程的概念。管程的思想是把信号量及其操作原语封装在一个对象内部，将共享变量及对共享变量的所有操作集中在一个模块中。

进程可以在任何需要的时候调用管程中的过程，管程有一个重要的特性，就是任一时刻管程中只能有一个活跃进程，这一特性使管程能有效的互斥。

2. 条件变量及其操作

当管程无法继续运行时，需要一种办法来让进程阻塞，并在合适的时机重新唤醒管程，这就引入了条件变量。条件变量有两个操作：wait() 和 signal()。

当管程无法继续运行时（消费者遇到缓冲区空），会执行 wait() 操作让进程自身阻塞，并把另一个之前等在管程之外的进程调入管程。

假设一个生产者进程生产了数据，缓冲区有了数据，则需要对正在阻塞的条件变量执行 signal() 操作，该操作会唤醒正在阻塞的进程继续执行。如果有多个进程被阻塞，执行 signal() 操作之后应该怎么确保只唤醒一个，有不同的策略来保证，我们不去关注。

【答案】A

【例 2 · 选择题】【全国统考 2018 年】若 $x$ 是管程内的条件变量，则当进程执行 x.wait() 时，所做的工作是（　　）。

A. 实现对变量 $x$ 的互斥访问

B. 唤醒一个在 $x$ 上阻塞的进程

C. 根据 $x$ 的值判断该进程是否进入阻塞状态

D. 阻塞该进程，并将之插入 $x$ 的阻塞队列中

【解析】本题主要考查管程内的条件变量。

条件变量是管程内部说明和使用的一种特殊变量，其作用类似于信号量机制中的信号量，都用于实现进程同步。需要注意的是，在同一时刻，管程中只能有一个进程在执行。若进程 A 执行了 x.wait() 操作，则该进程会被阻塞，并插入条件变量 $x$ 对应的阻塞队列中。这样，管程的使用权被释放，就可以有另一个进程进入管程。若进程 B 执行了 x.signal() 操作，则会唤醒 $x$ 对应的阻塞队列的队首进程。在 Pascal 语言（一种结构化过程式编程语言）的管程中，规定只有一个进程要离开管程时才能调用 signal() 操作。故选 D 选项。

【答案】D

# 过关练习

## 选择题

1.【模拟题】下列有关进程状态叙述正确的是（　　）。

Ⅰ. 一次 I/O 操作的结束，有可能导致一个进程由就绪态变为运行态

Ⅱ. 一个运行的进程用完了分配给它的时间片后，它的状态变为阻塞态

Ⅲ. 当系统中就绪进程队列非空时，也可能没有运行进程

Ⅳ. 某个进程由多个内核线程组成，其中的一个线程被调度进入运行，有的继续留在就绪队列，有的被阻塞，则此时进程的状态是运行态

A. Ⅰ、Ⅱ　　B. Ⅲ　　C. Ⅳ　　D. 全部错误

2.【重庆大学 2016 年】当创建子进程时，下列哪项是可能的（　　）。

A. 子进程与父进程并发运行　　B. 子进程加载一个新的程序

C. 孩子是父进程的副本　　D. 以上皆是

3.【全国统考 2014 年】下一个进程的读磁盘操作完成后，操作系统针对该进程必做的是（　　）。

A. 修改进程状态为就绪态　　B. 降低进程优先级

C. 给进程分配用户内空间　　D. 增加进程时间片大小

4.【模拟题】并发进程运行时，其推进的相对速度（　　）。

A. 由进程的程序结构决定　　B. 由进程自己的代码控制

C. 与进程调度策略有关　　D. 在进程创建时确定

5.【模拟题】设有如下两个优先级相同的进程 P1 和 P2。信号量 $S1$ 和 $S2$ 的初值均为 0，试问 P1、P2 并发执行后，$z$ 的值可能是（　　）。

| 进程 P1: | 进程 P2: |
|---|---|
| y=3; | x=2; |
| z=2; | P(S1); |
| V(S1); | x=x+2; |
| z=y+1; | V(S2); |
| P(S2); | z=x+z; |
| y=z+y; | |

A. 4、8、11　　B. 4、6　　C. 6、8　　D. 4、8

6.【模拟题】以下服务中，能发挥多线程操作系统特长的是（　　）。

Ⅰ. 利用线程并发地执行矩阵乘法计算

Ⅱ. Web 服务器利用线程请求 HTTP 服务

Ⅲ. 键盘驱动程序为每一个正在运行的应用配备一个线程，用来响应相应的键盘输入

Ⅳ. 基于 GUI 的 Debugger 用不同线程处理用户的输入、计算、跟踪等操作

A. Ⅰ、Ⅲ　　B. Ⅱ、Ⅲ　　C. Ⅰ、Ⅱ、Ⅲ　　D. Ⅰ、Ⅱ、Ⅳ

7.【中国传媒大学 2015 年】用来实现进程同步与互斥的 P、V 操作实际上是由（　　）过程组成的。

A. 一个可被中断的　　B. 一个不可被中断的

C. 两个可被中断的　　D. 两个不可被中断的

8.【模拟题】设有 $n$ 个进程共用一个相同的程序段，假设每次最多允许 $m$ 个进程（$m \leqslant n$）同时进入临界区，则信号量 $S$ 的初值为（　　）。

A. $m$　　B. $n$　　C. $m-n$　　D. $-m$

9.【模拟题】对记录型信号量 $S$ 执行 V 操作后，下列选项中错误的是（　　）。

Ⅰ. 当 S.value ≤ 0 时，唤醒一个阻塞队列进程

Ⅱ. 只有当 S.value<0 时，才唤醒一个阻塞队列进程

Ⅲ. 当 S.value ≤ 0 时，唤醒一个就绪队列进程

Ⅳ. 当 S.value>0 时，系统不做额外操作

A. Ⅰ、Ⅲ　　B. Ⅰ、Ⅳ　　C. Ⅰ、Ⅱ、Ⅲ　　D. Ⅱ、Ⅲ

10.【模拟题】下列不属于进程间通信机制的是（　　）。

A. 虚拟文件系统　　B. 消息传递　　C. 信号量　　D. 管道

11.【模拟题】有一个计数信号量 $S$，若干进程对 $S$ 进行了 28 次 P 操作和 18 次 V 操作后，信号量 $S$ 的值为 0，然后又对信号量 $S$ 进行了 3 次 V 操作，此时有（　　）个进程等待在信号量 $S$ 的队列中。

A. 2　　B. 0　　C. 3　　D. 7

12.【全国统考 2016 年】进程 P1 和 P2 均包含并发执行的线程，部分伪代码描述如下所示。

| //进程P1 | //进程P2 |
| --- | --- |
| int x = 0;<br>Thread1(){<br>    int a;<br>    a = 1; x += 1;<br>}<br>Thread2(){<br>    int a;<br>    a = 2; x += 2;<br>} | int x = 0;<br>Thread3(){<br>    int a;<br>    a = x; x += 3;<br>}<br>Thread4(){<br>    int b;<br>    b = x; x += 4;<br>} |

下列选项中，需要互斥执行的操作是（　　）。

A. a = 1 与 a = 2　　　　B. a = x 与 b = x

C. x += 1 与 x += 2　　　　D. x += 1 与 x += 3

13.【全国统考 2012 年】下列关于进程和线程的叙述中，正确的是（　　）。

A. 不管系统是否支持线程，进程都是资源分配的基本单位

B. 线程是资源分配的基本单位，进程是调度的基本单位

C. 系统级线程和用户级线程的切换都需要内核的支持

D. 同一进程中的各个线程拥有各自不一的地址空间

**综合应用题**

14.【全国统考 2021 年】下表给出了整型信号量 $S$ 的 wait() 和 signal() 操作的功能描述，以及采用开 / 关中断指令实现信号量操作互斥的两种方法。

| 功能描述 | 方法 1 | 方法 2 |
| --- | --- | --- |
| Semaphore S;<br>wait(S) {<br>    while(S <= 0);<br>    S = S - 1;<br>}<br><br>signal(S) {<br>    S = S + 1;<br>} | Semaphore S;<br>wait(S) {<br>    关中断;<br>    while(S <= 0);<br>    S = S - 1;<br>    开中断;<br>}<br><br>signal(S) {<br>    关中断;<br>    S = S + 1;<br>    开中断;<br>} | Semaphore S;<br>wait(S) {<br>    关中断;<br>    while(S <= 0) {<br>        开中断;<br>        关中断;<br>    }<br>    S = S - 1;<br>    开中断;<br>}<br>signal(S) {<br>    关中断;<br>    S = S + 1;<br>    开中断;<br>} |

请回答下列问题。

（1）为什么在 wait() 和 signal() 操作中对信号量 $S$ 的访问必须互斥执行？

（2）分别说明方法 1 和方法 2 是否正确。若不正确，请说明理由。

（3）用户程序能否使用开 / 关中断指令实现临界区互斥？为什么？

15.【模拟题】有三个进程 PA、PB 和 PC 合作解决打印文件问题：PA 将文件记录从磁盘读入主存的缓冲区 1，每执行一次读一个记录；PB 将缓冲区 1 的内容复制到缓冲区 2，每执

行一次复制一个记录；PC 将缓冲区 2 的内容打印出来，每执行一次打印一个记录。缓冲区的大小等于一个记录的大小。请用 P、V 操作来保证文件的正确打印。

## 答案与解析

**答案速查表**

| 题号 | 1 | 2 | 3 | 4 | 5 | 6 | 7 | 8 | 9 | 10 |
|---|---|---|---|---|---|---|---|---|---|---|
| 答案 | C | D | A | C | D | D | D | A | D | A |
| 题号 | 11 | 12 | 13 | | | | | | | |
| 答案 | B | C | A | | | | | | | |

1.【解析】本题主要考查进程状态。

Ⅰ错误，一次 I/O 操作结束后，该 I/O 资源有可能被请求该资源的资源占有，从而使其从阻塞态变为就绪态。等待 I/O 资源的进程状态是阻塞态，且进程获得 CPU 运行是通过调度得到的，而不是获得资源。

Ⅱ错误，运行的进程用完时间片后，是由运行态变为就绪态。

Ⅲ错误，就绪进程队列非空时，处理机不应空闲，所以一定有运行进程。

Ⅳ正确，在多线程操作系统中，线程是作为独立运行的基本单位的，所以此时的进程已不再是一个可执行的实体。虽然如此，进程仍具有与运行相关的状态。例如，所谓进程处于运行态，实际上是指该进程中的某个线程正在运行。只有当所有线程都被阻塞，该进程才会被认为是阻塞态，只要有一个进程是运行态，该进程就是运行态；若没有线程运行，只要有一个线程就绪，则该进程就是就绪态。

综上，本题选择 C 选项。

【答案】C

2.【解析】本题主要考查子进程的特点。

A 选项正确，创建子进程后，父进程和子进程相互独立，可并发运行，如果是多处理机系统，甚至可以并行运行，这是进程的独立性。

B 选项正确，子进程可以调用 exec，加载一个全新的程序。

C 选项正确，创建子进程的过程，是父进程对自己的拷贝，子进程会拷贝（继承）父进程的绝大部分资源。因此，本题选 D 选项。

【高手点拨】部分读者对 B 选项可能有疑惑，父进程通过拷贝自己生成新的子进程，怎么会跟其他新的程序有关系呢？这里其实考的是，子进程可以通过调用 exec 来调入一个新的程序替换现有的进程空间去执行一个新的任务。

【答案】D

3.【解析】本题主要考查进程状态的转换过程。

进程申请读磁盘操作的时候，因为要等待 I/O 完成，所以将自身阻塞，进入阻塞态。当 I/O 完成之后，从阻塞态进入就绪态。

【答案】A

4.【解析】本题主要考查并发运行的特点。

根据进程的一次运行和并发运行的区别来分析影响进程推进相对速度的因素。在进程的一次运行过程中其代码的执行序列是确定的，即使有循环、转移或等待，对于进程来讲，其运行的轨迹也是确定的。当进程存在于一个并发系统中时，这种确定性就被打破了。由于系统中存在大量的可运行的进程，因此操作系统为了提高计算机的效率，会根据用户的需求和系统资源的数量来进行进程调度和切换。此时，进程由于被调度，打破了原来的执行速度，因此进程的相对速度就不受进程自己的控制，而是取决于进程调度的策略。

【答案】C

5.【解析】本题主要考查进程并发执行过程和 P、V 操作。

先将两个进程中的代码部分分成以下两个进程。

P1：① $y = 3; z = 2;$ ② $z = y + 1;$ ③ $y = z + y;$

P2：④ $x = 2;$ ⑤ $x = x + 2;$ ⑥ $z = x + z$。两个优先级相同的进程 P1 和 P2，若不考虑信号量的情况，则进程 P1 和进程 P2 两个进程并发执行，两个进程的前驱关系如下图所示。

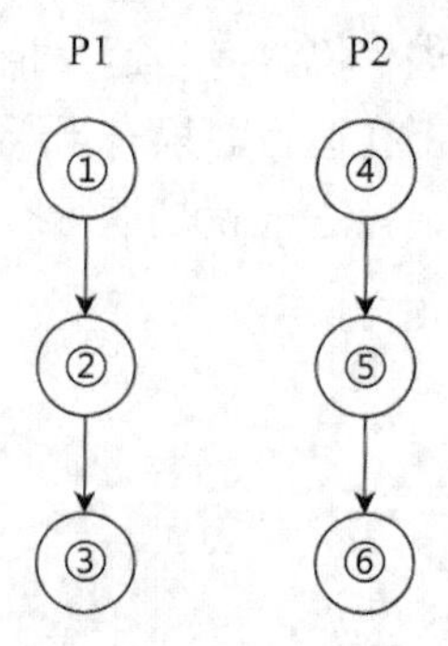


加入 P、V 操作后的前驱关系如下图所示。

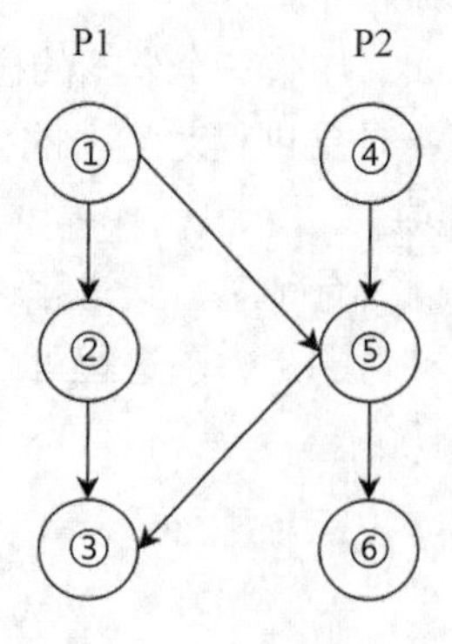

开始分析，题目中的 $x$ 只由④⑤两步决定，且顺序关系确定，可以直接得到 $x$ 的值最终为 4，④⑤所处的顺序有多种情况，但在整个进程过程中都不会影响其最终结果。由于 P2 和 P1 共享的变量只有 $z$，则⑥与①②③的关系决定了最终 $y$ 和 $z$ 的值。根据前驱关系图可得，⑥在①之后。所以可能的情况有如下几种。

情况 1：①②④⑤③⑥，即 $y=3; z=2; z=y+1; y=z+y; z=x+z$。结果：$y=7$，$z=8$。

情况 2：①②④⑤⑥③，即 $y=3; z=2; z=y+1; z=x+z; y=z+y$。结果：$y=11$，$z=8$。

情况 3：①④⑤⑥②③，即 $y=3; z=2; z=x+z; z=y+1; y=z+y$。结果：$y=7$，$z=4$。

【答案】D

6.【解析】本题主要考查多线程操作系统的特长。

在多线程操作系统中，通常在一个进程中包括多个线程，每个线程都是作为利用 CPU 的基本单位，是开销最小的实体。线程具有以下 4 个属性。

（1）轻型实体。线程中的实体基本上不拥有系统资源，只拥有一点能保证独立运行的资源。线程控制块包含了一个线程 ID、一个程序计数器、一个寄存器组和一个堆栈。

（2）独立调度和分派的基本单位。

（3）可并发执行。

（4）共享进程资源。在同一个进程中的各个线程，都可以共享该进程所有的资源，包括共享代码段、数据段以及其他的操作系统资源（如打开的文件）等。

多线程最大的优点就是并发执行。而键盘操作是不需要并发执行的，因为整个系统只有一个键盘，而且键盘输入速度比较慢，完全可以使用一个线程来处理整个系统的键盘操作，所以选择 D 选项。

【答案】D

7.【解析】本题主要考查 P、V 操作的过程。

P、V 操作由两个不可被中断的 P 操作和 V 操作组成。P 操作和 V 操作都属于原语操作，因此不可被中断。

【答案】D

8.【解析】本题主要考查互斥信号量的设置。

互斥信号量的初值应为可用资源数，在本题中为同时进入临界区的资源数。每当一个进程进入临界区，$S$ 就减 1，减到 $S-m=0$ 为止，此时共有 $n-m$ 个进程在等待进入。所以 $S$ 的初值应为 $S=m$。

【答案】A

9.【解析】本题主要考查 P、V 操作的过程。

当执行 V 操作后，S.value ≤ 0，说明在执行 V 操作之前 S.value<0，此时，S.value 的绝对值就是阻塞队列中的进程的个数，所以阻塞队列必有进程在等待，因此需要唤醒一个阻塞队列进程，Ⅰ正确。由对Ⅰ的分析可知，S.value ≤ 0 就会唤醒。因为可能在执行 V 操作前，只有

一个进程在阻塞队列，也就是说S.value=−1，执行V操作后，唤醒该阻塞进程，S.value=0，所以Ⅱ错误。S.value的值和就绪队列中的进程没有Ⅲ层描述的关系，Ⅲ错误。而当S.value>0时，说明没有进程在等待资源，系统自然不做额外的操作，Ⅳ正确。所以选D选项。

【答案】D

10.【解析】本题主要考查进程间通信的方式。

低级通信方式：信号量、管程。高级通信方式：共享存储（数据结构、存储区）、消息传递（消息缓冲通信、信箱通信）、管道通信。虚拟文件系统可以理解为内核将文件系统视为一个抽象接口，属于文件管理方式，所以选择A选项。

【答案】A

11.【解析】本题主要考查信号量机制的应用。

申请资源用P操作，执行完后若 $S < 0$，则表示资源申请完毕，需要等待，$|S|$ 表示等待资源的进程数；释放资源用V操作，当进行V操作后，$S$ 仍然小于等于0，在某时刻，信号量 $S$ 的值为0，然后对信号量 $S$ 进行了3次V操作，即 $S = S + 3$，此时 $S = 3 > 0$，表示没有进程在队列中等待。之前对 $S$ 进行了28次P操作和18次V操作，并不会影响到计算的结果。

【答案】B

12.【解析】本题主要考查多线程并发问题。

选项A错误。进程P1中对 $a$ 进行赋值，$a = 1$ 与 $a = 2$ 执行先后并不影响最终结果，故无须互斥执行。

选项B错误。进程P2中对 $a$ 和 $b$ 进行赋值，$a$=$x$ 与 $b$=$x$ 执行先后并不影响 $a$ 与 $b$ 的结果，故无须互斥执行。

选项C正确。进程P1中对 $x$ 进行加法计算，$x$ += 1与 $x$ += 2执行先后会影响 $x$ 的结果，故需要互斥执行。$x$ += 1和 $x$ += 2在计算机中进行加/减操作的指令可以细分成3步，分别为将变量的值读到寄存器中、对寄存器中变量的值进行加/减操作和将修改后的变量的值写回变量。所以只有保证 $x$ += 1和 $x$ += 2的互斥执行才可以保证结果的唯一性。

选项D错误。进程P1中的 $x$ 和进程P2中的 $x$ 是不同进程之间的变量，互不影响，故无须互斥执行。

【高手点拨】（1）同一进程中线程之间的局部变量不会相互影响，不需要互斥。

（2）不同进程之间的内存空间不同，不会相互影响，故不需要互斥。

（3）进程下的全局变量定义在堆空间中，仅此一份，会相互影响，故需要互斥访问。

【答案】C

13.【解析】本题主要考查线程和进程的区分。

在引入线程后，进程依然还是资源分配的基本单位，线程是调度的基本单位，同一进程中的各个线程共享进程的地址空间。在用户级线程中，有关线程管理的所有工作都由应用程序完成，不需要内核的干预，内核意识不到线程的存在。

【答案】A

14.【答案】(1)因为信号量 $S$ 是能够被多个进程共享的变量，多个进程都可以通过 wait() 操作和 signal() 操作对 $S$ 进行读、写操作。所以，在 wait() 操作和 signal() 操作中对 $S$ 的访问必须是互斥的。

(2)方法 1 是错误的，方法 2 是正确的。在 wait() 操作中，当 $S \leqslant 0$ 时，关中断后，其他进程无法修改 $S$ 的值，while 语句陷入死循环。

(3)用户程序不能使用开 / 关中断指令实现临界区互斥。因为开中断和关中断指令都是特权指令。

内核程序执行在内核态，用户程序执行在用户态。当发生系统调用时，用户态的程序发起系统调用。因为系统调用中牵扯特权指令，用户态程序权限不足，因此会中断执行，也就是 trap(trap 是一种中断机制)。

15.【答案】进程 PA、PB 和 PC 之间的关系：PA 与 PB 共用一个单缓冲区，PB 与 PC 共用一个单缓冲区，其合作方式如下图所示。若缓冲区 1 为空，则进程 PA 可将一个记录读入其中；若缓冲区 1 中有数据且缓冲区 2 为空，则进程 PB 可将记录从缓冲区 1 复制到缓冲区 2 中；若缓冲区 2 中有数据，则进程 PC 可以打印记录。在其他条件下，相应进程必须等待。事实上，这是一个生产者 - 消费者问题。

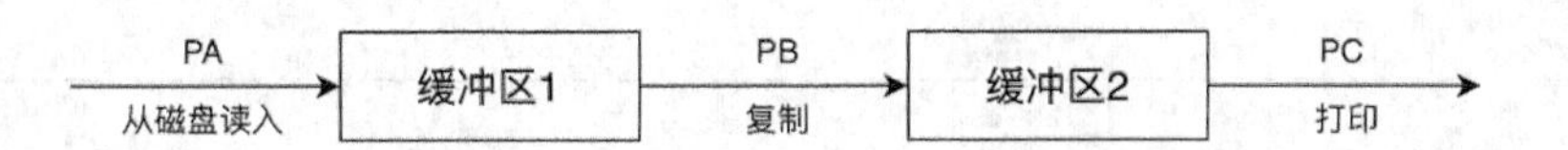


为遵循这一同步规则。应设置 4 个信号量 empty1、empty2、full1、full2，信号量 empty1 及 empty2 分别表示缓冲区 1 及缓冲区 2 是否为空，其初始值为 1；信号量 full1 及 full2 分别表示缓冲区 1 及缓冲区 2 是否有记录可供处理，其初始值为 0。进程描述如下。

```
semaphore empty1 = 1;
semaphore full1 = 0;
semaphore empty2 = 1;
semaphore full2 = 0;

cobegin{
      process PA(){
             while(TRUE){
                    从磁盘读入一条记录；
                    P(empty1);
                    将记录存入缓冲区 1;
                    V(full1);
             }
```

```
        }
        process PB(){
                while(TRUE){
                        P(full1);
                        从缓冲区 1 中取出一条记录;
                        V(empty1);
                        P(empty2);
                        将取出的记录存入缓冲区 2;
                        V(full2);
                }
        }
        process PC(){
                while(TRUE){
                        P(full2);
                        从缓冲区 2 中取出一条记录;
                        V(empty2);
                        将取出的记录打印出来;
                }
        }
    } coend
```

# 第三章 处理机调度与死锁

处理机调度与死锁这一部分内容和进程管理的衔接性很强。在历年考题中，占比稳定，大概率不会出综合应用题。本章重点考核调度算法，产生死锁的原因、死锁预防、死锁避免与银行家算法，以及死锁检测与解除等知识点。

在近些年的全国统考中，相关的题型、题量、分值，以及高频考点如下表所示。

| 题型 | 题量 | 分值 | 高频考点 |
| --- | --- | --- | --- |
| 选择题 | 2～3题 | 4～6分 | 调度算法、产生死锁的原因、死锁避免与银行家算法 |
| 综合应用题 | 0～1题（仅在2016年第46题考核，其他年份均未考核） | 0～8分 | 调度算法、产生死锁的原因 |

【知识地图】

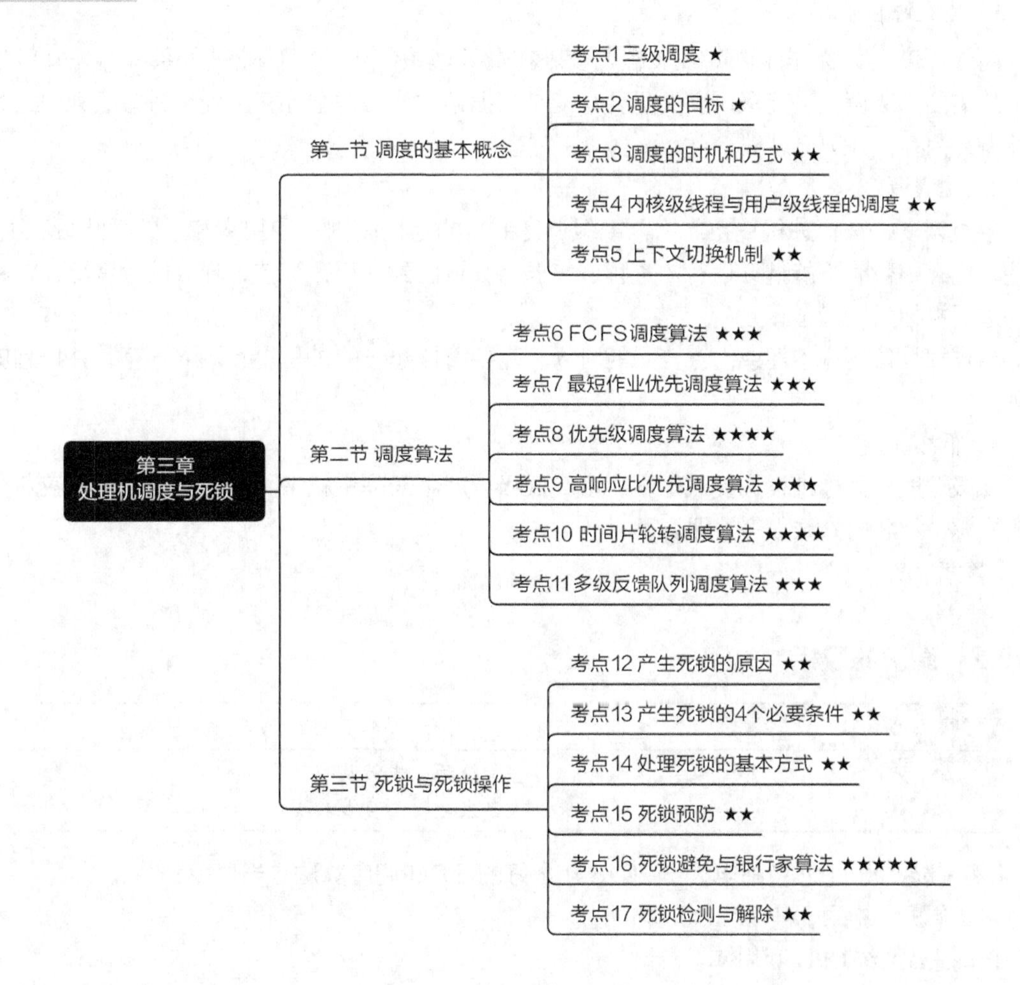

# 第一节　调度的基本概念

## 考点 1　三级调度

| 重要程度 | ★ |
| --- | --- |
| 历年回顾 | 全国统考：未涉及<br>院校自主命题：未涉及 |

【例 · 选择题】【模拟题】有关处理器的三级调度，描述正确的是（　　）。

A. 高级调度又称进程兑换，目的是提高内存利用率和系统吞吐量

B. 中级调度又称作业调度，因作业进入系统后先驻留在外存，故需要作业调度

C. 低级调度又称进程调度，决定了就绪队列中的哪个进程应获得处理机资源

D. 作业调度频率高于进程调度

【解析】本题主要考查处理器的三级调度概念区分。

三级调度分别为高级调度、中级调度和低级调度。

1. 高级调度

高级调度，又称作业调度或长程调度。在批处理系统中，因作业进入系统后先驻留在外存，故需要高级调度。高级调度的主要功能是根据某种算法，把外存上处于后备队列中的某些作业调入内存，并创建进程。

2. 中级调度

中级调度，又称进程兑换。引入中级调度的目的是提高内存利用率和系统吞吐量。因此，那些在内存中暂时不能继续运行的进程，需要将其调出到外存去等待，释放内存资源，这种状态的进程被称为挂起态。

当进程具备运行条件或内存充足的时候，需要将挂起态的进程重新调入内存，并挂到就绪队列。

3. 低级调度

低级调度，又称进程调度或短程调度。低级调度用来决定就绪队列中的哪个进程应获得处理机资源，然后由分派程序处理。

【答案】C

## 考点 2　调度的目标

| 重要程度 | ★ |
| --- | --- |
| 历年回顾 | 全国统考：未涉及<br>院校自主命题：有涉及 |

【例 · 选择题】【北京邮电大学 2018 年】好的 CPU 调度算法应当是（　　）。

A. 降低系统吞吐率

B. 提高系统 CPU 利用率

C. 提高进程周转时间

D. 提高进程等待时间

【解析】本题主要考查好的调度算法的特性。

好的调度算法的最终目的，就是提升系统资源的利用率，CPU 是最重要的资源，所以 B 选项正确。本题重点在于理解系统吞吐率、CPU 利用率、周转时间、等待时间这几个基本概念。

系统吞吐率：单位时间内系统能完成的任务数。

CPU 利用率：CPU 被使用的时间占总时间的比率。

周转时间：任务从进入系统到完成执行的总时间。

等待时间：任务从进入系统到完成执行的过程中，不占用 CPU 运行，等待被调度的时间。

调度算法是指根据系统的资源分配策略所规定的资源分配算法，其本质是为了提高资源的利用率，资源利用率高，一定会伴随着系统吞吐量的增加、平均周转时间的下降和平均等待时间的减少。

【知识链接】在多道批处理系统中，通常会有多个进程或线程竞争 CPU 资源。只要有两个或更多的进程处于就绪态，就会发生竞争。如果只有一个 CPU 可以使用，那么必须要决定下一个要运行的进程。完成这个选择操作的内核程序被称为调度器或调度程序，而该程序使用的算法，被称为调度算法。

在操作系统中，如何选择调度方式和算法，取决于操作系统的类型及其设计目标。调度算法的共同目标包括资源利用率、公平性、均衡性和策略强制执行。

不同的操作系统在调度目标方面也有一些不同之处。

- 批处理系统的调度目标：平均周转时间、系统吞吐量、资源利用率。
- 分时系统的调度目标：响应时间快、均衡性。
- 实时系统的调度目标：截止时间的保证、可预测性。

好的调度算法，并不意味着会让某一个进程的周转时间减少，或者等待时间减少，调度算法关注的是全局，是所有进程。

【答案】B

## 考点 3 调度的时机和方式

| 重要程度 | ★★ |
| --- | --- |
| 历年回顾 | 全国统考：2012 年（选择题）、2021 年（选择题）<br>院校自主命题：有涉及 |

**【例 1 · 选择题】【全国统考 2012 年】若某单处理器多进程系统中有多个就绪态进程，则下列关于处理机调度的叙述中错误的是（　　）。**

A. 在进程结束时能进行处理机调度

B. 创建新进程后能进行处理机调度

C. 在进程处于临界区时不能进行处理机调度

D. 在系统调用完成并返回用户态时能进行处理机调度

【解析】本题主要考查处理机调度的时机。

A 选项、B 选项、D 选项显然是可以进行处理机调度的情况。当进程处于临界区时，说明进程正在占用处理机，只要不破坏临界资源的使用规则，是不会影响处理机调度的。因此，C 选项错误。通常访问临界资源可能是慢速的外设，如打印机，如果在进程访问打印机时，不能进行处理机调度，那么系统的性能将是非常低的。

**【知识链接】**常见的调度场景有以下几个。

（1）创建一个新进程后，需要决定是运行父进程还是子进程，因为两个进程都处于就绪态。

（2）在一个进程退出时，必须在就绪队列中选择一个来运行，如果没有就绪进程，就会创建闲逛进程来完成调度。

（3）当一个进程被阻塞时，必须选择另一个进程来运行。

（4）在一个 I/O 发生中断时，必须进行调度。

（5）当前时间片用完、有更紧急的任务需要处理、有更高优先级的进程进入就绪队列、当前进程主动放弃 CPU 等情况，将发生进程调度。

在处理中断过程中、进程在操作系统内核临界区中、需要完全屏蔽中断的原子操作等情况，则不能发生调度。

**【答案】**C

**【例 2·选择题】【全国统考 2021 年】下列事件中，可能引起进程调度程序执行的是（　　）。**

Ⅰ．中断处理结束　　Ⅱ．进程阻塞

Ⅲ．进程执行结束　　Ⅳ．进程的时间片用完

A．仅Ⅰ、Ⅲ　　B．仅Ⅱ、Ⅳ

C．仅Ⅲ、Ⅳ　　D．Ⅰ、Ⅱ、Ⅲ和Ⅳ

**【解析】**本题主要考查调度的时机。

Ⅰ正确。在时间片调度算法中，中断处理结束后，系统检测当前进程的时间片是否用完。如果时间片用完，则将其设为就绪态或让其结束运行。若就绪队列不为空，则调度就绪队列的队首进程执行。

Ⅱ正确。当前进程阻塞时，将其放入阻塞队列，若就绪队列不空，则调度新进程执行。

Ⅲ正确。进程执行结束会导致当前进程释放 CPU，并从就绪队列中选择一个进程获得 CPU。

Ⅳ正确。进程时间片用完，会导致当前进程释放 CPU，同时选择就绪队列的队首进程获得 CPU。

**【答案】**D

**【例 3·选择题】【南京理工大学 2016 年】在非剥夺调度方式下，（　　）必定会引起进程的调度。**

A．一个新进程被创建　　B．一个进程从运行态进入等待态

C．一个进程从等待态进入就绪态　　D．一个进程从就绪态进入等待态

**【解析】**本题主要考查引起进程调度的时机。

A 选项错误。一个新的进程被创建，将会进入就绪队列，并不一定会被立马调度执行。即

使是高优先级的抢占式算法，也需要新创建的进程优先级最高才可能被调度。

B 选项正确。一个进程从运行态进入等待态，也就意味着当前进程离开了 CPU，那么此时就需要一个新的进程重新上 CPU 运行，也就一定需要调度。

C 选项错误。一个进程从等待态进入就绪态，进程原先等待的事件或者资源就绪，切换进程的状态为就绪态，并链入就绪队列，这个过程中不会发生调度。

D 选项错误。一个进程从就绪态进入等待态，这个转换路径并不存在，排除此选项。

**【知识链接】**调度分为非抢占式调度与抢占式调度两种方式。

（1）非抢占式调度，也称非剥夺调度，一旦将处理机分配给某个进程后，该进程将会一直执行，直到进程执行完成、被阻塞或主动让出 CPU 时，才发生调度，不允许其他进程抢占已分配出去的 CPU。

（2）抢占式调度，也称剥夺调度，允许调度程序根据某种算法，去暂停某个正在执行的进程，将处理机分配给其他就绪的进程。

抢占式调度的 3 个原则。

- 优先级原则：为紧迫的任务设置更高的优先级，这种任务到达或者被唤醒后，可以抢占正在执行的进程的 CPU。
- 短作业（进程）优先原则：在此原则下，新到系统的作业或进程，其运行时间比当前运行的进程的剩余时间更短，则系统剥夺 CPU 给新到的进程。
- 时间片原则：在时间片轮转调度算法中，每个进程运行使用完自己的时间片后，系统会剥夺该进程的 CPU 给其他就绪进程继续使用。

**【答案】**B

## 考点 4　内核级线程与用户级线程的调度

| 重要程度 | ★★ |
|---|---|
| 历年回顾 | 全国统考：2019 年（选择题）<br>院校自主命题：未涉及 |

**【例·选择题】【全国统考 2019 年】下列关于线程的描述中，错误的是（　　）。**

A. 内核级线程的调度由操作系统完成

B. 操作系统为每个用户级线程建立一个线程控制块

C. 用户级线程间的切换比内核级线程间的切换效率高

D. 用户级线程可以在不支持内核级线程的操作系统上实现

**【解析】**本题主要考查内核级线程和用户级线程的区别。

线程分为内核级线程和用户级线程。内核级线程是指依赖于内核，由操作系统内核完成创建、调度和撤销工作的线程，所以 A 选项正确。

在多线程模型中，用户级线程和内核级线程的连接模型分为一对一、多对一和多对多，系统为每个用户级线程建立一个线程控制块是属于一对一模型，其他两个模型没有为用户级线程建立一个线程控制块，所以 B 选项错误。

用户级线程切换不需要内核特权，且由于用户级线程的调度在应用进程内部进行，通常采用非抢占式调度和更简单的规则，也无须进行用户态和内核态的切换，因此速度特别快，所以C选项正确。

用户级线程是指不依赖于操作系统内核，由应用进程利用线程库提供创建、同步、调度和管理线程的函数来控制的线程。由于用户级线程的维护由应用进程完成，不需要操作系统内核了解用户级线程的存在，因此可用于不支持内核级线程的多进程操作系统，甚至是单用户操作系统，所以D选项正确。

【误区警示】很多读者会认为B选项正确，既然进程控制块（Process Control Block，PCB）是进程存在的唯一标志，同时每个进程也有唯一的PCB，那平移到线程控制块（Thread Control Block，TCB）上肯定也没有问题。这里的关键在于选项描述中的操作系统创建TCB，既然是操作系统创建的，那就是内核级线程，而实际的线程模式中，存在多对多的线程模式，一个内核级线程的线程控制块，可以对应着多个用户级线程。

C选项也是易错点，读者会认为内核比用户的权限更高，内核负责做的也是更加高级的系统资源的管理工作，内核切换更高效。这里内核级线程的切换反而效率更低，主要原因是内核级线程的切换，需要用户态和内核态之间的切换，而用户级线程则可以直接在用户空间完成切换。

【答案】B

## 考点5　上下文切换机制

| 重要程度 | ★★ |
| --- | --- |
| 历年回顾 | 全国统考：未涉及<br>院校自主命题：未涉及 |

**【例·选择题】【模拟题】下面关于上下文切换机制说法错误的是（　　）。**

A. 只要发生进程调度，就会发生上下文切换

B. 内核调度器会为每个进程保存一个上下文状态

C. 上下文是进程运行环境的统称，包括程序计数器、用户栈、状态寄存器等

D. 线程的切换不一定会发生上下文切换

【解析】本题主要考查上下文的概念及切换机制。

上下文是内核调度器为每个进程保存的运行环境，包括程序计数器、用户栈、状态寄存器等。在一个处理器上，只能有一个进程的运行环境，当处理器上运行的进程发生切换时，就需要将前一个进程的上下文保存，并将下一个进程的上下文重新读入处理器，为运行做支撑，这个过程就是上下文切换。由此可以看出，进程的切换是上下文切换的前提。A选项说法错误是因为进程调度并不一定会发生进程切换，假如一段时间内，仅有一个进程就绪，那么调度器在多次调度这个进程的时候，并没有发生进程切换，也就没有发生上下文切换。

【知识链接】上下文指的是一种环境，对于进程而言，上下文实际上是进程执行活动全过程的静态描述。

进程上下文是可以按照层次规范组合起来的。例如，在System V（UNIX系统众多版本中的一支）中，进程上下文由用户级上下文、寄存器上下文以及系统级上下文组成。

当处理机进行切换时，将发生两对上下文切换操作。对于正在 CPU 上运行的进程上下文来说，将保存当前进程的上下文，而装入分配程序（调度器）的上下文，以便分配程序（调度器）运行；对于将要调入的程序来说，则是需要移出分配程序（调度器）的上下文，而把将要运行的程序的 CPU 现场信息装入 CPU 寄存器中。

【答案】A

## 第二节 调度算法

### 考点 6 FCFS 调度算法

| 重要程度 | ★★★ |
| --- | --- |
| 历年回顾 | 全国统考：2017 年（选择题）<br>院校自主命题：有涉及 |

**【例 1 · 选择题】【重庆理工大学 2015 年】下列算法中，哪一个只能采用非抢占调度方式（ ）。**

A. 高优先级优先法　　B. 时间片轮转法

C. FCFS 调度算法　　D. 最短作业优先算法

**【解析】**本题主要考查读者对各种调度算法的理解，并理解抢占的本质。

FCFS 调度算法的算法原理是，先来的进程先被服务，强调公平性，该算法是非抢占式的调度算法。这与日常生活中排队办业务的场景相似，谁先来，谁先被服务。因此，C 选项正确。

**【知识链接】**非抢占式调度是指，一旦把处理机分配给某进程后，便让该进程一直执行，直至该进程完成或发生某事件而被阻塞时，才把处理机分配给其他进程，决不允许进程抢占已分配出去的处理机。

抢占式调度是指，允许调度程序根据某种原则，去暂停某个正在执行的进程，将处理机重新分配给另一进程。

先来先服务（First Come First Service，FCFS）调度算法每次从作业后备队列中选择最先进入该队列的一个或几个作业，将它们调入内存中，并分配必要的资源，创建进程并放入就绪队列。

FCFS 调度算法的特点如下。

- 算法简单、效率低。
- 对长作业有利，但对短作业不利。
- 有利于 CPU 繁忙型作业，不利于 I/O 繁忙型作业。
- 不可剥夺算法。
- 可以适用于作业调度，也可适用于进程调度。

**【答案】**C

**【例 2 · 选择题】【四川大学 2016 年】（ ）调度有利于 CPU 繁忙型作业，而不利于 I/O 繁忙型作业。**

A. 时间片轮转　　B. FCFS　　C. 最短作业优先　　D. 优先权调度

【解析】本题主要考查 FCFS 调度算法的特点。

当 I/O 比较少的时候，FCFS 调度算法能确保 CPU 大部分时间都在忙，而且不用频繁切换而产生饥饿现象。

【答案】B

**【例 3 · 选择题】【全国统考 2017 年】假设 4 个作业到达系统的时刻和运行时间如下表所示。系统在 $t$=2 时开始作业调度。若分别采用 FCFS 和最短作业优先调度算法，则选中的作业分别是（　　）。**

| 作业 | 到达时间 $t$ | 运行时间 |
|---|---|---|
| J1 | 0 | 3 |
| J2 | 1 | 3 |
| J3 | 1 | 2 |
| J4 | 3 | 1 |

A. J2、J3　　B. J1、J4　　C. J2、J4　　D. J1、J3

【解析】本题主要考查 FCFS 和最短作业优先调度算法的特点。

由题可得，系统在 $t = 2$ 时开始作业调度，此时只有 J1、J2 和 J3 三个作业到达。FCFS 调度算法的作业来得越早，优先级越高，因此会选择 J1。最短作业优先调度算法的作业运行时间越短，优先级越高，因此会选择 J4。所以 D 选项正确。

【答案】D

## 考点 7　最短作业优先调度算法

| 重要程度 | ★★★ |
|---|---|
| 历年回顾 | 全国统考：2017 年（选择题）<br>院校自主命题：有涉及 |

**【例 1 · 选择题】【南京航空航天大学 2006 年】设有 4 个作业同时到达，若采用最短作业优先调度算法，则作业的平均周转时间为（　　）。**

| 作业号 | 所需运行时间（小时） | 优先数 |
|---|---|---|
| 1 | 2 | 2 |
| 2 | 5 | 3 |
| 3 | 8 | 7 |
| 4 | 3 | 5 |

A. 1.5h　　B. 10.5h　　C. 8.75h　　D. 10.25h

【解析】本题主要考查最短作业优先调度算法的平均周转时间计算。

周转时间 = 作业完成时间 + 作业提交时间 = 运行时间 + 等待时间

平均周转时间 =（作业 1 的周转时间 +…+ 作业 $n$ 的周转时间）/$n$

根据平均周转时间的概念，将所有作业的“等待时间”加上“运行时间”除以“作业数量”即可得到最短作业优先调度算法的平均周转时间，即（0+2）+（2+3）+（5+5）+（10+8）= 35，35 ÷ 4 = 8.75，故选 C 选项。

【知识链接】最短作业优先（Shortest Job First，SJF）调度算法是指对最短作业优先调度的算法。SJF 调度算法从后备队列中选择一个或若干个估计运行时间最短的作业，将它们调入内存执行；最短进程优先（Shortest Process First，SPF）调度算法从就绪队列中找到一个估计运行时间最短的进程，将处理机分配给它，使之立即执行，直到发生某事件而阻塞时，才释放处理机。

注意，一般情况下，如果提到 SJF 是指最短作业优先调度算法，SPF 为最短进程优先调度算法，但这两个调度算法，本质上调度是一个算法，只是调度的对象不同，所以有时候将这两个调度算法统称为 SJF。

SJF 调度算法具有以下几个特点。

- 对长作业不利，可能会出现饥饿现象。
- 该算法没有考虑作业的紧迫程度，不能保证紧急任务及时被响应。
- 作业的长度都是由用户预估的，可以造假。
- 可以适用于作业调度，也可适用于进程调度。
- 不可剥夺算法。

【答案】C

【例 2 · 选择题】【南京大学 2013 年】现有 3 个同时到达的作业 J1、J2 和 J3，其执行时间分别为 $T1$、$T2$ 和 $T3$，且 $T1 < T2 < T3$。若系统采用 SJF 算法，则平均周转时间是（　　）。

A. $T1+T2+T3$　　B. （$T1+T2+T3$）/3

C. （$T1+2T2+3T3$）/3　　D. （$3T1+2T2+T3$）/3

【解析】本题主要考查 SJF 调度算法的平均周转时间计算。

按照 SJF 调度算法，执行顺序为 J1、J2、J3，3 个作业完成时间分别是 $T1$、$T1+T2$、$T1+T2+T3$，所以平均周转时间是［$T1$+（$T1+T2$）+（$T1+T2+T3$）］/3=（$3T1+2T2+T3$）/3。

【答案】D

【例 3 · 选择题】【重庆大学 2013 年】在单道程序环境中，有 4 个作业 A、B、C、D，它们的提交时间与预计运行时间如下表所示。如果按 SJF 调度算法，它们的运行顺序为（　　）。

| 作业 | 提交时刻 | 运行时间（min） |
| --- | --- | --- |
| A | 9:00 | 26 |
| B | 9:10 | 4 |
| C | 9:12 | 15 |
| D | 9:20 | 13 |

A. A-B-C-D　　B. B-C-D-A

C. B-A-D-C　　D. A-B-D-C

【解析】本题主要考查 SJF 调度算法的工作原理。

SJF 调度算法是非抢占式调度算法，它的算法思想是在每次需要调度的时候，调度器根据每个作业的运行时间长短来决定谁先执行，要求运行时间越短的越被优先调度。

在 9:00，仅作业 A 被提交，所以此时系统只能执行作业 A，因为是非抢占式的算法，所以作业 A 会一直执行结束。

在 9:26，作业 A 结束，系统需要选择一个时间最短的作业来执行，此时作业 B、C、D 已经分别在 9:10、9:12、9:20 被提交，则选择最短的作业 B，作业 B 会执行 4 分钟。

在 9:30，作业 B 结束，系统只能选择作业 D 来运行，作业 D 运行 13 分钟。

在 9:43，作业 D 结束，系统运行作业 C，直到 15 分钟后结束。

综上，答案应该是 D 选项，运行顺序为 A-B-D-C。

【误区警示】本题存在两个可能的陷阱。

（1）部分读者看到这道题时，会直接根据作业执行时间的长短来选择运行顺序。但是忽略了一点，作业其实不是一次性全部被提交的。如果题目描述改成 4 个作业在某一时刻已经被提交，也就是在这一时刻 4 个作业都已经在系统中，那么这种做法是可取的。

（2）也有部分读者会将 SJF 调度算法和最短剩余时间优先调度算法混淆。最短剩余时间优先调度算法是抢占式调度算法。在每次新作业进入系统时，就要判断是否需要抢占当前正在执行的任务，在这类考题中，一般考的是结束的顺序，而非运行的顺序，因为一个作业可能被别的作业抢占而中断执行。

【答案】D

## 考点 8　优先级调度算法

| 重要程度 | ★★★★ |
| --- | --- |
| 历年回顾 | 全国统考：2010 年（选择题）、2016 年（综合应用题）、2018 年（选择题）、2022 年（选择题）<br>院校自主命题：未涉及 |

**【例 1·选择题】【全国统考 2010 年】下列选项中，降低进程优先级的合理时机是（　　）。**

A. 进程时间片用完　　B. 进程刚完成 I/O，进入就绪队列

C. 进程长期处于就绪队列　　D. 进程从就绪状态转换为运行状态

【解析】本题主要考查调度算法的综合应用。

在本题中，并没有明确指出要考的进程调度算法是什么算法，因此，需要读者熟悉每种调度算法。

A 选项正确。在多级反馈队列调度算法中，当一个进程的时间片用完时，如果该进程不是在最后一个队列，则会将该进程移动到下一个队列，其优先级也会被降低。

B 选项错误。进程刚完成 I/O 操作，此时应该提升进程的优先级。在进程进行 I/O 操作的时候，并不占用 CPU，所以在完成 I/O 操作后，优先响应它是可以理解的。

C 选项错误。进程处于就绪队列，一般不会调整它的优先级，优先级的调整发生在进程状态转换的时候。从另一个方面来看，进程已经长期处于就绪队列，可能处于饥饿状态，如果要调整，也应该是先提升其优先级。

D 选项错误。进程从就绪态转换为运行态，说明进程已经拿到了 CPU，这时更没有必要对进程优先级进行调整。

【答案】A

【例 2 · 选择题】【全国统考 2018 年】某系统采用基于优先权的非抢占式进程调度策略，完成一次进程调度和进程切换的系统时间需要 1μs。在 *T* 时刻就绪队列中有 3 个进程 P1、P2 和 P3，其在就绪队列中的等待时间、需要的 CPU 时间和优先权如下表所示。

| 进程 | 等待时间 | 需要的 CPU 时间 | 优先权 |
|---|---|---|---|
| P1 | 30μs | 12μs | 10 |
| P2 | 15μs | 24μs | 30 |
| P3 | 18μs | 36μs | 20 |

若优先权值大的进程优先获得 CPU，从 *T* 时刻起系统开始进程调度，系统的平均周转时间为（　　）。

A. 54μs　　B. 73μs　　C. 74μs　　D. 75μs

【解析】本题主要考查基于优先权的调度算法的平均周转时间计算。

由优先权可知，进程的执行顺序为 P2 → P3 → P1。

P2 的周转时间：1+15+24=40μs。

P3 的周转时间：18+1+24+1+36=80μs。

P1 的周转时间：30+1+24+1+36+1+12=105μs。

平均周转时间：（40+80+105）÷ 3=225 ÷ 3=75μs。

【答案】D

【例 3 · 选择题】【全国统考 2022 年】进程 P0、PI、P2 和 P3 进入就绪队列的时刻、优先级（值越小，优先权越高）及 CPU 执行时间如下表所示：

| 进程 | 进入就绪队列的时刻 | 优先级 | CPU 执行时间 |
|---|---|---|---|
| P0 | 0ms | 15 | 100ms |
| P1 | 10ms | 20 | 60ms |
| P2 | 10ms | 10 | 20ms |
| P3 | 15ms | 6 | 10ms |

若系统采用基于优先权的抢占式进程调度算法，则从 0ms 时刻开始调度，到 4 个进程都运行结束为止，发生进程调度的总次数为（　　）。

A. 4　　B. 5　　C. 6　　D. 7

【解析】本题主要考查基于优先权的抢占式调度算法调度次数的计算。

0 时刻调度 P0 获得 CPU；10ms 时 P2 进入就绪队列，调度 P2 抢占获得 CPU；15ms 时 P3 进入就绪队列，调度 P3 抢占获得 CPU；25ms 时 P3 执行完毕，调度 P2 获得 CPU；40ms 时 P2

执行完毕，调度P0获得CPU；130ms时P2执行完毕，调度P1获得CPU；190ms时P2执行完毕，进程结束。总共调度6次。

【答案】C

**【例4·综合应用题】【全国统考2016年】某进程调度程序采用基于优先数的调度策略，即选择优先数最小的进程运行，进程创建时由用户指定一个nice作为静态优先数。为了动态调整优先数，引入运行时间cpuTime和等待时间waitTime，初始值均为0。进程处于执行态时，cpuTime定时加1，且waitTime置0；进程处于就绪态时，cpuTime置0，waitTime定时加1。请回答下列问题。**

（1）若调度程序只将nice的值作为进程的优先数，priority = nice，则可能会出现饥饿现象。为什么？

（2）使用nice、cpuTime和waitTime设计一种动态优先数计算方法，以避免产生饥饿现象，并说明waitTime的作用。

【解析】本题主要考查优先级调度算法的应用。

【答案】（1）由于采用了静态优先数，即优先数是静态的、不会随着进程的运行而改变的数。如果这样的话，当就绪队列中总有优先数较小的进程时，优先数较大的进程就会一直没有机会运行，因而会出现饥饿现象。

（2）优先数priority的计算公式：priority = nice+$k1$ × cpuTime−$k2$ × waitTime，其中$k1 > 0$，$k2 > 0$，分别用于调整cpuTime和waitTime在priority中所占的比例。waitTime可使长时间等待的进程优先数减少，从而避免出现饥饿现象。

## 考点9 高响应比优先调度算法

| 重要程度 | ★★★ |
| --- | --- |
| 历年回顾 | 全国统考：2009年（选择题）、2011年（选择题）<br>院校自主命题：有涉及 |

**【例1·选择题】【南京理工大学2013年】高响应比优先的进程调度算法综合考虑了进程的等待时间和计算时间，响应比的定义是（　　）。**

A. 进程周转时间与等待时间之比　　B. 进程周转时间与计算时间之比

C. 进程等待时间与计算时间之比　　D. 进程计算时间与等待时间之比

【解析】本题主要考查高响应比优先调度算法的概念。

高响应比优先调度算法既考虑作业的执行时间也考虑作业的等待时间，综合了先来先服务和最短作业优先两种调度算法的特点。该算法中的响应比是指作业执行等待时间与运行比值，响应比公式为：响应比 =（等待时间+执行时间）/ 执行时间 = 带权周转时间 = 进程周转时间 / 执行时间。

【知识链接】细心的读者一定发现了，响应比和带权周转时间的计算公式是一样的。那么响应比和带权周转时间这两个不同定义的存在意义是什么呢？

带权周转时间是针对调度算法的性能指标的描述，是在全局场景下，计算所有进程的平均带权周转时间。带权周转时间越短，说明调度算法的性能越好；而响应比主要用在高响应比优先调度算法中，重点关注具体进程具体时刻的响应比。通过响应比的大小决定执行哪一个进程，所以响应比是面向具体时刻的具体进程。

【答案】B

**【例 2 · 选择题】【全国统考 2009 年】下列进程调度算法中，综合考虑进程等待时间和执行时间的是（　　）。**

A. 时间片轮转调度算法　　　　B. 短进程优先调度算法

C. 先来先服务调度算法　　　　D. 高响应比优先调度算法

【解析】本题主要考查高响应比优先调度算法的优点。

高响应比优先调度算法中，选出响应比最高的进程投入执行，响应比 =（等待时间 + 执行时间）/ 执行时间。它综合考虑了每个进程的等待时间和执行时间，对于同时到达的长进程和短进程，会优先执行短进程，以提高系统吞吐量。因为长进程的响应比可以随等待时间的增加而提高，所以不会产生进程无法调度的情况。

【知识链接】高响应比优先（Highest Response Ratio Next，HRRN）调度算法主要用在作业调度上，是对先来先服务和最短作业优先调度算法的一种平衡，同时考虑了每个作业的等待时间和预计运行时间。在每次进行作业调度时，计算后备队列中的每个作业的响应比，选择响应比最高的一个或多个作业调入内存。

响应比的公式如下：

$$响应比 = \frac{等待时间 + 执行时间}{执行时间}$$

根据以上公式可知：

- 作业的等待时间相同时，执行时间越短，响应比越高。
- 执行时间相同时，等待时间越长，响应比越高。
- 对于长作业，随着等待时间的增加，响应比也会逐步提高，从而被调度。

高响应比优先调度算法的特点如下。

- 兼顾了先来先服务和最短作业优先调度算法的优点。
- 属于不可剥夺算法。
- 没有饥饿现象。

【答案】D

**【例 3 · 选择题】【全国统考 2011 年】下列选项中，满足短作业优先且不会发生饥饿现象的调度算法是（　　）。**

A. 先来先服务　　　　B. 高响应比优先

C. 时间片轮转　　　　D. 非抢占式短作业优先

【解析】本题主要考查高响应比优先调度算法的特点。

响应比 =（等待时间＋执行时间）/ 执行时间。高响应比优先调度算法在等待时间相同的情况下，作业执行时间越短，则响应比越高，满足短作业优先。随着长作业等待时间的增加，响应比也会提高，执行机会也就增大，所以不会发生饥饿现象。因此，B 选项正确。先来先服务和时间片轮转不符合短作业优先。非抢占式短作业优先虽然不会打断运行态的进程的执行，但会在该进程运行完后的进程调度中挑选短作业优先执行，当就绪队列中的短作业较多时，会产生饥饿现象。

【答案】B

**【例 4 · 综合应用题】【模拟题】在一个有两道作业的批处理系统中，有一作业序列，其到达时间及估计运行时间见下表，系统作业采用高响应比优先调度算法。进程的调度采用短进程优先的抢占式调度算法。**

| 作业 | 到达时间 | 估计运行时间（min） |
|---|---|---|
| J1 | 10:00 | 35 |
| J2 | 10:10 | 30 |
| J3 | 10:15 | 45 |
| J4 | 10:20 | 20 |
| J5 | 10:30 | 30 |

（1）列出各作业的执行时间。

（2）计算平均周转时间。

【解析】本题主要考查高响应比优先调度算法和短进程优先的抢占式调度算法的计算方法。

在 10:00 时，因为只有 J1 到达，故将它调入内存，并将 CPU 调度给它。

在 10:10 时，J2 到达，故将 J2 调入内存，根据短进程优先的抢占式调度算法，J2 的估计运行时间小于 J1，故将 CPU 分配给 J2 执行（虽然 J3、J4、J5 分别在 10:15、10:20 和 10:30 到达，但因当时内存中已存放了两道作业，故不能马上将它们调入内存）。

在 10:40 时，J2 结束。此时，J3、J4、J5 的响应比分别为（25+45）/45=14/9、（20+20）/20=2、（10+30）/30=4/3，J4 的响应比最大，故将 J4 调入内存，并将 CPU 分配给内存中运行时间较少的那一个，即 J1 和 J4 中估计运行时间较少的 J4。

在 11:00 时，J4 结束。此时，J3、J5 的响应比分别为（45+45）/45=2、（30+30）/30=2，则调用先到达的 J3，将 J3 调入内存，并将 CPU 分配给估计运行时间较少的 J1。

在 11:25 时，J1 结束，作业调度程序将 J5 调入内存，并将 CPU 分配给估计运行时间较少的 J5。在 11:55 时，J5 结束，将 CPU 分配给 J4。在 12:40，J3 结束。

【答案】

（1）J1 运行时间：10:00 ～ 10:10、11:00 ～ 11:25；

J2 运行时间：10:10 ～ 10:40；

J3 运行时间：11:55 ～ 12:40；

J4 运行时间：10:40 ～ 11:00；

J5 运行时间：11:25 ～ 11:55。

（2）各作业的周转时间分别为 85min、30min、145min、40min、85min，故平均周转时间为 77min。

## 考点10　时间片轮转调度算法

| 重要程度 | ★★★ |
| --- | --- |
| 历年回顾 | 全国统考：2014年（选择题）、2017年（选择题）<br>院校自主命题：有涉及 |

**【例1·选择题】【全国统考2014年】下列调度算法中，不可能导致饥饿现象的是（　　）。**

A. 时间片轮转　　B. 静态优先级调度

C. 非抢占式短任务优先　　D. 抢占式短任务优先

**【解析】**本题主要考查时间片轮转调度算法的特点。

所谓饥饿现象是指就绪队列中的某个任务因为进程调度算法导致长时间得不到CPU资源，而无法被执行。静态优先级调度中，如果总是出现优先级高的任务，那么，优先级低的任务会总是处于饥饿状态。而短任务优先调度不管是抢占式还是非抢占式，当系统总是出现新来的短任务时，长任务会总是得不到处理机，从而产生饥饿现象，因此B选项、C选项、D选项都错误。

**【高手点拨】**此类选择题，可以直接套用"有优先，就会有饥饿！"技巧，如果有优先，就会有饥饿。

**【答案】**A

**【例2·选择题】【浙江大学2011年】如果采用时间片轮转法，且时间片为定值，那么（　　），则响应时间越长。**

A. 用户数越少　　B. 用户数越多

C. 内存越少　　D. 内存越多

**【解析】**本题主要考查时间片轮转调度算法的原理。

分时是指多个用户分享使用同一台计算机，每个用户分到的时间片固定，就是每个用户只能使用计算机固定的时间，到时间就要轮到下一个用户，等其他用户轮完了一遍，才又轮到该用户使用。例如，有用户A、B、C、D、E、F、G、H、I、J，时间片固定为1秒，A首先独占使用计算机，1秒后轮到B，B独占使用计算机，1秒后轮到C，如此循环到J，J使用1秒后重新轮到A。这样响应时间就为9s，就是说每个用户要等到下一次使用都要经过9s，但如果只有3个用户，则只用等待2s，就又轮到自己使用计算机。在每一个用户使用计算机时，都是独占式的使用，就是说一个用户在自己的时间片里单独占用整台计算机的资源，所以就和内存大小没关系。现代计算机系统由于速度很快，时间片大小一般都是毫秒级的（这意味着在很短的时间内已经足够计算机进行很大的计算量了），所以虽然要所有用户都轮一遍，但给人的感觉就像只有自己独占使用一台计算机。

**【知识链接】**时间片轮转（Round Robin，RR）调度算法将所有的就绪进程按照先来先服务的原则排成一个队列，每次调度的时候，先调度队首的进程，并运行一个时间片（几毫秒到几百毫秒不等）。当时间片用完后，停止该进程的执行，并将其挂在队列的末尾，这样就能够保证每个进程都能够在一定时间内得到执行的机会。

时间片轮转调度算法的特点如下。

- 时间片的长短会对系统性能有影响。

- CPU 繁忙型进程和 I/O 繁忙型进程对时间片的长短喜好不一。
- 不存在饥饿现象。

【答案】B

**【例 3 · 选择题】【中国科学院大学 2012 年】下列关于时间片轮转调度算法的叙述中，不正确的是（　　）。**

A. 在时间片轮转调度算法中，系统将 CPU 的处理时间划分成一个个时间段

B. 就绪队列中的各个进程轮流在 CPU 上运行，每次运行一个时间片

C. 时间片结束时，运行进程自动让出 CPU 并进入等待队列

D. 如果时间片长度很小，则调度程序抢占 CPU 的次数频繁，增加了系统开销

【解析】本题主要考查时间片轮转调度算法的基本概念。

如果在时间片结束时，进程还在运行，则 CPU 将被剥夺并分配给另一进程，当进程用完它的时间片后，该进程进入就绪队列。所以 C 选项里描述的“进程自动让出 CPU”是不准确的，而是被剥夺。

【答案】C

**【例 4 · 选择题】【全国统考 2017 年】下列有关基于时间片的进程调度的叙述中，错误的是（　　）。**

A. 时间片越短，进程切换的次数越多，系统也越大

B. 当前进程的时间片用完后，该进程状态由执行态变为阻塞态

C. 时钟中断发生后，系统会修改当前进程在时间片内的剩余时间

D. 影响时间片大小的主要因素包括响应时间、系统开销和进程数量等

【解析】本题主要考查基于时间片的进程调度算法。

A 选项正确，进程切换带来系统开销，切换次数越多，开销越大。B 选项错误，当前进程的时间片用完后，它的状态由执行态变为就绪态，而不是阻塞态。C 选项正确，时钟中断是系统中特定的周期性时钟节拍。操作系统通过它来确定时间间隔，实现时间的延时和任务的超时。D 选项正确，现代操作系统为了保证性能最优，通常根据响应时间、系统开销、进程数量、进程运行时间、进程切换开销等因素确定时间片大小。

【答案】B

## 考点 11　多级反馈队列调度算法

| 重要程度 | ★★★ |
| --- | --- |
| 历年回顾 | 全国统考：2019 年（选择题）、2020 年（选择题）<br>院校自主命题：有涉及 |

**【例 1 · 选择题】【全国统考 2020 年】下列与进程调度有关的因素中，在设计多级反馈队列调度算法时需要考虑的是（　　）。**

Ⅰ. 就绪队列的数量　　Ⅱ. 就绪队列的优先级

Ⅲ. 各就绪队列的调度算法　　Ⅳ. 进程在就绪队列间的迁移条件

A. 仅Ⅰ、Ⅱ　　　　　　　　　　B. 仅Ⅲ、Ⅳ

C. 仅Ⅱ、Ⅲ、Ⅳ　　　　　　　　D. Ⅰ、Ⅱ、Ⅲ和Ⅳ

【解析】本题主要考查设计多级反馈队列调度算法需要考虑的因素。

Ⅰ正确。多级反馈队列调度算法中，存在若干个优先级由高到低的就绪队列，所以在设计多级反馈队列时，需要考虑就绪队列的数量。

Ⅱ正确。多级反馈队列的每个就绪队列，有不同的优先级，故需要考虑队列的优先级。

Ⅲ正确。多级反馈队列中，每个队列采用各自不同的调度算法。

Ⅳ正确。进程在就绪队列中迁移有3种情况：在当前时间片运行完成、在当前时间片内被抢占、当前时间片结束后进程还未结束。第一种情况下，进程直接结束；第二种情况下，进程回到当前队列的末尾；第三种情况下，进程则下沉到下一优先级队列，但当前队列如果已经是最后一层，则重新回到最后一层的队列末尾。

综上，多级反馈队列调度算法是时间片轮转调度算法和优先级调度算法的综合与发展，同时在每个队列中采用不同的调度算法，需要综合考虑就绪队列的数量、就绪队列的优先级、各个就绪队列的调度算法、进程在就绪队列间的迁移条件等，因此Ⅰ、Ⅱ、Ⅲ和Ⅳ均正确。

【知识链接】多级反馈队列（Multi-Level Feedback Queue，MLFQ）调度算法是多级优先队列的升级算法，可将其描述如下。

（1）设置多个队列并为每个队列设置优先级，第一个最高，依次降低，同时队列分配不同的时间片长度，优先级越高，时间片越短。

（2）当一个进程进入内存后，首先将它挂在第一个队列的末尾，按照FCFS的原则排队等待调度。当轮到该进程的时候，CPU开始运行该进程，流程如下。

a) 如果在此队列的一个时间片完成了该进程，则准备撤离系统。

b) 如果此队列的时间片用完了，还没有完成执行，则调度程序会将它挂在第二个队列的末尾，同样按照FCFS的原则继续等待调度；同时，如果第一个队列中还有别的就绪队列等待调度，调度器会在队列首部获得新的进程继续执行。

c) 如果在第二个队列还没运行完，会降到第三个，如此往复，直至最后一个队列。在最后一个队列运行后，会一直在最后的队列中按照时间片轮转调度算法等待调度。

（3）仅当第一个队列为空时，调度器才会调度第二个队列，也就是仅当第1~（$i-1$）个队列均为空时，系统才会调度第$i$个队列。

**注意：**

队列之间虽然是高优先级调度，但需要注意题目中是否说明是抢占式调度还是非抢占式调度。如果是低优先级队列里的任务被抢占后，该任务重新回到同一级别的队列末尾，而不是下沉到下 队列。

【答案】D

**【例2·选择题】【全国统考2019年】系统采用二级反馈队列调度算法进行进程调度。就绪队列Q1采用时间片轮转调度算法，时间片为10ms；就绪队列Q2采用短进程优先调度算法；系统优先调度Q1队列中的进程，当Q1为空时系统才会调度Q2中的进程；新创建的进程首先进入Q1；Q1中的进程执行一个时间片后，若未结束，则转入Q2。若当前Q1、Q2为空，系统依次创建进程P1、P2后即开始进程调度，P1、P2需要的CPU时间分别为30ms**

和 20ms，则进程 P1、P2 在系统中的平均等待时间为（　　）。

A. 25ms　　B. 20ms　　C. 15ms　　D. 10ms

【解析】本题主要考查多级反馈队列调度算法中的平均等待时间计算。

题目已经详细描述了多级反馈队列的算法规则，只需要按照题目数据进行模拟就行。

- 在起始状态，Q1、Q2 队列都为空。两个进程 P1、P2 被创建之后，都需要在 Q1 上按照时间片轮转调度算法调度一次，因为时间片长度为 10ms，所以 P1、P2 都运行不完。
- 在这里 P1、P2 谁来执行并没有详细说明，一般这种情况可以直接按照序号的顺序来排列，这里 P1 先执行 10ms，未运行完，则需要将 P1 放到 Q2 队列中，此时 P2 等待了 10ms。
- P1 运行完一个时间片后，P2 将在下一个时间片来运行，P2 运行 10ms，未运行完，转移到 Q2，此时 P1 等待了 10ms。
- P1、P2 都在 Q1 上运行了一个时间片，此时 Q1 队列为空，接下来系统将在 Q2 选择进程运行，Q2 中有 P1 剩余 20ms、P2 剩余 10ms，Q2 采用的是短进程优先调度算法，所以优先调度 P2，运行 10ms 结束，此时 P1 等待了 10ms+10ms。
- P1 将在接下来的 20ms 在 Q2 被调度，直至运行结束。

综上，P1、P2 的平均等待时间为（10+10+10）÷ 2 = 15ms。

【知识链接】本题考得相对简单，在最后 P1 在 Q2 上被调度后，没有新的进程进入系统，如果在此时有新的进程进入系统，则会抢占 P1 的运行，让 P1 重新回到 Q2，等待下次调度。

【答案】C

【例 3 · 选择题】【吉林大学 2013 年】多级反馈进程调度算法不具备的特性是（　　）。

A. 资源利用率高　　B. 响应速度快

C. 系统开销小　　D. 并行度高

【解析】本题主要考查多级反馈队列调度算法的特性。

多级反馈队列（Multi-Level Feedback Queue，MLFQ）调度算法又称反馈循环队列或多队列策略，主要思想是将就绪进程分为两级或多级，系统相应建立两个或多个就绪进程队列，较高优先级的队列一般分配给较短的时间片。因此，系统开销比较大，C 选项错误。

【答案】C

## 第三节　死锁与死锁操作

### 考点 12　产生死锁的原因

| 重要程度 | ★★ |
| --- | --- |
| 历年回顾 | 全国统考：2009 年（选择题）、2016 年（选择题）<br>院校自主命题：有涉及 |

【例 1 · 选择题】【全国统考 2009 年】某计算机系统中有 8 台打印机，由 $K$ 个进程竞争使用，每个进程最多需要 3 台打印机。该系统可能会发生死锁的 $K$ 的最小值是（　　）。

A. 2　　B. 3　　C. 4　　D. 5

【解析】本题主要考查产生死锁的原因。

每个进程最多需要 3 台打印机，先实际分配给每个进程 2 台打印机，设最多 $X$ 个进程不死锁，有如下等式：$2 \times X+1 \leqslant 8$，得出 $X=3$。题目的意思是最少几个进程会导致发生死锁，故 $X+1=4$ 个进程。

【知识链接】在多道系统中，借助并发执行，提高了系统的资源利用率，提高了系统吞吐量，但是同样容易出现死锁问题。死锁，是指多个进程在运行过程中，因为相互争夺资源，或推进顺序不当导致的一种僵局。在死锁状态下，若没有外力作用，进程将无法继续推进。

产生死锁的原因主要有以下两个。

（1）竞争资源。按照资源被分配后是否可能被其他进程剥夺，把资源分为可剥夺资源和不可剥夺资源。在多道系统中，多个进程竞争同一类资源，资源数目无法满足进程的需要时，会引发死锁。需要注意的是，如果共享的资源是可剥夺资源，则不可能发生死锁。

（2）进程间的顺序推进不当。程序在运行的过程中，请求和释放资源的顺序不当，也会产生死锁。

【答案】C

**【例 2 · 选择题】【全国统考 2016 年】系统中有 3 个不同的临界资源 R1、R2 和 R3，被 4 个进程 P1、P2、P3 及 P4 共享。各进程对资源的需求如下：P1 申请 R1 和 R2、P2 申请 R2 和 R3、P3 申请 R1 和 R3、P4 申请 R2。若系统出现死锁，则处于死锁状态的进程数至少是（　　）。**

A. 1　　B. 2　　C. 3　　D. 4

【解析】本题主要考查对死锁的理解。

对于本题，可以先满足一个进程的资源需求，再看其他进程是否能出现死锁状态。因为 P4 只申请一个资源，当将 R2 分配给 P4 后，P4 执行完后将 R2 释放，这时使得系统满足死锁的条件是 R1 分配给 P1、R2 分配给 P2、R3 分配给 P3（或者 R2 分配给 P1、R3 分配给 P2、R1 分配给 P3）。穷举其他情况，如 P1 申请的资源 R1 和 R2，先都分配给 P1 运行完并释放占有的资源后，可以分别将 R1、R2 和 R3 分配给 P3、P1 和 P2，也满足系统死锁的条件。各种情况需要使得处于死锁状态的进程数至少为 3。

【答案】C

**【例 3 · 选择题】【重庆大学 2011 年】以下关于死锁的叙述中正确的是（　　）。**

A. 死锁是系统的一种僵持状态，任何进程无法继续运行

B. 死锁的出现只与资源的分配策略有关

C. 进程竞争互斥资源是产生死锁的根本原因

D. 死锁的出现只与并发进程的执行速度有关

【解析】本题主要考查死锁的基本概念。

A 选项正确。死锁是系统的僵持状态，任何进程无法继续正常执行。

B 选项错误。死锁的出现不仅与分配策略有关，还与资源的个数有关。

C 选项错误。死锁的根本原因是资源有限，且操作不当。

D 选项错误。死锁的出现有 4 个条件：互斥、请求并保持、不可剥夺、循环等待。

【答案】A

## 考点 13　产生死锁的 4 个必要条件

| 重要程度 | ★★ |
| --- | --- |
| 历年回顾 | 全国统考：2019 年（选择题）<br>院校自主命题：有涉及 |

**【例 1 · 选择题】【全国统考 2019 年】下列关于死锁的叙述中，正确的是（　　）。**

Ⅰ. 可以通过剥夺进程资源解除死锁

Ⅱ. 死锁的预防方法能确保系统不发生死锁

Ⅲ. 银行家算法可以判断系统是否处于死锁状态

Ⅳ. 当系统出现死锁时，必然有两个或两个以上的进程处于阻塞态

A. 仅Ⅱ、Ⅲ　　　　B. 仅Ⅰ、Ⅱ、Ⅳ

C. 仅Ⅰ、Ⅱ、Ⅲ　　　　D. 仅Ⅰ、Ⅲ、Ⅳ

**【解析】**本题主要考查死锁的基本概念。

剥夺进程资源，将其分配给其他死锁进程，可以解除死锁，所以Ⅰ正确。死锁的预防通过破坏死锁产生的四个必要条件的一个或多个，从而让系统不会进入死锁，所以Ⅱ正确。银行家算法是死锁避免算法，它能够让系统避免进入死锁状态，但并不能检测和判断系统是否处于死锁状态，所以Ⅲ错误。死锁是指两个或两个以上的进程因相互等待资源而无法继续推进的状态，所以死锁发生时，一定是有至少两个进程处于阻塞状态，所以Ⅳ正确。

**【知识链接】**发生死锁必须具备以下 4 个必要条件。

（1）互斥。进程对共享资源的使用是互斥的，一个进程在使用该资源的时候，其他进程必须等待。

（2）请求并保持。进程已经保持了至少一种资源，又提出了新的资源请求，如果请求没有得到满足，进程也不释放已经保持的资源。

（3）不可剥夺。进程已经获得的资源，在未使用完之前不能被剥夺，只能在使用完后自己释放。

（4）循环等待。发生死锁时，必然存在一个“进程－资源”的环形链。

破坏其中任何一个条件都可以避免死锁的发生。

**【答案】**B

**【例 2 · 选择题】【中国传媒大学 2013 年】一个进程在获得资源后，只能在使用完资源后由自己释放，这属于死锁必要条件的（　　）。**

A. 互斥条件　　　　B. 请求和释放

C. 不剥夺条件　　　　D. 防止系统进入不安全状态

**【解析】**本题主要考查死锁产生的必要条件。

一个进程在获得资源后，只能在使用完资源后由自己释放，也就是说它的资源不能被系统剥夺，C 选项为正确答案。

**【答案】**C

## 考点 14　处理死锁的基本方式

| 重要程度 | ★★ |
| --- | --- |
| 历年回顾 | 全国统考：2015 年（选择题）<br>院校自主命题：有涉及 |

【例·选择题】【全国统考 2015 年】若系统 S1 采用死锁避免方法，S2 采用死锁检测方法。下列叙述中，正确的是（　　）。

Ⅰ. S1 会限制用户申请资源的顺序，而 S2 不会

Ⅱ. S1 需要进程运行所需资源总量信息，而 S2 不需要

Ⅲ. S1 不会给可能导致死锁的进程分配资源，而 S2 会

A. 仅Ⅰ、Ⅱ　　B. 仅Ⅱ、Ⅲ

C. 仅Ⅰ、Ⅲ　　D. Ⅰ、Ⅱ、Ⅲ

【解析】本题主要考查死锁的处理方式。

死锁的处理采用 3 种策略：死锁预防、死锁避免、死锁检测和解除。

（1）死锁预防，即采用破坏产生死锁的 4 个必要条件中的一个或几个，以防止发生死锁。破坏循环等待条件，一般采用顺序资源分配法，首先给系统的资源编号，规定每个进程必须按编号递增的顺序请求资源，也就是限制了用户申请资源的顺序，故 I 的前半句属于死锁预防的范畴，不属于死锁避免。

（2）银行家算法是最著名的死锁避免算法，其中的最大需求矩阵 Max 定义了每一个进程对 *m* 类资源的最大需求量，系统在执行安全性算法时都会检查此次资源试分配后，系统是否处于安全状态，若不安全则将本次的试探分配作废。

（3）在死锁的检测和解除中，在系统为进程分配资源时不采取任何措施，但提供死锁的检测和解除的手段。

【知识链接】处理死锁的方式主要有以下 3 种。

（1）死锁预防。通过破坏死锁 4 个必要条件中的一个或多个，就能预防死锁的发生。

（2）死锁避免。避免死锁也是事先预防的方法，但是有别于破坏 4 个必要条件的做法，其是在资源的动态分配过程中，避免系统进入不安全状态，从而避免发生死锁。

（3）死锁检测和解除。此操作无须事先预防和避免系统进入死锁，而是通过检测的方式，精确定位死锁发生的相关进程和资源，并采取适当的后续操作，来清除死锁。常见的做法是撤销或挂起一些进程，并回收资源，再将这些资源分配给其他阻塞的进程让它们继续运行。

【答案】B

## 考点 15　死锁预防

| 重要程度 | ★★ |
| --- | --- |
| 历年回顾 | 全国统考：未涉及<br>院校自主命题：有涉及 |

【例 1 · 选择题】【模拟题】死锁预防是保证系统不进入死锁状态的静态策略，其解决办法

**是破坏产生死锁的 4 个必要条件之一。下列方法中破坏了循环等待条件的是（　　）。**

A. 银行家算法　　B. 一次性分配策略

C. 剥夺资源法　　D. 资源有序分配策略

【解析】本题主要考查死锁预防的方法。

资源有序分配策略可以限制循环等待条件的发生。A 选项是死锁避免。B 选项是破坏了请求并保持条件。C 选项是破坏不可剥夺条件。

【知识链接】预防死锁的方法是使 4 个必要条件中的“请求并保持”“不可剥夺”“循环等待”中的一个或多个不成立。至于“互斥”条件，因为它更多受到资源的实际限制，不能改变，还应加以保证。

【答案】D

**【例 2 · 选择题】【中国传媒大学 2012 年】死锁预防是通过破坏产生死锁的条件来实现的，“请求保持”是产生死锁的条件之一，通过下述（　　）方法破坏了“请求保持”条件。**

A. 银行家算法　　B. 一次性分配策略

C. 资源有序分配策略　　D. SPOOLing 技术

【解析】本题主要考查死锁预防的方法。

死锁产生的 4 个必要条件是互斥、请求并保持、不可剥夺、循环等待。预防死锁的发生只需破坏产生死锁的 4 个必要条件之一即可。

A 选项错误，银行家算法属于死锁避免的方法；B 选项正确，一次性分配策略破坏了请求并保持条件；C 选项错误，资源有序分配策略破坏了循环等待条件；D 选项错误，SPOOLing 技术是操作系统中采用的将独占设备改造成共享设备的技术。

【答案】B

## 考点 16　死锁避免与银行家算法

| 重要程度 | ★★★★★ |
| --- | --- |
| 历年回顾 | 全国统考：2011 年（选择题）、2012 年（选择题）、2013 年（选择题）、2018 年（选择题）、2020 年（选择题）、2022 年（选择题）<br>院校自主命题：有涉及 |

**【例 1 · 选择题】【全国统考 2011 年】某时刻进程的资源使用情况如下表所示。此时安全序列是（　　）。**

| 进程 | 已分配资源 | | | 尚需分配 | | | 可用资源 | | |
| --- | --- | --- | --- | --- | --- | --- | --- | --- | --- |
| | R1 | R2 | R3 | R1 | R2 | R3 | R1 | R2 | R3 |
| P1 | 2 | 0 | 0 | 0 | 0 | 1 | 0 | 2 | 1 |
| P2 | 1 | 2 | 0 | 1 | 3 | 2 | | | |
| P3 | 0 | 1 | 1 | 1 | 3 | 1 | | | |
| P4 | 0 | 0 | 1 | 2 | 0 | 0 | | | |

A. P1，P2，P3，P4　　B. P1，P3，P2，P4

C. P1，P4，P3，P2　　D. 不存在

【解析】本题主要考查安全序列。

用 Allocation 表示已分配资源，Need 表示尚需分配，Available 表示可用资源。由题中的表可知初始化时 Available=[0,2,1]。

P1 的 Need=[0,0,1]，由于现有可用资源 R1=0、R2=2、R3=1，都大于等于 P1 现在需要的资源，所以可以将 P1 加入安全序列中，P1 运行完后，会释放原来已经分配的 2 个 R1 资源，所以现在的 Available=[2,2,1]。

P2 的 Need=[1,3,2]，由于现有可用资源 R2=2，小于 P2 需要的 R2 资源，所以不能满足要求，故 A 选项错误。

P3 的 Need=[1,3,1]，由于现有可用资源 R2=2，小于 P3 需要的 R2 资源，所以也不能满足要求，故 B 选项错误。

P4 的 Need=[2,0,0]，由于现有可用资源 Available=[2,2,1]，都大于等于 P4 需要的资源，所以满足要求，可以将 P4 加入安全序列，P4 运行完后，会释放原来已经分配给 P4 的 2 个 R1 资源，所以现在的 Available=[4,2,1]。

由于 P2、P3 还没有加入安全序列，所以再一次查看 P2、P3 是否满足。由于 P2、P3 都还需要 3 个 R2 资源，而现在可用的 R2 资源为 2，所以不满足要求，所以不存在安全序列。

【答案】D

**【例 2 · 选择题】【全国统考 2012 年】假设 5 个进程 P0、P1、P2、P3、P4 共享三类资源 R1、R2、R3，这些资源总数分别为 18，6，22。T0 时刻的资源分配情况如下表所示，此时存在的一个安全序列是（　　）。**

| 进程 | 已分配资源 | | | 资源最大需求 | | |
|---|---|---|---|---|---|---|
| | R1 | R2 | R3 | R1 | R2 | R3 |
| P0 | 3 | 2 | 3 | 5 | 5 | 10 |
| P1 | 4 | 0 | 3 | 5 | 3 | 6 |
| P2 | 4 | 0 | 5 | 4 | 0 | 11 |
| P3 | 2 | 0 | 4 | 4 | 2 | 5 |
| P4 | 3 | 1 | 4 | 4 | 2 | 4 |

A. P0，P2，P4，P1，P3　　B. P1，P0，P3，P4，P2

C. P2，P1，P0，P3，P4　　D. P3，P4，P2，P1，P0

【解析】本题主要考查安全序列。

资源总数分别为 18，6，22，已分配资源总数相加为 16，3，19，故可用资源为 2，3，3。5 个进程所需资源 = 资源最大需求 – 已分配资源。因此，P0 到 P4 依次为 2，3，7；1，3，3；0，0，6；2，2，1；1，1，0。由于安全序列进程所需资源需在可用资源中选取，故第一个进程需选择 P1 或 P3 或 P4，A 选项、C 选项错误。第一个进程为 P1 时，当 P1 运行完毕后释放它所占有的全部资源使可用资源变为 6，3，6，也就是 [2,3,3] + [4,0,3]，由于 P0 所需资源为 2，2，7，

故不能满足，B 选项错误。D 选项中前一个进程运行完毕释放的全部资源加上剩余的可用资源均满足下一个进程所需资源。

【答案】D

**【例 3 · 选择题】【全国统考 2013 年】下列关于银行家算法的叙述中，正确的是（　　）。**

A. 银行家算法可以预防死锁

B. 当系统处于安全状态时，系统中一定无死锁进程

C. 当系统处于不安全状态时，系统中一定会出现死锁进程

D. 银行家算法破坏了死锁必要条件中的“请求和保持”条件

【解析】本题主要考查银行家算法的概念。

银行家算法是死锁避免的方法，破坏死锁产生的必要条件是预防死锁的方法。利用银行家算法，系统处于安全状态时可以避免死锁；当系统进入不安全状态后便可能进入死锁状态。

【答案】B

**【例 4 · 选择题】【全国统考 2018 年】假设系统中有 4 个同类资源，进程 P1、P2 和 P3；需要的资源数分别为 4、3 和 1，P1、P2 和 P3 已申请到的资源数分别为 2、1 和 0，则执行安全性检测算法的结果是（　　）。**

A. 不存在安全序列，系统处于不安全状态

B. 存在多个安全序列，系统处于安全状态

C. 存在唯一安全序列 P3、P1、P2，系统处于安全状态

D. 存在唯一安全序列 P3、P2、P1，系统处于安全状态

【解析】本题主要考查安全序列。

由题意可知，剩下的资源只有一个，如果把该资源分为 P3，P3 执行结束后，只能释放一个资源，还不能满足 P1、P2 的需要，所以找不到一个安全序列，处于不安全状态，故选 A 选项。

1. 系统安全状态

系统安全状态指系统能够按照一个进程序列，来为每个进程分配资源，满足每个进程对资源的需求，并保证每个进程都能够顺利执行。而这个进程执行的序列就是安全序列。例如，进程能够按照 P1、P2、P3、P4 的顺序完成执行，则＜P1，P2，P3，P4＞称为安全序列。

**注意：**

（1）如果系统无法找到一个安全序列，则称当前状态为不安全状态。

（2）并不是所有的不安全状态都会发生死锁，但是如果系统在安全状态，就一定不会发生死锁。

（3）避免死锁的实质，就是避免在系统分配资源的时候，系统进入不安全状态。

（4）在安全状态下，系统可能存在多个安全序列。

2. 银行家算法

银行家算法的核心思想是，把操作系统视为银行家，把操作系统管理的资源视为资金，进程请求资源视为客户向银行家提出贷款请求。

进程运行之前先声明对各种资源的最大需求量，在执行的过程中，当进程申请资源时，先测试该进程现有资源和所申请的资源总和是否大于最大需求量，如果大于最大需求量，则拒绝

分配；否则，进程的请求合理，并且系统中有足够的资源来满足请求，如果满足，则分配；如果不满足，则推迟分配。

分配的过程，其实是一种预分配，预分配后，系统需要进行安全检测，如果预分配后系统处于安全状态，则完成本次分配，否则预分配后系统进入不安全状态，则取消本次分配。

【答案】A

【例5·选择题】【全国统考2020年】某系统中有A，B两类资源各6个，$t$时刻资源分配及需求情况如下表所示。

| 进程 | A已分配数量 | B已分配数量 | A需求总量 | B需求总量 |
|---|---|---|---|---|
| P1 | 2 | 3 | 4 | 4 |
| P2 | 2 | 1 | 3 | 1 |
| P3 | 1 | 2 | 3 | 4 |

$t$时刻安全检测结果是（　　）。

A. 存在安全序列P1，P2，P3　　B. 存在安全序列P2，P1，P3

C. 存在安全序列P2，P3，P1　　D. 不存在安全序列

【解析】本题主要考查安全序列。

需求矩阵：

$$\text{Need} = \text{Max} - \text{Allocation} = \begin{bmatrix} 4 & 4 \\ 3 & 1 \\ 3 & 4 \end{bmatrix} - \begin{bmatrix} 2 & 3 \\ 2 & 1 \\ 1 & 2 \end{bmatrix} = \begin{bmatrix} 2 & 1 \\ 1 & 0 \\ 2 & 2 \end{bmatrix}$$

由Allocation得知当前Available为（1，0）。由需求矩阵可知，初始只能满足P2的需求，A选项错误。P2释放资源后Available变为（3，1），此时仅能满足P1的需求，C选项错误。P1释放资源后Available变为（5，4），可以满足P3的需求，得到的安全序列为P2，P1，P3，所以B选项正确。

【答案】B

【例6·选择题】【全国统考2022年】系统中有三个进程P0、Pl、P2及三类资源A、B、C。若某时刻系统分配资源的情况如下表所示：

<table>
<tr><th rowspan="2">进程</th><th colspan="3">已分配资源数</th><th colspan="3">尚需资源数</th><th colspan="3">可用资源数</th></tr>
<tr><th>A</th><th>B</th><th>C</th><th>A</th><th>B</th><th>C</th><th>A</th><th>B</th><th>C</th></tr>
<tr><td>P0</td><td>2</td><td>0</td><td>1</td><td>0</td><td>2</td><td>1</td><td rowspan="3">1</td><td rowspan="3">3</td><td rowspan="3">2</td></tr>
<tr><td>P1</td><td>0</td><td>2</td><td>0</td><td>1</td><td>2</td><td>3</td></tr>
<tr><td>P2</td><td>1</td><td>0</td><td>1</td><td>0</td><td>1</td><td>3</td></tr>
</table>

则此时系统中存在的安全序列的个数为（　　）。

A. 1　　B. 2　　C. 3　　D. 4

【解析】本题主要考查安全序列。

初始时系统中的可用资源数为＜1，3，2＞，只能满足 P0 的需求＜0，2，1＞，所以安全序列第一个只能是 P0，将资源分配给 P0 后，P0 执行完释放所占资源，可用资源数变为＜1，3，2＞+＜2，0，1＞=＜3，3，3＞，此时可用资源数既能满足 P1，也能满足 P2，可以先分配给 P1，P1 执行完释放资源再分配给 P2；也可以先分配给 P2，P2 执行完释放资源再分配给 P1。所以安全序列可以是 P0、P1、P2 或 P0、P2、P1 两种。

【答案】B

【例 7 · 选择题】【南京大学 2014 年】银行家算法通过破坏（　　）来避免死锁。

A. 互斥条件　　B. 部分分配条件

C. 不可抢占条件　　D. 循环等待条件

【解析】本题主要考查银行家算法的基本原理。

A 选项肯定是不对的，银行家算法中的互斥条件不但不能破坏，还会被加强。本题答案是 D 选项，银行家算法形成一个资源分配表，这样就不可能出现环路了。

【答案】D

【例 8 · 选择题】【四川大学 2017 年】在避免死锁的银行家算法中，操作系统不必记录的信息是（　　）。

A. 系统目前可用资源的数量　　B. 每个进程已经获得资源的数量

C. 每个进程已经释放资源的数量　　D. 每个进程总共需要资源的数量

【解析】本题主要考查银行家算法的基本原理。

银行家算法在进程运行前声明对各种资源的最大需求量，所以 D 选项正确。当该进程在执行中继续申请资源时，先测试该进程已占用的资源数量与本次申请的资源数量之和是否超过了该进程声明的资源的最大需求量，所以 B 选项正确。如果超过最大需求量，则拒绝分配资源，如果没有超过，则再测试系统现存的资源是否能够满足该进程尚且需要的最大资源量，所以 A 选项正确。如果能满足尚且需要的最大资源量，则按照当前的申请量分配，否则推迟。以上步骤未涉及每个进程已经释放资源的数量，所以 C 选项错误。

【答案】C

## 考点 17　死锁检测与解除

| 重要程度 | ★★ |
|---|---|
| 历年回顾 | 全国统考：未涉及<br>院校自主命题：有涉及 |

【例 · 选择题】【南京理工 2013 年】若系统中有 5 台打印机，有多个进程均需要使用两台，规定每个进程一次仅允许申请一台，则至多允许（　　）个进程参与竞争，而不会发生死锁。

A. 5　　B. 2

C. 3　　D. 4

【解析】本题主要考查死锁检测的实际应用计算。

由于有 5 台打印机，假设进程数为 5，当 5 个进程同时请求 1 台打印机时，就会发生死锁。所以让进程数为 4，这样最坏情况下也能有 1 台打印机供轮流使用，不会发生死锁，所以进程至多为 4 个。

【答案】D

## 过关练习

### 选择题

1.【模拟题】以下关于用户线程的描述，错误的是（ ）。

A. 用户线程由线程库进行管理

B. 用户线程的创建和调度需要内核的干预

C. 操作系统无法直接调度用户线程

D. 线程库中线程的切换不会导致进程切换

2.【模拟题】下列调度算法一定是可抢占式算法的是（ ）。

Ⅰ. FCFS 调度算法

Ⅱ. 短作业优先调度算法

Ⅲ. 高响应比优先调度算法

Ⅳ. 优先级调度算法

Ⅴ. 时间片轮转调度算法

Ⅵ. 多级反馈队列调度算法

A. Ⅱ、Ⅲ、Ⅴ

B. Ⅱ、Ⅲ、Ⅵ

C. Ⅴ、Ⅵ

D. Ⅱ、Ⅳ、Ⅴ、Ⅵ

3.【模拟题】现在有 3 个同时到达的作业 J1、J2 和 J3，它们的执行时间分别为 $T1$、$T2$ 和 $T3$，且 $T1 < T2 < T3$。如果该系统中有两个 CPU，各自按照单道方式运行且采用最短作业优先算法，则平均周转时间是（ ）。

A. $(T1+T2+T3)/3$

B. $(2T1+T2+T3)/3$

C. $(T1+2T2+T3)/3$

D. $(2T1+T2+T3)/3$ 或 $(T1+2T2+T3)/3$

4.【模拟题】假设系统中所有进程是同时到达，则最不利于短作业的进程调度算法是（ ）。

A. 先来先服务调度算法

B. 最短作业优先调度算法

C. 时间片轮转调度算法

D. 高响应比优先调度算法

5.【全国统考 2013 年】某系统正在执行三个进程 P1、P2 和 P3，各进程的计算（CPU）时间和 I/O 时间比例如下表所示。为提高系统资源利用率，合理的进程优先级设置应为（ ）。

| 进程 | 计算时间 | I/O 时间 |
|---|---|---|
| P1 | 90% | 10% |
| P2 | 50% | 50% |
| P3 | 15% | 85% |

A. P1 > P2 > P3　　B. P3 > P2 > P1
C. P2 > P1=P3　　D. P1 > P2=P3

6.【解放军信息工程大学 2016 年】某系统采用时间片轮转调度调度算法分配 CPU，当处于运行状态的进程用完一个时间片后，它的状态会变成下列哪一个（　　）。

A. 阻塞　　B. 就绪　　C. 运行　　D. 僵死

7.【模拟题】考虑在单纯时间片轮转调度算法中实现“优先级调度”，即优先级越高的进程一次分配的时间片越多。有进程 A、B、C、D、E 一次几乎同时到达，其预计运行时间分别为 10、6、2、4、8，其优先级数分别是 3、5、2、1、4，一个优先级数对应一个时间片。对于前一个进程时间片有剩余的情况，操作系统会调度下一个进程运行。这种情况下总响应时间和总周转时间是（　　）（时间片为 1，忽略进程切换时间）。

A. 30、112　　B. 30、122　　C. 47、112　　D. 47、122

8.【全国统考 2021 年】下列内核的数据结构或程序中，分时系统实现时间片轮转调度需要使用的是（　　）。

Ⅰ. 进程控制块　　Ⅱ. 时钟中断处理程序
Ⅲ. 进程就绪队列　　Ⅳ. 进程阻塞队列

A. 仅Ⅱ、Ⅲ　　B. 仅Ⅰ、Ⅳ
C. 仅Ⅰ、Ⅱ、Ⅲ　　D. 仅Ⅰ、Ⅱ、Ⅳ

9.【模拟题】在有一个 CPU 和两台外设 D1 和 D2 且能够实现抢占式优先级调度算法的多道程序环境中，同时进入优先级由高到低的 P1、P2、P3 共 3 个作业，每个作业的处理程序和使用资源的时间如下。

P1: D2（30ms），CPU（10ms），D1（30ms），CPU（10ms）
P2: D1（20ms），CPU（20ms），D2（40ms）
P3: CPU（30ms），D1（20ms）

假设其他辅助操作的时间可忽略不计，则 CPU 的利用率是（　　）。

A. 47.8%　　B. 57.8%　　C. 67.8%　　D. 77.8%

10.【全国统考 2021 年】若系统中有 $n(n \geqslant 2)$ 个进程，每个进程均需要使用某类临界资源 2 个，则系统不会发生死锁所需的该类资源总数至少是（　　）。

A. 2　　B. $n$　　C. $n+1$　　D. $2n$

11.【模拟题】死锁的避免是通过（　　）方式实现的。

A. 配置足够的系统资源
B. 检测系统中是否已经出现死锁
C. 破坏死锁的4个必要条件之一
D. 防止系统进入不安全状态

12.【模拟题】假设系统有5个进程，A、B、C 3类资源。某时刻进程和资源状态如下表所示，叙述正确的是（　　）。

| | Allocation | | | Max | | | Available | | |
|---|---|---|---|---|---|---|---|---|---|
| | A | B | C | A | B | C | A | B | C |
| P1 | 2 | 1 | 2 | 5 | 5 | 9 | 2 | 3 | 3 |
| P2 | 4 | 0 | 2 | 5 | 3 | 6 | | | |
| P3 | 4 | 0 | 5 | 4 | 0 | 11 | | | |
| P4 | 2 | 0 | 4 | 4 | 2 | 5 | | | |
| P5 | 3 | 1 | 4 | 4 | 2 | 4 | | | |

A. 系统不安全
B. 该时刻，系统安全，安全序列为＜P1，P2，P3，P4，P5＞
C. 该时刻，系统安全，安全序列为＜P2，P3，P4，P5，P1＞
D. 该时刻，系统安全，安全序列为＜P4，P5，P1，P2，P3＞

13.【模拟题】利用银行家算法进行安全序列检查时，不需要的参数是（　　）。

A. 系统资源总数
B. 满足系统安全的最少资源数
C. 用户最大需求数
D. 用户已占有的资源数

14.【模拟题】考虑一个由4个进程和一个单独资源组成的系统，当前的最大需求矩阵C和分配矩阵A如下。

$$C=\begin{bmatrix}3\\2\\9\\7\end{bmatrix}\cdots\cdots A=\begin{bmatrix}1\\1\\3\\2\end{bmatrix}$$

对于安全状态，需要的最小资源数目是（　　）。

A. 1　　B. 2　　C. 3　　D. 5

15.【模拟题】在下列情况中，无法判断系统的资源分配图是否处于死锁情况的是（　　）。

Ⅰ. 出现了环路
Ⅱ. 没有环路
Ⅲ. 每种资源只有一个，并出现环路
Ⅳ. 每个进程节点至少有一条请求边

A. Ⅰ、Ⅱ、Ⅲ、Ⅳ
B. 仅Ⅰ、Ⅲ、Ⅳ
C. 仅Ⅰ、Ⅳ
D. 都能判断

16.【模拟题】利用死锁定理简化下列进程—资源图，则处于死锁状态的是（　）。

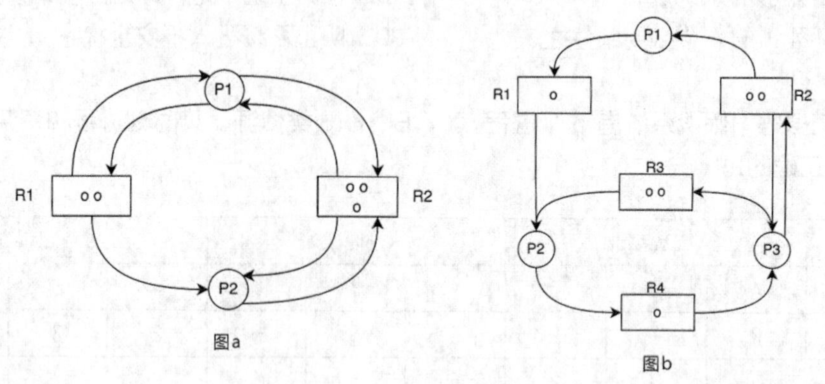


A. 图 a　　B. 图 b

C. 图 a 和图 b　　D. 都不处于死锁状态

**综合应用题**

17.【模拟题】系统有 5 个进程，其就绪时刻（指在该时刻已经进入就绪队列）、服务时间如下表所示。分别计算采用先来先服务、抢占式最短作业优先、高响应比优先的平均周转时间和平均带权周转时间。

| 进程 | 就绪时刻 | 服务时间 |
|---|---|---|
| P1 | 0 | 3 |
| P2 | 2 | 6 |
| P3 | 4 | 4 |
| P4 | 6 | 5 |
| P5 | 8 | 2 |

## 答案与解析

**答案速查表**

| 题号 | 1 | 2 | 3 | 4 | 5 | 6 | 7 | 8 | 9 | 10 |
|---|---|---|---|---|---|---|---|---|---|---|
| 答案 | B | C | B | A | B | B | C | C | D | C |
| 题号 | 11 | 12 | 13 | 14 | 15 | 16 | | | | |
| 答案 | D | D | B | C | C | B | | | | |

1.【解析】本题主要考查用户线程与线程库。

线程库可以管理用户线程，用户通过库函数调用实现对用户线程的创建和调度等操作，不需要内核干预，A 选项正确，B 选项错误；操作系统实际上感知不到用户线程，所以无法直接调度用户线程，C 选项正确；线程库位于用户空间，其中线程的切换不会导致进程切换，D 选项正确。

【答案】B

2.【解析】本题主要考查可抢占式与非可抢占式调度算法的分类。

在调度算法中，FCFS 调度算法、最短作业优先调度算法、高响应比优先调度算法、优先级调度算法均可以按照抢占式和非抢占式模式实现。时间片轮转调度算法和多级反馈队列调度算法是基于时间片的调度算法，当进程的时间片用完，CPU 一定会被剥夺，所以一定是可抢占式算法。

【答案】C

3.【解析】本题主要考查最短作业优先调度算法的平均周转时间计算。

J1、J2 和 J3 同时在 0 时刻到达，按照最短作业优先调度算法选择 J1 和 J2 执行，则 J1 和 J2 的等待时间为 0。又因为 $T1 < T2$，所以 J1 先于 J2 完成，即在 $T2$ 时刻释放 CPU，J3 开始，则 J3 的等待时间为 $T1$。然后 J2 完成，最后 J3 完成。

J1 周转时间为 $T1$，J2 周转时间为 $T2$，J3 周转时间为 $T1+T3$。

所以平均周转时间为 $(T1+T2+T1+T3)/3=(2T1+T2+T3)/3$。

【答案】B

4.【解析】本题主要考查各个进程调度算法针对短作业的友好程度。

本题可以采用排除法，首先排除 B 选项，因为最短作业优先调度算法是利于短作业的。然后排除 C 选项，时间片轮转调度算法兼顾长短作业，一般来说在时间片不是太长的情况下，对于短作业还是比较公平的。最后排除 D 选项。

响应比 =（等待时间 + 执行时间）/ 执行时间 = 1+ 执行时间 / 执行时间

在等待时间相同的情况下，短作业的响应比是更高的，所以高响应比优先有利于短作业。综上本题选择 A 选项。

【知识链接】几种常见的进程调度算法的特点如下表所示，要在理解的基础上记忆。

| | 先来先服务 | 最短作业优先 | 高响应比优先 | 时间片轮转 | 多级反馈队列 |
|---|---|---|---|---|---|
| 英文全称 | First Come First Service | Shortest Job First | Highest Response Ratio Next | Round Robin | Multi-Level Feedback Queen |
| 英文缩写 | FCFS | SJF | HRRN | RR | MLFQ |
| 能否是可抢占式 | 否 | 能 | 能 | 能 | 队列内算法不一定 |
| 能否是不可抢占式 | 能 | 能 | 能 | 否 | 队列内算法不一定 |

续表

| | 先来先服务 | 最短作业优先 | 高响应比优先 | 时间片轮转 | 多级反馈队列 |
|---|---|---|---|---|---|
| 优点 | 公平、实现简单 | 平均等待时间短，效率最高 | 兼顾长短作业 | 兼顾长短作业 | 兼顾长短作业，有较好的响应时间，可行性强 |
| 缺点 | 不利于短作业 | 长作业可能会出现饥饿现象，作业的长度可以造假 | 计算响应比的开销大 | 平均等待时间较长，上下文切换浪费时间 | 需要维护多个队列，增加了系统设计和调试的复杂性 |
| 适用于 | 需要按序处理的作业集合 | 作业调度批处理系统 | 长短作业共存 | 分时系统 | 通用 |
| 决策模式 | 非抢占式 | 非抢占式 | 非抢占式 | 抢占式 | 抢占式 |

【答案】A

5.【解析】本题主要考查进程调度时优先级的设置问题。

B 选项正确，为了合理地设置进程优先级，应该将进程的计算时间和 I/O 时间做综合考虑，对计算时间较少而 I/O 时间较多的进程应优先调用，以便让 I/O 更早地得到使用，进而提高系统的资源利用率。

【解题技巧】关于进程的优先级，有以下几点可作为参考：

（1）前台进程优先级高于后台进程优先级。

（2）系统进程优先级高于用户进程优先级。

（3）I/O 密集型进程优先级高于 CPU 密集型进程优先级。

【知识链接】CPU 密集型进程，又称 CPU 约束型进程，主要是指倾向于用完分配给它的所有 CPU 时间片的进程，它在运行的过程不请求 I/O 操作，或有较少的 I/O 操作，常见的有数学计算等操作。这类进程希望系统给它们更长的时间片。

I/O 密集型进程，又称 I/O 约束型进程，这类进程会频繁请求 I/O 操作。因为每次分配给它的时间片都用不完，可能会导致自己阻塞，所以它们更希望自己被频繁调度，以便更快地响应 I/O 请求。

【答案】B

6.【解析】本题主要考查时间片轮转调度算法的基本概念。

采用时间片轮转调度算法，当处于运行态的进程用完一个时间片后，就进入就绪态，等待下一个时间片，即获得 CPU 再继续运行。所以 B 选项正确。

【答案】B

7.【解析】本题主要考查调度算法下响应时间与周转时间的计算。

进程运行情况如下页图所示。

| | 1 | 2 | 3 | 4 | 5 | 6 | 7 | 8 | 9 | 10 | |
|---|---|---|---|---|---|---|---|---|---|---|---|
| A(10) | 1 | 2 | 3 | 16 | 17 | 18 | 25 | 26 | 27 | 29 | 结束 |
| B(6) | 4 | 5 | 6 | 7 | 8 | 19 | 结束 | | | | |
| C(2) | 9 | 10 | 结束 | | | | | | | | |
| D(4) | 11 | 20 | 28 | 30 | 结束 | | | | | | |
| E(8) | 12 | 13 | 14 | 15 | 21 | 22 | 23 | 24 | 结束 | | |

进程的响应时间和周转时间情况如下表所示。

| | 响应时间 | 周转时间 |
|---|---|---|
| A | 3 | 29 |
| B | 8 | 19 |
| C | 10 | 10 |
| D | 11 | 30 |
| E | 15 | 24 |
| SUM | 47 | 112 |

响应时间：从提交第一个请求到产生第一个响应所用的时间（在时间片轮转调度算法中，第一个时间片结束，就认为产生了第一个响应）。

周转时间：从作业提交到作业完成的时间间隔。

【答案】C

8.【解析】本题主要考查分时系统的时间片轮转调度过程。

在分时系统的时间片轮转调度中，当系统监测到时钟中断时，会引出时钟中断处理程序，调度程序从就绪队列中选择一个进程为其分配时间片，并修改进程的进程控制块（PCB）中的进程状态等信息，同时将时间片用完的进程放入就绪队列或让其结束运行，即Ⅰ、Ⅱ、Ⅲ正确。阻塞队列中的进程只有被唤醒进入就绪队列后，才能参与调度，所以该进程调度过程不使用阻塞队列，Ⅳ错误。

【答案】C

9.【解析】本题主要考查抢占式优先级调度算法的CPU利用率计算。

利用抢占式优先级调度算法，3个作业执行的顺序如下图所示。

| CPU | P3 | P2 | P1 | P2 | P3 | | P1 | |
|---|---|---|---|---|---|---|---|---|
| D1 | P2 | | | | P1 | | P3 | P3 |
| D2 | P1 | | | | | P2 | | |

每个小格子表示10ms，3个作业从进入系统到全部运行结束的时间为90ms。CPU

与外设都是独占设备，运行时间分别为各自作业的使用时间之和：CPU 运行时间为 10ms+10ms+20ms+30ms=70ms。所以利用率 =（70 ÷ 90）× 100%≈77.8%。

【答案】D

10.【解析】本题主要考查死锁产生的原因。

考虑极端情况，当临界资源数为 *n* 时，每个进程都拥有 1 个临界资源并等待另一个资源，会发生死锁。当临界资源数为 *n*+1 时，则 *n* 个进程中至少有一个进程可以获得 2 个临界资源，顺利运行完成后释放自己的临界资源，使得其他进程也能顺利运行，不会产生死锁。

【答案】C

11.【解析】本题主要考查死锁避免的实现方式。

死锁避免是在资源动态分配过程中，通过某些算法避免系统进入不安全状态。

A 选项错误。如果系统资源足够，就不存在多个进程争夺资源，也就不会有死锁出现。

B 选项错误。检测系统中是否已经出现死锁，是死锁检测的策略。

C 选项错误。破坏死锁条件也就不会有死锁的发生。A 选项和 C 选项都是从根源上不让死锁发生，属于死锁预防。

D 选项正确。当系统进入了不安全的状态，就有可能发生死锁。避免死锁的最好方式是保持在安全状态。

【答案】D

12.【解析】本题主要考查安全序列。

系统中有 3 类资源 A、B 和 C，其中 Allocation 栏表示 P1 ～ P5 进程已经分得的资源数，Max 栏表示 P1~P5 进程需要的最大资源数，Available 栏表明系统中还剩余的资源数。

进程所需资源 = 最大资源 – 已分配资源 = Max–Allocation。P1 ～ P5 进程的所需 A、B、C 资源数分别为：3、4、7；1、3、4；0、0、6；2、2、1；1、1、0。目前可用的 A、B、C 资源数为 2、3、3，3 种资源没法分配给 P1 或 P2，所以可以排除 B 选项和 C 选项。如果按照 D 选项的安全序列去分配，是可以根据现有的条件完成 5 个进程的。所以选择 D 选项。

【答案】D

13.【解析】本题主要考查银行家算法。

银行家算法需要的数据结构有 Max 矩阵、Need 矩阵、Allocation 矩阵和 Available 矩阵。

安全序列检查一般要用到进程所需的最大资源数，减去进程占用的资源数，得到进程为满足进程运行尚需要的可能最大资源数，而系统需要的最大资源数减去已分配掉的资源数得到剩余的资源数，比较剩余的资源数是否满足进程运行尚需要的可能的最大资源数，就可以得到当前状态是否安全的结论，所以 C 选项正确。并没有满足系统安全的最少资源数这种说法，所以 B 选项错误。

【答案】B

14.【解析】本题主要考查安全序列的计算。

题目中的矩阵 C 表示 4 个进程当前的最大需求矩阵，矩阵 A 表示已分配矩阵。由进程所需资源 = 最大资源 – 已分配资源可得到如下 4 个进程所需资源数矩阵。

$$N=\begin{bmatrix}2\\1\\6\\5\end{bmatrix}$$

从节省资源的角度，目前需要考虑需要的最小资源数为多少，做如下猜测。

每次找到 4 个资源中需要资源数最小的进程去分配资源：矩阵中需要资源数最小的进程需要的资源数为 1，假设剩余资源数为 1，则第二个进程可以执行完成，并释放占用资源，此时资源数为 2，第一个进程可以执行完成，并释放占用资源，此时资源数为 3，没办法分配给第三个或第四个进程，目前需要的最小资源数为 5，是第四个进程，还差 2 个资源，所以要对假设的初始剩余资源数加 2，则假设剩余资源数为 3，第一个和第二个进程都可以完成，此时资源数为 5，第四个进程可以执行完成，并释放占用资源，此时资源数为 7，第三个进程可以执行完成，至此，所有进程均执行完成。所以所需的最小资源数为 3。

【高手点拨】更简单的方法是可以列不等式方程组，即假设有 $x$ 个可用资源。

当 $x \geqslant 1$ 时，第二个进程可以执行完成，并释放资源，此时资源数为 $x+1$。

当 $x+1 \geqslant 2$ 时，第一个进程可以执行完成，并释放资源，此时资源数为 $x+2$。

当 $x+2 \geqslant 5$ 时，第四个进程可以执行完成，并释放资源，此时资源数为 $x+4$。

当 $x+4 \geqslant 6$ 时，第三个进程可以执行完成，并释放资源，此时资源数为 $x+7$。

求解以上 4 个不等式，解得 $x \geqslant 3$，所以可用资源数最小为 3 时，可以执行完所有进程。

【答案】C

15.【解析】本题主要考查资源分配图死锁情况的判断。

本题的难点主要在于确定资源分配图中的环路和系统状态的环路之间的关系。资源分配图中的环路通过分配资源是可以消除的，即消边，而系统状态图中的环路就是死锁。因此两者的关系可以理解为系统状态图是简化（消边）后的资源分配图。

如果资源分配图没有环路，则系统状态图无环路，无死锁，故Ⅱ确定不会发生死锁。反之如果资源分配图中存在环路，经过简化（消边）后，系统状态图中可能存在环路，也可能不存在环路。

根据资源分配图的算法，如果每一种资源类型只有一个，且出现环路，则无法简化（消边），故Ⅲ可以确定死锁发生。

剩下的Ⅰ和Ⅳ都不能确定，因为系统的资源分配图中虽然存在环路，但是不能确定是否可以简化成无环路的系统状态图。

【答案】C

16.【解析】本题主要考查死锁定理。

在图 a 中，系统中共有 R1 类资源 2 个、R2 类资源 3 个，在当前状态下仅有一个 R2 类资源空闲。进程 P2 占有 1 个 R1 类资源以及 1 个 R2 类资源，并申请 1 个 R2 类资源；进程 P1 占有 1 个 R1 类资源以及 1 个 R2 类资源，并申请 1 个 R1 类资源以及 1 个 R2 类资源。因此，进程 P2 是一个既不孤立又非阻塞的进程，消去进程 P2 的资源请求边和资源分配边，便形成了下图所示的情况。

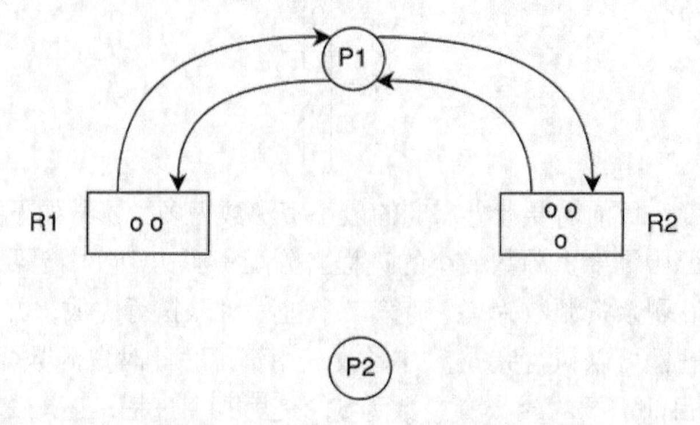


当进程 P2 释放资源后，系统中有 2 个 R2 类空闲资源、1 个 R1 类空闲资源。因此，系统能满足进程 P1 的资源申请，使得进程 P1 成为一个既不孤立又非阻塞的进程，消去进程 P1 的资源请求边和资源分配边，便形成了下图所示的情况。

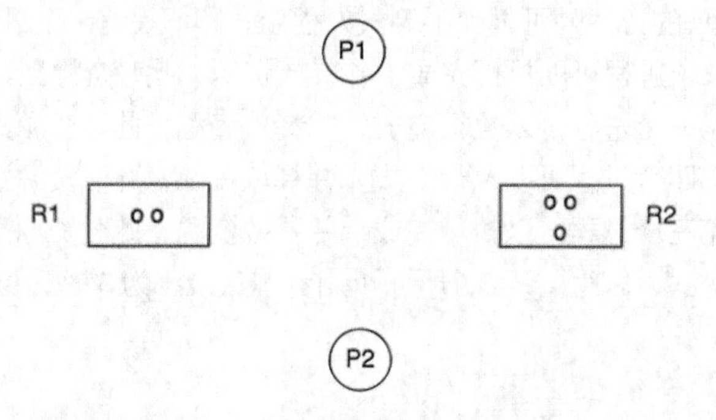


在图 b 中，系统中共有 R1 类资源 1 个、R2 类资源 2 个、R3 类资源 2 个、R4 类资源 1 个，在当前状态下仅有 1 个 R3 类资源空闲。进程 P1 占有 1 个 R2 类资源，并申请 1 个 R1 类资源；进程 P2 占有 1 个 R1 类资源及 1 个 R3 类资源，并申请 1 个 R4 类资源；进程 P3 占有 1 个 R4 类资源及 1 个 R2 类资源，并申请 1 个 R3 类资源及 1 个 R2 类资源。因此，该资源分配图中没有既不孤立又不阻塞的进程节点，即系统中的 3 个进程均无法向前推进。由死锁定理可知图 b 的进程—资源图会产生死锁。

【答案】B

17.【解析】

（1）采用先来先服务调度算法时，执行次序为 P1、P2、P3、P4、P5，如下表所示。

| 进程 | 就绪时刻 | 服务时间 | 等待时间 | 开始时刻 | 结束时刻 | 周转时间 | 带权周转时间 |
|---|---|---|---|---|---|---|---|
| P1 | 0 | 3 | 0 | 0 | 3 | 3 | 3÷3=1 |
| P2 | 2 | 6 | 1 | 3 | 9 | 7 | 7÷6≈1.17 |

续表

| 进程 | 就绪时刻 | 服务时间 | 等待时间 | 开始时刻 | 结束时刻 | 周转时间 | 带权周转时间 |
|---|---|---|---|---|---|---|---|
| P3 | 4 | 4 | 5 | 9 | 13 | 9 | 9÷4=2.25 |
| P4 | 6 | 5 | 7 | 13 | 18 | 12 | 12÷5=2.4 |
| P5 | 8 | 2 | 10 | 18 | 20 | 12 | 12÷2=6 |

平均周转时间 =（3+7+9+12+12）÷ 5 = 8.6，平均带权周转时间 =（1+1.17+2.25+2.4+6）÷ 5 = 2.564。

（2）采用抢占式最短作业优先调度算法时，执行次序为 P1、P2、P5、P3、P4，如下表所示。

| 进程 | 就绪时刻 | 服务时间 | 等待时间 | 开始时刻 | 结束时刻 | 周转时间 | 带权周转时间 |
|---|---|---|---|---|---|---|---|
| P1 | 0 | 3 | 0 | 0 | 3 | 3 | 3÷3=1 |
| P2 | 2 | 6 | 1 | 3 | 9 | 7 | 7÷6 ≈ 1.17 |
| P5 | 8 | 2 | 1 | 9 | 11 | 3 | 3÷2=1.5 |
| P3 | 4 | 4 | 7 | 11 | 15 | 11 | 11÷4=2.75 |
| P4 | 6 | 5 | 9 | 15 | 20 | 14 | 14÷5=2.8 |

平均周转时间 =（3+7+3+11+14）÷ 5 = 7.6，平均带权周转时间 =（1+1.17+1.5+2.75+2.8）÷ 5=1.844。

（3）采用高响应比优先调度算法时，响应比 =（等待时间 + 执行时间）/ 执行时间。在时刻 0，只有进程 P1 已经就绪，所以执行 P1，在时刻 3 结束；此时只有进程 P2 已经就绪，所以执行 P2，在时刻 9 结束；此时进程 P3、P4、P5 均已就绪，所以计算 3 个进程的响应比分别为（5+4）÷ 4 = 2.25、（3+5）÷ 5 = 1.6、（1+2）÷ 2 = 1.5，选择响应比最大的 P3 进程开始执行，在时刻 13 结束；此时 P4、P5 就绪，计算两个进程的响应比分别为（7+5）÷ 5 = 2.4、（5+2）÷ 2 = 3.5，选择响应比最大的 P5 进程开始执行，在时刻 15 结束；继续执行最后一个 P4 进程，在时刻 20 结束。所以整个执行次序为 P1、P2、P3、P5、P4，如下表所示。

| 进程 | 就绪时刻 | 服务时间 | 等待时间 | 开始时刻 | 结束时刻 | 周转时间 | 带权周转时间 |
|---|---|---|---|---|---|---|---|
| P1 | 0 | 3 | 0 | 0 | 3 | 3 | 3÷3=1 |
| P2 | 2 | 6 | 1 | 3 | 9 | 7 | 7÷6 ≈ 1.17 |
| P3 | 4 | 4 | 5 | 9 | 13 | 9 | 9÷4=2.25 |
| P5 | 8 | 2 | 5 | 13 | 15 | 7 | 7÷2=3.5 |
| P4 | 6 | 5 | 9 | 15 | 20 | 14 | 14÷5=2.8 |

平均周转时间 =（3+7+9+7+14）÷ 5 = 8，平均带权周转时间 =（1+1.17+2.25+3.5+2.8）÷ 5 = 2.144。

**【答案】**采用先来先服务调度算法时，平均周转时间为 8.6，平均带权周转时间为 2.564；采用抢占式最短作业优先调度算法时，平均周转时间为 7.6，平均带权周转时间为 1.844；采用高响应比优先调度算法时，平均周转时间为 8，平均带权周转时间为 2.144。

# 第四章 内存管理

内存管理是计算机考研“操作系统”部分中仅次于进程管理的重点内容。在历年考题中，占比呈上升趋势，且出综合应用题的概率非常高。本章的核心考点是连续内存分配方式、分页存储管理方式、分段存储管理方式、请求分页管理和虚拟存储器管理。其中，连续内存分配方式仅在选择题中考核，虚拟存储器管理既可以在综合应用题中考核，也可以在选择题中考核。

在近些年的全国统考中，相关的题型、题量、分值，以及高频考点如下表所示。

| 题型 | 题量 | 分值 | 高频考点 |
| --- | --- | --- | --- |
| 选择题 | 2～4题（正常情况下2～3题，如果无综合应用题则3～4题） | 4～8分 | 动态分区分配、分页存储管理方式、分段存储管理方式、请求分页管理 |
| 综合应用题 | 0～1题（2011年、2014年、2016年、2019年、2021年未考核） | 0～8分 | 分页存储管理、请求分页管理 |

【知识地图】

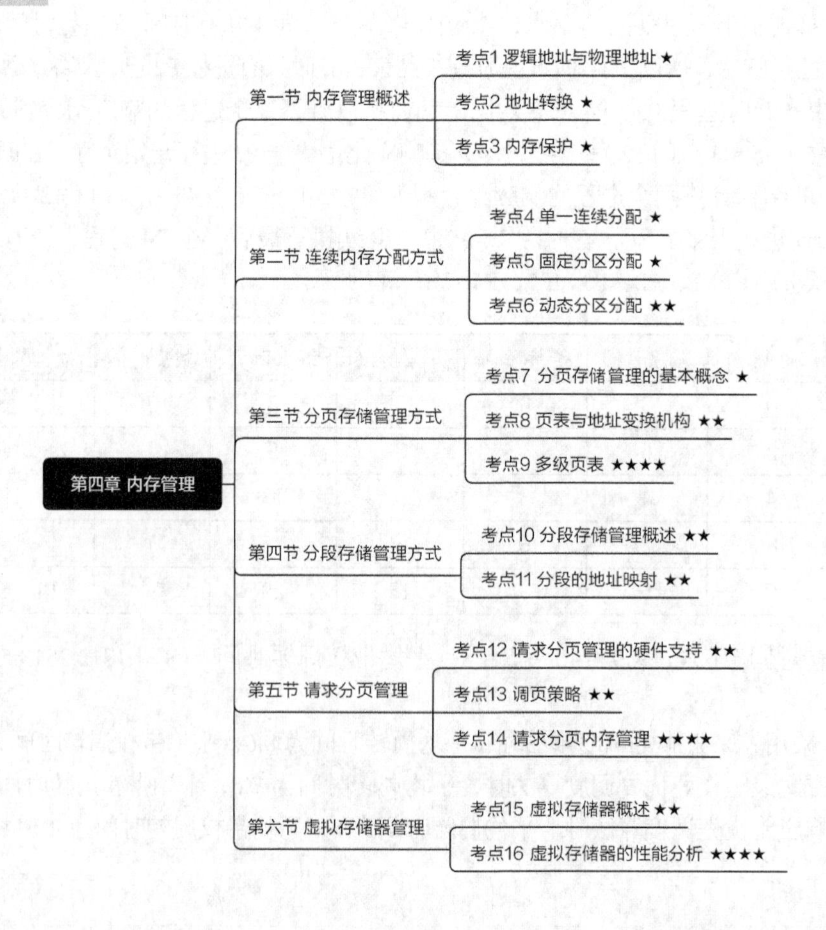

# 第一节　内存管理概述

## 考点 1　逻辑地址与物理地址

| 重要程度 | ★ |
|---|---|
| 历年回顾 | 全国统考：2010 年（综合应用题）、2011 年（选择题）<br>院校自主命题：有涉及 |

【例·选择题】【全国统考 2011 年】虚拟内存管理中，地址变换机构将逻辑地址变换为物理地址，形成该逻辑地址的阶段（　　）。

A. 编辑　　　　B. 编译

C. 链……　　　　D. 装载

……理地址的阶段。

……栈，而链接后形成的目标程序中的地址也就是逻辑……汇编→链接产生了可执行文件。其中链接的前一步……语言采用源文件独立编译的方法，如程序 main.c、file……生成了 main.o、filel.o、file2.o，链接器将这 3 个文……文件。链接阶段主要完成了重定位，形成逻辑的地址……

【知……

1. 逻……

从程序……程序都有自己独立的逻辑地址空间。

2. 物理……

物理地址……，势必是存储在物理内存上，所以操作系统需要将……称为重定位。

【答案】C

## 考点 2　地址转换……

| 重要程度 | |
|---|---|
| 历年回顾 | |

【例·选择题】【全国统……转换的是（　　）。

Ⅰ. 增大快表 (TLB) 容……

Ⅱ. 让页表常驻内存

Ⅲ. 增大交换区

A. 仅Ⅰ　　　　B. 仅Ⅱ

C. 仅ⅠⅡ　　　　D. 仅ⅡⅢ

【解析】本题主要考查加快虚实地址转换的方式。

增大 TLB（Translation Lookaside Buffer，转换后援缓冲器）容量，是为了避免去内存中匹配页表。TLB 能并行计算，可以把页表都放在内存里，但一般页表很大，可以经过多级页表和反置页表处理后再放在内存里，Ⅰ正确。让页表常驻内存能够使 CPU 不用访问内存找页表，Ⅱ正确。增大交换区只是对内存的扩充，对虚实地址转换无影响，Ⅲ错误。

【答案】C

## 考点 3　内存保护

| 重要程度 | ★ |
| --- | --- |
| 历年回顾 | 全国统考：2009 年（选择题）<br>院校自主命题：有涉及 |

**【例 1 · 选择题】【全国统考 2009 年】分区分配内存管理方式的主要保护措施是（　　）。**

A. 界地址保护　　B. 程序代码保护

C. 数据保护　　D. 栈保护

【解析】本题主要考查内存保护措施。

每个进程都拥有独立的进程空间，如果一个进程在运行时所产生的地址在其地址空间之外，则发生地址越界，因此需要进行界地址保护。当程序要访问某个内存单元时，由硬件检查是否允许访问，如果允许则运行，否则产生地址越界中断。

【答案】A

**【例 2 · 选择题】【重庆大学 2014 年】内存管理的基本任务是提高内存的利用率，使多道程序能在不受干扰的环境中运行，这主要是通过下面哪种功能实现的（　　）。**

A. 内存分配　　B. 内存扩充

C. 内存保护　　D. 兑换

【解析】本题主要考查提高内存利用率的方法。

提高内存利用率主要是通过内存分配功能实现的，内存分配的基本任务是为每道程序分配内存，使每道程序能在不受干扰的环境下运行。

【答案】A

**【例 3 · 选择题】【北京邮电大学 2011 年】下面关于内存保护的描述（　　）是不正确的。**

A. 一个进程不能未被授权就访问另外一个进程的内存单元

B. 内存保护可以仅通过操作系统（软件）来满足，不需要处理器（硬件）的支持

C. 内存保护的方法有界地址保护和存储键保护

D. 一个进程中的程序不能跳转到另一个进程的指令地址中

【解析】本题主要考查内存保护的概念。

内存保护有两种方式：设置上、下限寄存器；采用重定位寄存器和界地址寄存器。这两种方式均需要采用硬件的支持，故 B 选项错误。

【答案】B

## 第二节　连续内存分配方式

### 考点 4　单一连续分配

| 重要程度 | ★ |
| --- | --- |
| 历年回顾 | 全国统考：未涉及<br>院校自主命题：有涉及 |

【例·选择题】【模拟题】下列对单一连续分配的描述正确的是（　　）。

A. 适用于多道程序环境　　B. 程序允许装入内存的不连续空间

C. 内存的用户区只能装入一道作业　　D. 适用于并发环境

【解析】本题主要考查单一连续分配的概念。

单一连续分配方式只能用于单用户、单任务的操作系统中。这种存储管理方式将内存分为两个连续存储区域，一个存储区域被固定地分配给操作系统使用，通常放在内存低地址部分，另一个存储区域给用户作业使用。

【知识链接】单一连续分配方式将内存分为系统区和用户区两部分，系统区仅提供给操作系统使用，用户区是指除系统区外的全部内存空间，供用户使用，其只能用于单用户、单任务的操作系统中。

【答案】C

### 考点 5　固定分区分配

| 重要程度 | ★ |
| --- | --- |
| 历年回顾 | 全国统考：未涉及<br>院校自主命题：有涉及 |

【例·选择题】【浙江大学 2011 年】在固定分区分配的方法中，每个分区的大小（　　）。

A. 相同　　B. 随作业长度变化

C. 可以不同但预先固定　　D. 可以不同但根据作业长度固定

【解析】本题主要考查固定分区分配的基本原理。

固定分区分配方式按分区大小是否固定分为分区人小相同和分区大小不同两种，尢论哪种方式，分区的大小是由系统预先划分好的，不能改变。因此本题选择 C 选项。

【知识链接】固定分区分配方式将用户空间划分为若干个固定大小的区域，在每个分区中只装入一个作业，这样把用户空间划分为几个分区，便允许有几个作业并发执行。当有一个空闲分区的时候，就可以从外存后备队列中选择一个适当大小的作业装入该分区中，当该作业结束时，可再从后备队列中找到一个调入。

固定分区分配有两种具体形式。

（1）分区大小相等，缺乏灵活性。

（2）分区大小不等，将内存分为多个小分区、适量的中分区和少量的大分区，用以适应不同的作业。

【答案】C

## 考点 6　动态分区分配

| 重要程度 | ★★ |
|---|---|
| 历年回顾 | 全国统考：2010 年（选择题）、2017 年（选择题）、2019 年（选择题）<br>院校自主命题：有涉及 |

**【例 1 · 选择题】【全国统考 2010 年】某基于动态分区存储管理的计算机，其主存容量为 55MB（初始为空闲），采用最佳适配（Best Fit）算法，分配和释放的顺序依次为分配 15MB，分配 30MB，释放 15MB，分配 8MB，分配 6MB，此时主存中最大空闲分区的大小是（　　）。**

A. 7MB　　B. 9MB

C. 10MB　　D. 15MB

【解析】本题主要考查动态分区存储空闲分区的计算方法。

最佳适配算法（也称最佳适应算法）选择当前比申请空间大的空闲区间中最小的空闲分区，最佳适配也就是对需求者来说空闲分区大小是刚刚好的，最好是一点也不多，如果不存在这样的空间，那就选浪费最少的。根据题目描述，如下图所示。

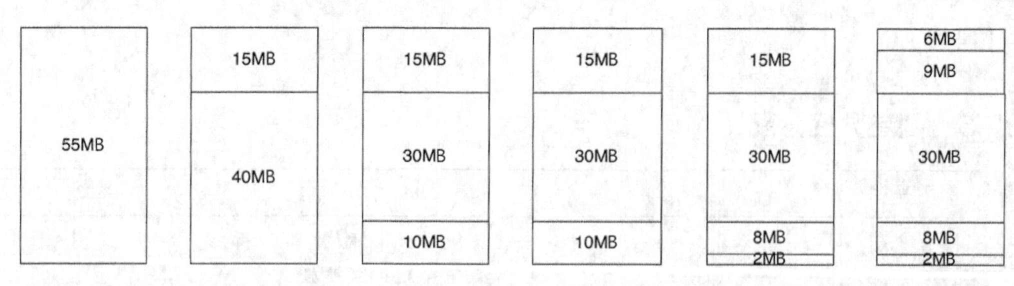


1. 初始55MB空闲分区　2. 分配15MB给进程　3. 分配30MB给进程　4.释放15MB空间　5.分配8MB空间　6.分配6MB空间

空闲容量为 55MB 的空间首先被分配 15MB，然后被分配 30MB，此时还剩 10MB，释放 15MB（即第一次分配的 15MB）变为空闲分区。此时区间分布为 15MB（空闲）、30MB、10MB（空闲）。根据最佳适配算法继续分配 8MB，选择最小的空闲分区进行分配，即在 10MB 空闲分区分配 8MB，然后分配 6MB，也就是在第一块 15MB 的空闲分区分配 6MB。此时区间分布为 6MB、9MB（空闲）、30MB、8MB、2MB（空闲），所以最大空闲区为 9MB。

【答案】B

**【例 2 · 选择题】【全国统考 2019 年】在下列动态分区分配算法中，最容易产生内存碎片的是（　　）。**

A. 首次适应算法　　B. 最坏适应算法

C. 最佳适应算法　　D. 循环首次适应算法

【解析】本题主要考查动态分区分配算法中各个算法产生内存碎片的情况。

在最佳适应算法中，空闲分区按容量递增的方式形成分区链，当一个作业到达时，从该表中检索出第一个能满足要求的空闲分区分配给它。该算法内存碎片最小，如果剩余空闲分区太小，则将整个分区全部分配给它。该算法总能分配给作业最恰当的分区，并保留大的分区，但是也会导致产生很多难以利用的内存碎片。故选 C 选项。

【知识链接】动态分区分配内存分配方式，是根据进程的实际需要，动态地为之分配内存空间。把可用内存分出一个连续区域给作业，且分区大小适合该作业。分区的大小和数量按照装入作业的需要而定。

以下 4 种算法常用来完成分区的划分。

（1）首次适应算法。空闲分区按照地址递增的次序链接。分配的时候顺序查找，找到大小满足需求的第一个空闲分区。每次查找都从头开始。

（2）循环首次适应算法。由首次适应算法演变而来，不同之处是每次都从上次查找的位置开始查找，而非从头开始查找。

（3）最佳适应算法。空闲分区按照容量递增的次序链接，每次找到第一个容量能满足需求的分区。

（4）最坏适应算法（又称最大适应算法）。空闲分区按照容量递减的次序链接，每次找到第一个能满足需求的分区。

【答案】C

**【例 3 · 选择题】【全国统考 2017 年】某计算机按字节编址，其动态分区内存管理采用最佳适应算法，每次分配和回收内存后都对空闲分区链重新排序。当前空闲分区信息如下表所示。**

| 分区始址 | 20K | 500K | 1000K | 200K |
| --- | --- | --- | --- | --- |
| 分区大小 | 40KB | 80KB | 100KB | 200KB |

**回收起始地址为 60K、大小为 140KB 的分区后，系统中空闲分区的数量、空闲分区链第一个分区的起始地址和大小分别是（　　）。**

A. 3、20K、380KB　　　　B. 3、500K、80KB

C. 4、20K、180KB　　　　D. 4、500K、80KB

【解析】本题主要考查动态分区分配中最佳适应算法的计算。

当前系统中共有 4 块空闲分区，分别是 20K ～ 200K 的 40KB 空闲区、200K ～ 500K 的 200KB 空闲区、500K ～ 1000K 的 80KB 空闲区和 1000K 开始的 100KB 空闲区。当系统回收了起始地址为 60K、大小为 140KB 的分区后，正好与原有的第 1 块 40KB 的空闲区和第 4 块 200KB 的空闲区合并，变为一个 380KB 的大空闲区，故回收分区后的系统变为 3 块空闲分区。由于系统采用最佳适应算法分配内存，并且每次回收内存后对空闲分区链重新分配，故当前最小的空闲分区 80KB 被排在了第一位，对应的起始地址是 500K。故选 B 选项。

【答案】B

【例4·选择题】【电子科技大学2008年】不会产生内部碎片的存储管理系统是（　　）。

A．分页式存储管理　　B．可变式存储管理

C．固定分区式存储管理　　D．段页式存储管理

【解析】本题主要考查存储管理系统是否会产生内部碎片的分类。

内部碎片指的是分配给进程，但进程未使用的空间，该空间其他进程不能使用。可变式存储管理是按照实际进程需要的内存大小来分配内存的，故不存在产生内部碎片。

【答案】B

# 第三节　分页存储管理方式

## 考点7　分页存储管理的基本概念

| 重要程度 | ★ |
| --- | --- |
| 历年回顾 | 全国统考：未涉及<br>院校自主命题：有涉及 |

【例·选择题】【中国科学院大学2013年】关于分段系统与分页系统的区别，下列描述不正确的是（　　）。

A．页是信息的物理单位，段是信息的逻辑单位

B．页和段的大小都是固定的

C．分页对用户是透明的，分段对用户是可见的

D．分段存储管理容易实现内存共享，分页存储管理较难实现内存共享

【解析】本题主要考查页和段、分页和分段的区别。

页是信息的物理单位，对用户透明，长度固定。段是信息的逻辑单位，对用户可见，长度可变。段含有一组意义相对完整的信息。此外，段的长度取决于用户编写的程序，因此不是固定的，所以B选项错误。

【知识链接】连续分配方式会形成很多“碎片”，虽然可以通过“紧凑”来解决，但开销大。如果允许将一个进程直接分散装入内存中，则不需要“紧凑”，但由此产生离散的分配方式。离散分配主要分为两大类，分别是分页存储管理和分段存储管理。

1．页面、物理块及地址结构

页面：分页存储管理是将一个进程的逻辑地址空间分成若干个大小相等的片，这样的片称为页面或页，并为各页从0开始加以编号。进程的最后一页可能装不满，这样就形成了页内碎片。为了方便地址的变换，页面大小应为2的整数幂。

物理块：把内存空间分为与页面相同大小的若干个存储块，称为物理块或页框，编号也是从0开始。

地址结构：分页存储管理中，程序的逻辑地址包含两部分：页号$P$和页内偏移量$W$（也称为页内地址）。下页图中的逻辑地址为32位，其中0~11位为页内偏移量，每页的大小是$2^{12}$=4KB；12~31位是页号，即地址空间上最多支持$2^{20}$=1M页。

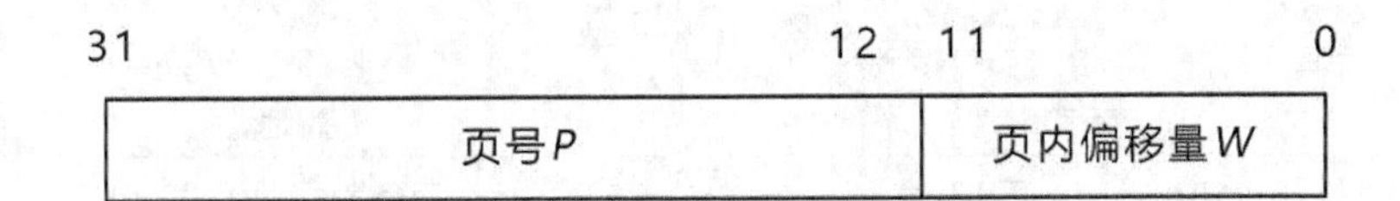


若给出一个逻辑地址 $A$，页面大小为 $L$，则页号 $P$ 和页内偏移量 $W$ 可通过以下式子求出。

$P = \mathrm{INT}\,(A/L)$（INT 是整除函数）

$W = A\ \mathrm{MOD}\ L$（MOD 是取余函数）

2. 分页存储管理的原理

只有系统能满足一个作业所要求的全部块数，此作业才被装入内存，否则不为其分配任何内存。

**【答案】**B

## 考点 8　页表与地址变换机构

| 重要程度 | ★★ |
|---|---|
| 历年回顾 | 全国统考：未涉及<br>院校自主命题：有涉及 |

**【例·选择题】【电子科技大学 2008 年】快表（联想存储器）在计算机系统中的作用是（　　）。**

A. 存储文件信息　　B. 与主存交换信息

C. 地址变换　　D. 存储通道程序

**【解析】**本题主要考查快表的作用。

在分页系统中，CPU 每次要存取一个数据时，都要两次访问内存（访问页表、访问实际物理地址）。为提高地址变换的速度，增设一个被称为快表或联想存储器的具有并行查询能力的特殊高速缓冲存储器，存放当前访问的页表项。

**【知识链接】**

1. 页表

在分页系统中，允许将进程的各个页离散地存储在内存的任一物理块中，为了方便查找，系统为每个进程建立了一张页面映射表，简称页表。页表实现了从页号到物理块号的地址映射。

2. 地址变换机构

地址变换机构是将逻辑地址转换为内存中的物理地址。地址变换是基于页表实现的。在系统中设置了一个页表寄存器（Page Table Register, PTR），存放页表在内存中的起始地址和页表的长度。基本的地址变换机构如下页图所示。

在基本的地址变换机构中，CPU 存取一个数据需要两次访问内存，一次访问页表，另一次访问实际物理地址。

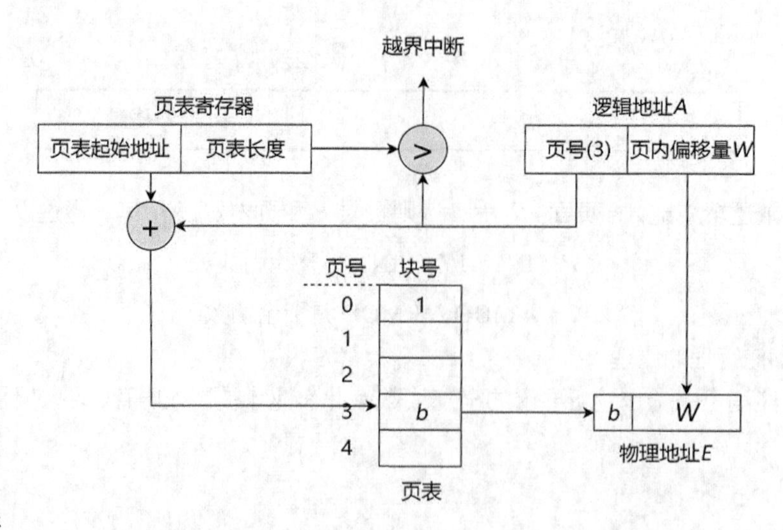


三、快表

为了解决地址变换机构每次存取数据都需要两次访问内存的问题，可以在地址变换机构中增设一个被称为快表或联想存储器的具有并行查询能力的特殊高速缓冲寄存器，用来存储常用的页表项，如下图所示。

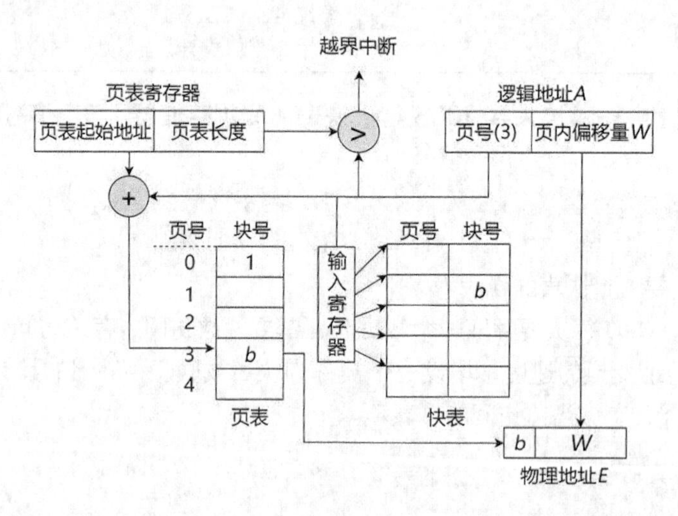


有了快表之后，每次都要先查询快表，如果命中，那么直接获得物理块号，接下来直接访问内存即可（只需要一次内存访问）；如果没有命中，则还是基本的地址变换流程（访问内存两次）。

【答案】C

## 考点 9　多级页表

| 重要程度 | ★★★★ |
| --- | --- |
| 历年回顾 | 全国统考：2010 年（选择题）、2014 年（选择题）、2013 年（综合应用题）、2017 年（综合应用题）、2018 年（综合应用题）、2019 年（选择题）、2020 年（综合应用题）、2021 年（选择题）<br>院校自主命题：有涉及 |

【例 1 · 选择题】【全国统考 2010 年】某计算机采用二级页表的分页存储管理方式，按字节编制，页大小为 $2^{10}$B，页表项大小为 2B，逻辑地址结构如下。

| 页目录号 | 页号 | 页内偏移量 |
| --- | --- | --- |

逻辑地址空间大小为 $2^{16}$ 页，则表示整个逻辑地址空间的页目录表中包含表项的个数最小是（　　）。

A. 64　　B. 128

C. 256　　D. 512

【解析】本题主要考查多级页表的特点。

页大小为 $2^{10}$B，页表项大小为 2B，故一页可以存放 $2^9$ 个页表项；逻辑地址空间大小为 $2^{16}$ 页，即共需 $2^{16}$ 个页表项，则需要 $2^{16} \div 2^9=2^7=128$ 个页面保存页表项，也就是页目录表中包含表项的个数至少是 128。

【知识链接】两级页表。

将页表分页，并离散地将页表的各个页面分别存放在不同的物理块中，同时为离散分配的页表再建立一张页表，称为外层页表。外层页表的每一个页表项均记录了页表页面的物理块号。

以 32 位逻辑地址空间、页面大小为 4KB 的系统为例，在采用两级页表结构时，可以再对页表进行分页，使每个页面都包含 $2^{10}$ 个页表项，最多允许有 $2^{10}$ 个页表分页，其地址结构如下图所示。

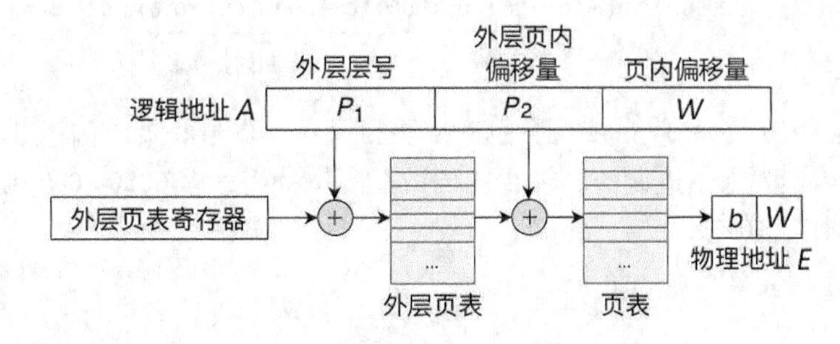


【高手点拨】读者在解答本类型的题目时，需要明确以下几点。

1. 页表、页目录表都是存储在页上的，因此需要根据页的大小确定能够存放多少页表项，在此题中明确说明页的大小为 $2^{10}$B，一个页表项为 2B，则可得出一页可以存放 $2^{10} \div 2 = 2^9$ 个页表项。

2. 所有的逻辑页必然存储在页表中，因此必须计算出需要多少页表，在此题中明确了共有 $2^{16}$ 页，也就是一定有同样多的页表项，因为一个页表中可以存放 $2^9$ 个页表项，所以共需要 $2^{16} \div 2^9 = 2^7 = 128$ 个页目录表的表项。

【答案】B

【例 2 · 选择题】【全国统考 2014 年】下列选项中，属于多级页表优点的是（　　）。

A. 加快地址变换速度　　B. 减少缺页中断次数

C. 减少页表项所占字节数　　D. 减少页表所占的连续内存空间

【解析】本题主要考查多级页表的特点。

多级页表不仅不会加快地址的变换速度，而且会因为增加更多的查表过程，使地址变换速度减慢；也不会减少缺页中断的次数，反而如果访问过程中多级的页表都不在内存中，会大大增加缺页的次数；也并不会减少页表项所占的字节数。而多级页表能够减少页表所占的连续内存空间，即当页表太大时，将页表再分级，可以把每张页表控制在一页之内，减少页表所占的连续内存空间，所以选择 D 选项。

【答案】D

**【例 3 · 选择题】【全国统考 2019 年】某计算机主存按字节编址，采用二级分页存储管理，地址结构如下所示：**

| 页目录号（10 位） | 页号（10 位） | 页内偏移量（12 位） |
| --- | --- | --- |

**虚拟地址 2050 1225H 对应的页目录号、页号分别是（　　）。**

A. 081H、101H　　B. 081H、401H

C. 201H、101H　　D. 201H、401H

【解析】本题主要考查多级页表的应用。

题中给出的是十六进制数地址，首先将它转化为二进制数地址，然后用二进制数地址去匹配题中对应的地址结构。转换为二进制数地址和地址结构的对应关系如下图所示：

2050 1225H = 0010 0000 0101 0000 0001 0010 0010 0101

页目录号　页号　页内偏移量

前 10 位、11 ～ 20 位、21 ～ 32 位分别对应页目录号、页号和页内偏移量。把页目录号、页号单独拿出，转换为十六进制数时缺少的位数在高位补零，即 0000 1000 0001、0001 0000 0001 分别对应 081H、101H。

【答案】A

**【例 4 · 选择题】【全国统考 2021 年】在采用二级页表的分页系统中，CPU 页表基址寄存器中的内容是（　　）。**

A. 当前进程的一级页表的起始虚拟地址

B. 当前进程的一级页表的起始物理地址

C. 当前进程的二级页表的起始虚拟地址

D. 当前进程的二级页表的起始物理地址

【解析】本题主要考查多级页表的应用。

在多级页表中，页表基址寄存器存放的是顶级页表的起始物理地址，故存放的是一级页表的起始物理地址。

【答案】B

**【例 5 · 综合应用题】【全国统考 2013 年】某计算机主存按字节编址，逻辑地址和物理地址都是 32 位，页表项大小为 4 字节。请回答下列问题。**

（1）若使用一级页表的分页存储管理方式，逻辑地址结构为：

| 页号（20 位） | 页内偏移量（12 位） |
|---|---|

则页的大小是多少字节？页表最大占用多少字节？

（2）若使用二级页表的分页存储管理方式，逻辑地址结构为：

| 页目录号（10 位） | 页表索引（10 位） | 页内偏移量（12 位） |
|---|---|---|

设逻辑地址为 LA，请分别给出其对应的页目录号和页表索引的表达式。

（3）采用（1）中的分页存储管理方式，一个代码段起始逻辑地址为 0000 8000H，其长度为 8 KB，被装载到从物理地址 0090 0000H 开始的连续主存空间中。页表从主存 0020 0000H 开始的物理地址处连续存放，如下图所示（地址大小自下向上递增）。请计算出该代码段对应的两个页表项的物理地址、这两个页表项中的页框号以及代码页面 2 的起始物理地址。

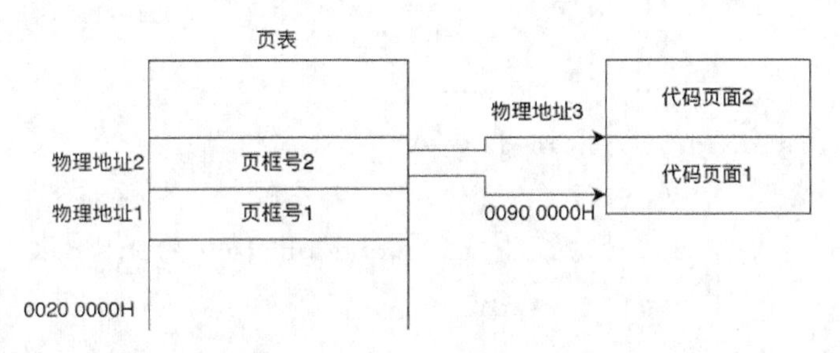


**【答案】**本题考查多级页表的应用。

（1）因为主存按字节编址，页内偏移量是 12 位，所以页大小为 $2^{12}$B=4KB，页表项数为 $2^{32}$/4K，该一级页表最大占用 $2^{20} \times 4B = 4MB$。

（2）页目录号可表示为：(((unsigned int)(LA)) ≫22) & 0x3FF。

页表索引可表示为：(((unsigned int)(LA)) ≫12) & 0x3FF。

（3）代码页面 1 的逻辑地址为 0000 8000H，表明其位于第 8 个页处，对应页表中的第 8 个页表项，所以第 8 个页表项的物理地址 = 页表起始地址 +8× 页表项的字节数 = 0020 0000H+8 × 4 = 0020 0020H。

答案如下图所示。

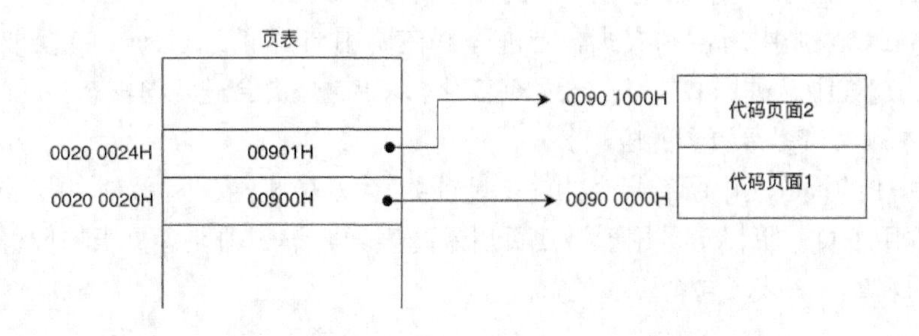

【例 6·综合应用题】【全国统考 2017 年】假定计算机 M 采用二级分页虚拟存储管理方式，虚拟地址格式如下：

| 页目录号（10 位） | 页表索引（10 位） | 页内偏移量（12 位） |
|---|---|---|

请针对题函数 f1 和机器指令代码，回答下列问题。

```
int f1(unsigned n){
    int sum=1,power=1;
    for(unsigned i=0;i<=n-1;i++){
        power"=2;
        sum+=power;
    }
    return sum;
}
```

```
    int f1(unsigned n)
1   00401020        55          push ebp
    ……              ……          ……
       for(unsigned i=0;i<=n-1;i++)
    ……              ……          ……
20  0040105E        39 4D F4    cmp dword ptr[ebp-0Ch],ecx
    ……              ……          ……
        {   power*=2;
    ……              ……          ……
23  00401066        D1 E2       shl edx,1
    ……              ……          ……
       return sum;
    ……              ……          ……
35  0040107F        C3          ret
```

（1）函数 f1 的机器指令代码占多少页？

（2）取第 1 条指令（push ebp）时，若在进行地址变换的过程中需要访问内存中的页目录和页表，则会分别访问它们各自的第几个表项（编号从 0 开始）？

（3）M 的 I/O 采用中断控制方式。若进程 P 在调用 f1 之前通过 scanf() 获取 $n$ 的值，则在执行 scanf() 的过程中，进程 P 的状态会如何变化？ CPU 是否会进入内核态？

**【答案】**本题考查多级页表的应用。

（1）函数 f1 的代码段中所有指令的虚拟地址的高 20 位相同，因此 f1 的机器指令代码在同一页中，仅占用 1 页。页目录号用于寻找页目录的表项，该表项包含页表的位置。页表索引用于寻找页表的表项，该表项包含页的位置。

（2）push ebp 指令的虚拟地址的最高 10 位（页目录号）为 00 0000 0001，中间 10 位（页表索引）为 00 0000 0001，所以，取该指令时，若访问了页目录的第 1 个表项，在对应的页表中也访问了第 1 个表项。

（3）在执行 scanf() 的过程中，进程 P 因等待输入而从运行态变为阻塞态。输入结束时，进程 P 被中断处理程序唤醒，变为就绪态。进程 P 被调度程序调度，变为运行态。CPU 状态会从用户态变为内核态。

**【例 7 · 综合应用题】【全国统考 2018 年】某计算机采用页式虚拟存储管理方式，按字节编址，CPU 进行存储访问的过程如下图所示。**

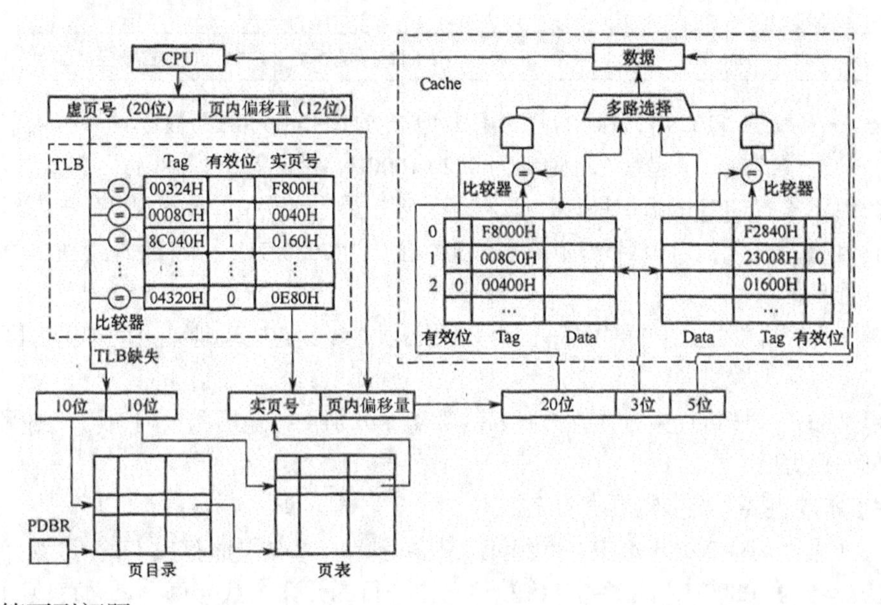


请回答下列问题。

（1）某虚拟地址对应的页目录号为 6，在相应的页表中对应的页号为 6，页内偏移量为 8，该虚拟地址十六进制的表示是什么？

（2）寄存器 PDBR 用于保存当前进程的页目录起始地址，该地址是物理地址还是虚拟地址？进程切换时，PDBR 的内容是否会变化？说明理由。同一进程的线程切换时，PDBR 的内容是否会变化？说明理由。

（3）为了支持改进型 CLOCK 置换算法，需要在页表项中设置哪些字段？

**【解析】**本题主要考查多级页表的应用。

**【答案】**（1）由图可知，地址总长度为 32 位，高 20 位为虚页号，低 12 位为页内偏移量，且虚页号中的高 10 位为页目录号，低 10 位为页号，即可以表示成如下的二进制。

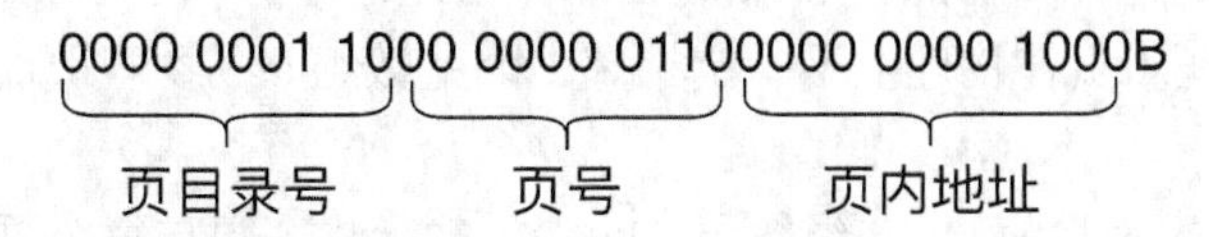


故十六进制的表示为 01806008H。

（2）PDBR 为页目录基地址寄存器（Page-Directory Base address Register），它存储着页目录表物理内存的基地址。进程切换时，PDBR 的内容会变化；同一进程的线程切换时，PDBR

的内容不会变化。因为每个进程的地址空间、页目录和 PDBR 的内容存在一一对应的关系。进程切换时，地址空间发生了变化，对应的页目录及其起始地址也相应变化，因此需要用进程切换后当前进程的页目录起始地址刷新 PDBR。同一进程中的线程共享该进程的地址空间，其线程发生切换时，地址空间不变，线程使用的页目录不变，因此 PDBR 的内容也不变。

（3）改进型 CLOCK 置换算法需要用到使用位和修改位，故需要设置访问字段（使用位）和修改字段（脏位、修改位）。

**【例 8 · 综合应用题】【全国统考 2020 年】某 32 位系统采用基于二级页表的请求分页存储管理方式，按字节编址，页目录项和页表项长度均为 4 字节，虚拟地址结构如下：**

| 页目录号（10 位） | 页号（10 位） | 页内偏移量（12 位） |
|---|---|---|

某 C 程序中数组 a[1024][1024] 的起始虚拟地址为 1080 0000H，数组元素占 4 字节，该程序运行时，其进程的页目录起始物理地址为 0020 1000H，请回答下列问题：

（1）数组元素 a[1][2] 的虚拟地址是什么？对应的页目录号和页号分别是什么？对应的页目录项的物理地址是什么？若该目录项中存放的页框号为 00301H，则 a[1][2] 所在页对应的页表项的物理地址是什么？

（2）数组 a 在虚拟地址空间中所占区域是否必须连续？在物理地址空间中所占区域是否必须连续？

（3）已知数组 a 按行优先方式存放，若对数组 a 分别按行遍历和按列遍历，则哪一种遍历方式的局部性更好？

**【答案】**本题主要考查多级页表的应用。

（1）① 页面大小 $=2^{12}$B = 4KB，数组元素占 4 字节，每个页面存放 1K 个数组元素，1080 0000H 的虚页号为 10800H，注意到二维数组 a 的一行的元素个数与每个页面存放的元素个数相同，故 a[0] 存放的虚页号为 10800H，a[1] 存放的虚页号为 10801H，a[1][2] 的虚拟地址为 10810 000H + 2 × 4 = 1080 1008H。

②转换为二进制 1080 1008H = 0001 0000 1000 0000 0001 0000 0000 1000，根据虚拟地址结构可知，对应的页目录号为 042H，页号为 001H。

③进程的页目录表起始地址为 0020 1000H，每个页目录项长 4B，因此 042H 号页目录项的物理地址是 0020 1000H+4 × 42H=0020 1108H。

④页目录项存放的页框号为 00301H，二级页表的起始地址为 0030 1000H，因此 a[1][2] 所在页的页号为 001H，每个页表项为 4B，因此对应的页表项物理地址是 0030 1000H + 001H × 4 = 0030 1004H。

（2）根据数组的随机存取特点，数组 a 在虚拟地址空间中所占区域必须连续，由于数组 a 不只占用一页，相邻逻辑页在物理上不一定相邻，因此数组 a 在物理地址空间中所占区域可以不连续。

（3）按行遍历的局部性更好。二维数组 a 的一行的元素个数与每个页面存放的元素个数相同，故一行的所有元素均可以存放在同一个页面中，按行遍历时遍历同一行中的所有元素访问的是同一个页面。

# 第四节 分段存储管理方式

## 考点 10 分段存储管理概述

| 重要程度 | ★★ |
|---|---|
| 历年回顾 | 全国统考：2016 年（选择题）、2019 年（选择题）<br>院校自主命题：有涉及 |

【例 1 · 选择题】【南京航空航天大学 2017 年】在分段管理中，（　　）。

A. 以段为单位分配，每段是一个连续存储区

B. 段与段之间必定不连续

C. 段与段之间必定连续

D. 每段是等长的

【解析】本题主要考查分段存储管理的基本概念。

在分段存储管理系统中，作业的地址空间由若干个逻辑分段组成，并且每个段都有自己的名字。分段存储管理系统是以段为单位进行分配的，每个段分配一个地址空间，但是各个段之间不要求连续，并且每个段的大小也不同。故选 A 选项。

【知识链接】

1. 分段存储管理的提出

分页存储管理在根本上解决了内存的外部碎片问题，虽然每个进程的最后一页可能存在页内碎片，但极大地提升了内存的利用率。分页存储管理有一个明显的缺点，就是无论信息内容如何，都按页长分割，分割后装入内存，每个功能模块的内存数据可能在不同的页中，同时也可能存在某个功能模块在运行的时候，并不是把所有数据都装入内存，从而降低了执行速度。因此，才有了按照逻辑单位进行内存分配，也就是分段存储管理。

分段存储管理可以满足程序员和用户以下多方面的需要。

（1）便于编程。

（2）信息共享。

（3）信息保护。

（4）动态链接。

（5）动态增长。

2. 分段存储管理的原理

在分段存储管理中，作业地址空间被划分为多个段，每个段定义了一组逻辑信息，且都有自己的名字。为了实现起来简单，通常用段号代替段名。每个段都从 0 开始编制，并采用一段连续的地址空间。段的长度由相应的逻辑信息组的长度决定。

分段存储管理的逻辑地址结构由段号 $S$ 和段内偏移量 $W$（也称为段内地址）组成，如下页图所示。

下页图中，该地址结构允许一个作业最多有 64K 个段，每个段的最大长度为 64KB。

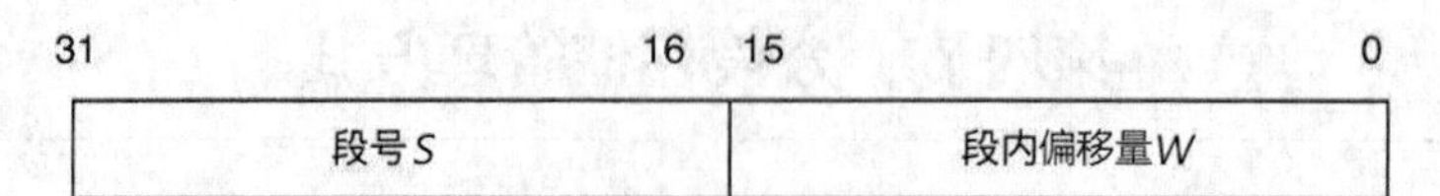


作业分为若干个段，每段分配一个连续的内存区，由于各段的长度不等，所以这些内存区的大小不一。作业各段间不要求连续。

分页和分段的主要区别如下表所示。

| 分页 | 分段 |
|---|---|
| 页是信息的物理单位 | 段是信息的逻辑单位 |
| 分页是为满足系统的需要 | 分段是为满足用户的需要 |
| 页的大小固定且由系统确定，由硬件实现 | 段的长度不固定，取决于用户程序，编译程序对源程序编译时根据信息的性质划分 |
| 作业地址空间是一维的 | 作业地址空间是二维的 |
| 有内部碎片，无外部碎片 | 无内部碎片，有外部碎片 |

【答案】A

【例 2 · 选择题】【全国统考 2016 年】某进程的段表内容如下表所示。

| 段号 | 段长 | 内存起始地址 | 权限 | 状态 |
|---|---|---|---|---|
| 0 | 100 | 6000 | 只读 | 在内存 |
| 1 | 200 | — | 读写 | 不在内存 |
| 2 | 300 | 4000 | 读写 | 在内存 |

当访问段号为 2、段内偏移量为 400 的逻辑地址时，进行地址转换的结果是（　　）。

A. 段缺失异常　　　　B. 得到内存地址 4400

C. 越权异常　　　　D. 越界异常

【解析】本题主要考查分段存储管理方式的地址变换。

【知识链接】分段存储管理系统的逻辑地址 $A$ 和物理地址 $E$ 之间的地址变换过程如下。

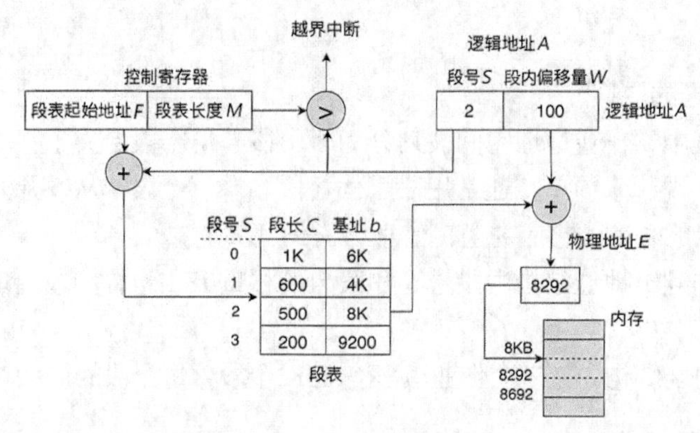


①从逻辑地址 $A$ 中取出前几位为段号 $S$，后几位为段内偏移量 $W$。注意分段存储管理的题

目中，逻辑地址一般以二进制给出，而分页存储管理的题目中，逻辑地址一般以十进制给出，因此要具体情况具体分析。

②比较段号 $S$ 和段表长度 $M$，若 $S \geqslant M$，则产生越界异常，否则继续执行。

③段表中，段号 $S$ 对应的段表项地址 = 段表起始地址 $F$+ 段号 $S\times$ 段表项长度 $M$，取出该段表项的前几位得到段长 $C$。若段内偏移量 $W \geqslant C$，则产生越界异常，否则继续执行。从这句话可以看出，段表项实际上只有两部分，前几位是段表长度，后几位是段表起始地址。

④取出段表中该段的基址 $b$，计算 $E=b+W$，用得到的物理地址 $E$ 去访问内存。

题目中段号为 2 的段长为 300，小于段内偏移量 400，故发生越界异常。

**【答案】**D

**【例 3 · 选择题】【全国统考 2019 年】在分段存储管理系统中，用共享段表描述所有被共享的段。若进程 P1 和 P2 共享段 S，则下列叙述中，错误的是（　　）。**

A. 在物理内存中仅保存一份段 S 的内容

B. 段 S 在 P1 和 P2 中应该具有相同的段号

C. P1 和 P2 共享段 S 在共享段表中的段表项

D. P1 和 P2 都不再使用段 S 时才回收段 S 所占的内存空间

**【解析】**本题主要考查分段存储管理系统共享段的实现过程。

A 选项正确。段的共享是通过两个作业的段表中相应表项指向被共享的段的同一个物理副本来实现的，因此在内存中仅保存一份段 S 的内容。

B 选项错误。段 S 对于进程 P1 和 P2 来说，使用位置可能不同，所以在不同进程中的逻辑段号可能不同。

C 选项正确。段表项存放的是段的物理地址（包括段的起始地址和段长），对于共享段 S 来说物理地址唯一，即进程 P1 和 P2 共享段 S 在共享段表中的段表项。

D 选项正确。为了保证进程可以顺利使用段 S，段 S 必须确保在没有任何进程使用它（可在段表项中设置共享进程计数）后才能被删除。

**【答案】**B

## 考点 11　分段的地址映射

| 重要程度 | ★★ |
| --- | --- |
| 历年回顾 | 全国统考：2009 年（选择题）<br>院校自主命题：有涉及 |

**【例 1 · 选择题】【南京大学 2014 年】采用分段存储管理的系统，若地址用 24 位表示，其中 8 位表示段号，则允许每段的最大长度是（　　）B。**

A. $2^{16}$　　　　B. $2^{24}$　　　　C. $2^{28}$　　　　D. $2^{32}$

**【解析】**本题主要考查分段存储管理系统的地址映射计算。

段地址为 24 位，其中 8 位表示段号，则段内偏移量占用 24-8=16 位，故最大段长为 $2^{16}$B。

**【知识链接】**为使程序正常运行，在系统中需要为每个进程建立一张段映射表（简称段表）

来实现由逻辑地址 $A$ 到物理地址 $E$ 的变换。每个段在表中占有一个表项。

分段存储管理的地址变换机构和分页存储管理的很像，如下图所示。

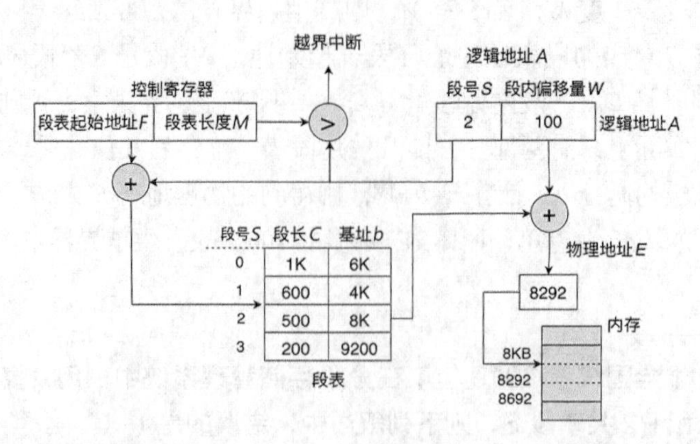


当然，也可以和分页存储管理的一样，设置联想存储器，提高转换速度。

【答案】A

**【例 2 · 选择题】【全国统考 2009 年】一个分段存储管理系统中，地址长度为 32 位，其中段号占 8 位，则最大段长是（　　）B。**

A. $2^8$　　B. $2^{16}$　　C. $2^{24}$　　D. $2^{32}$

【解析】本题主要考查分段存储管理系统的地址映射计算。

段地址为 32 位，其中 8 位表示段号，则段内偏移量占用 32-8=24 位，故最大段长为 $2^{24}$B。

【答案】C

# 第五节　请求分页管理

## 考点 12　请求分页管理的硬件支持

| 重要程度 | ★★ |
|---|---|
| 历年回顾 | 全国统考：2011 年（选择题）、2013 年（选择题）<br>院校自主命题：有涉及 |

**【例 1 · 选择题】【广东工业大学 2017 年】请求分页管理中，缺页中断率与进程所分得的内存页面数、（　　）和进程页面流的走向等因素有关。**

A. 页表的位置　　B. 置换算法

C. 外存管理算法　　D. 进程调度算法

【解析】本题主要考查请求分页管理中影响缺页中断率的因素。

在请求分页管理中，影响缺页中断率的因素除了进程所分得的内存页面数和进程页面流的走向外，还有置换算法，即页面置换算法。不同的置换算法在相同情况下所得到的缺页中断率可能会有所不同。故选 B 选项。

【答案】B

**【例2·选择题】【全国统考2011年】在缺页处理过程中，操作系统执行的操作可能是（　　）。**

Ⅰ. 修改页表

Ⅱ. 磁盘I/O

Ⅲ. 分配页框

A. 仅Ⅰ、Ⅱ　　B. 仅Ⅱ

C. 仅Ⅲ　　D. Ⅰ、Ⅱ、Ⅲ

【解析】本题主要考查缺页中断过程中操作系统的操作。

缺页中断调入新页面，要修改页表和分配页框，所以Ⅰ、Ⅲ可能发生，同时内存没有页面，需要从外存读入，会发生磁盘I/O。

【答案】D

**【例3·选择题】【全国统考2013年】若用户进程访问内存时产生缺页，则下列选项中，操作系统可能执行的操作是（　　）。**

Ⅰ. 处理越界错

Ⅱ. 置换页

Ⅲ. 分配内存

A. 仅Ⅰ、Ⅱ　　B. 仅Ⅱ、Ⅲ

C. 仅Ⅰ、Ⅲ　　D. Ⅰ、Ⅱ和Ⅲ

【解析】本题主要考查缺页中断时系统的操作。

用户进程访问内存时会发生缺页中断，此时系统会执行的操作可能是读取硬盘、置换页面或分配内存。缺页不是访问越界引起的，不会处理越界错。

【答案】B

**【例4·选择题】【南京理工大学2013年】进程在执行中发生了缺页中断，经操作系统处理后，应让其执行（　　）指令。**

A. 被中断的前一条　　B. 被中断的那一条

C. 进程的第一条　　D. 进程的最后一条

【解析】本题主要考查缺页中断的过程。

在请求分页管理中，当执行指令所需要的内容不在内存中时，会发生缺页中断，当缺页调入内存后，应执行被中断的那一条指令。

【答案】B

## 考点13　调页策略

| 重要程度 | ★★ |
| --- | --- |
| 历年回顾 | 全国统考：2015年（选择题）<br>院校自主命题：有涉及 |

**【例 1 · 选择题】【南京理工大学 2011 年】（　　）是指将作业不需要或暂时不需要的部分移到外存，让出内存空间以调入其他所需数据。**

A. 覆盖技术　　B. 交换技术
C. 虚拟技术　　D. 物理扩充

**【解析】**本题主要考查交换技术的概念。

交换技术的对象是进程，处于等待状态（也就是阻塞态）的进程驻留在内存会造成存储空间的浪费。因此，有必要把处于等待状态的进程换出内存。

**【答案】**B

**【例 2 · 选择题】【北京交通大学 2015 年】采用固定分配局部置换策略时，若物理页面数增加，则作业的缺页中断率（　　）。**

A. 升高　　B. 降低
C. 不变　　D. 以上都有可能

**【解析】**本题主要考查固定分配局部置换策略中物理页面数和作业缺页中断率的关系。

影响缺页中断率的因素有如下 4 个。

（1）进程所分配的物理块数。分配给进程的物理块数多，缺页中断率就低，反之缺页中断率就高。

（2）页面大小。页面大，缺页中断率低；页面小，缺页中断率高。

（3）程序编写方法。以数组运算为例，如果每一行元素存放在一页中，则按行处理各元素，缺页中断率低；按列处理各元素，缺页中断率高。

（4）页面置换算法。页面置换算法对缺页中断率影响很大，但不可能找到一种最佳算法。

**【答案】**D

**【例 3 · 选择题】【全国统考 2015 年】在请求分页系统中，页面分配策略与页面置换策略不能组合使用的是（　　）。**

A. 可变分配，全局置换　　B. 可变分配，局部置换
C. 固定分配，全局置换　　D. 固定分配，局部置换

**【解析】**本题主要考查请求分页系统的调页策略。

如果页面分配策略是固定分配，就不能更改所分配的页框，因此在置换时只能采用局部置换策略。如果页面分配策略是可变分配，系统不要求进程占用固定的页框，则置换时既可采用局部置换策略，也可采用全局置换策略。

**【答案】**C

## 考点 14　请求分页内存管理

| 重要程度 | ★★★★ |
| --- | --- |
| 历年回顾 | 全国统考：2012 年（综合应用题）、2020 年（选择题）<br>院校自主命题：有涉及 |

**【例 1 · 选择题】【全国统考 2020 年】下列因素影响请求分页系统有效（平均）访存时间的是（　　）。**

Ⅰ. 缺页率　　Ⅱ. 磁盘读写时间

Ⅲ. 内存访问时间　　Ⅳ. 执行缺页处理程序的 CPU 时间

A. 仅Ⅱ、Ⅲ　　B. 仅Ⅰ、Ⅳ　　C. 仅Ⅰ、Ⅲ、Ⅳ　　D. Ⅰ、Ⅱ、Ⅲ、Ⅳ

**【解析】**本题主要考查影响请求分页系统有效访存时间的因素。

缺页率影响缺页中断的频率，缺页率越高，有效访存时间越长，Ⅰ正确。磁盘读写时间和执行缺页处理程序的 CPU 时间影响缺页中断的处理时间，中断的处理时间越长，有效访存时间越长，Ⅱ和Ⅳ正确。内存访问时间影响访问页表和访问目标物理地址的时间，Ⅲ正确。

**【知识链接】**请求分页系统在基本分页系统的基础上增加了请求调页功能和页面置换功能。换入和换出的基本单位都是长度固定的页面。

请求分页系统中所需要的主要数据结构是页表，其基本功能和基本分页系统中的页表一致，但是为了实现请求调页功能和页面置换功能，在页表中需要添加若干项，请求分页系统中的页表结构如下图所示。

| 页号 | 物理块号 | 状态位 $P$ | 访问字段 $A$ | 修改位 $M$ | 外存地址 |
|---|---|---|---|---|---|

（1）状态位 $P$：指示该页是否已调入内存中。

（2）访问字段 $A$：记录该页在一段时间内被访问的次数或未被访问的时长。

（3）修改位 $M$：表示该页在调入内存后是否发生了修改。

（4）外存地址：指出该页在外存上的地址。

缺页中断机构：在请求分页系统中，每当要访问的页面不在内存时，就会产生一个缺页中断，请求操作系统将需要的页面从外存调入内存。需要注意的是，缺页中断有一定的独特性，在一次指令周期内，缺页中断可能会发生多次。

**【答案】**D

**【例 2 · 选择题】【南京大学 2013 年】在一个分页存储管理系统中，页表内容如下表所示。若页的大小为 4K，则地址变换机构将逻辑地址 0 转换成的物理地址为（　　）。**

| 页号 | 块号 |
|---|---|
| 0 | 2 |
| 1 | 1 |
| 2 | 6 |
| 3 | 3 |
| 4 | 7 |

A. 8192　　B. 4096　　C. 2048　　D. 1024

**【解析】**本题主要考查分页存储管理系统的地址转换计算方法。

物理地址 = 内存块号 × 块长 + 页内偏移量。页的大小为 $4K = 2^{12}$，逻辑地址为 0，所以 $0/2^{12} = 0$，也就是页号为 0，由表可知 0 号页号，对应的块号为 2，页内偏移量是 $0\%2^{12} = 0$，因为块的大小与页的大小相等，所以实际的物理地址是 $2\times2^{12}+0=8192$。

【答案】A

**【例 3 · 选择题】【四川大学 2018 年】某系统使用 32 位逻辑地址，页大小为 4KB，以及 36 位物理地址。那么该系统中的页表大小为（　　）。**

A. $2^{20}$ 个页表项（$2^{32-12}$）　　B. $2^{24}$ 个页表项（$2^{36-12}$）

C. $2^{4}$ 个页表项（$2^{36-32}$）　　D. $2^{12}$ 个页表项

【解析】本题主要考查分页存储管理系统的地址转换计算方法。

页大小为 4KB=$2^{12}$B，故页内偏移量需要 12 位来表示。32 位逻辑地址，其中 12 位表示页内偏移量，则有 32-12=20 位用来表示页号。所以一共有 $2^{20}$ 个页表项。

【答案】A

**【例 4 · 选择题】【四川大学 2018 年】一个进程的页表如下图所示，页的大小为 1024B。指令 MOV AX，[2586] 中地址 2586（十进制）对应的物理地址是（　　）。**

| 页号 | 块号 |
|---|---|
| 0 | 20 |
| 1 | 30 |
| 2 | 10 |
| 3 | 80 |

A. 2586　　B. 10240

C. 10778　　D. 31258

【解析】本题主要考查分页存储管理系统的地址转换计算方法。

2586 的二进制表示为 101000011010，MOV AX 是直接寻址。虚拟地址的组成包括页号和页内偏移量。页的大小为 1024B，可表示成 $2^{10}$，所以页内偏移量占 10 位，也就是说 10 是页号，1000011010 是页内偏移量。二进制数 10 就是页号 2，其对应的块号为 10，一块的大小为 1024，那么 10 块就是 10240，加上页内偏移量 538（1000011010 的十进制表达），答案是 10778。

【答案】C

**【例 5 · 综合应用题】【全国统考 2012 年】某请求分页系统的局部页面置换策略如下：从 0 时刻开始扫描，每隔 5 个时间单位扫描一轮驻留集（扫描时间忽略不计），本轮没有被访问过的页框将被系统回收，并放入到空闲页框链尾，其中内容在下一次分配之前不被清空。当发生缺页时，如果该页曾被使用过且还在空闲页链表中，则重新放回进程的驻留集中；否则，从空闲页框链表头部取出一个页框。假设不考虑其他进程的影响和系统开销。初始时进程驻留集为空。目前系统空闲页框链表中页框号依次为 32、15、21、41。进程 P 依次访问的＜虚拟页号，访问时刻＞为＜1，1＞、＜3，2＞、＜0，4＞、＜0，6＞、＜1，11＞、＜0，13＞、＜2，14＞。请回答下列问题。**

（1）访问< 0，4 >时，对应的页框号是什么？说明理由。

（2）访问< 1，11 >时，对应的页框号是什么？说明理由。

（3）访问< 2，14 >时，对应的页框号是什么？说明理由。

（4）该策略是否适合于时间局部性好的程序？说明理由。

**【答案】**本题主要考查请求分页管理的应用。

（1）页框号为 21。因为初始时进程驻留集为空，因此 0 页对应的页框为空闲链表中的第三个空闲页框 21，其对应的页框号为 21。

（2）页框号为 32。因为 11 ＞ 10，故发生第三轮扫描，页号为 1 的页框在第二轮已经处于空闲页框链表中，此刻该页又被重新访问，因此应被重新放回驻留集中，其页框号为 32。

（3）页框号为 41。因为第 2 页从来没有被访问过，它不在驻留集中，因此从空闲页框链表中取出链表头的页框 41，其页框号为 41。

（4）适合。如果程序的时间局部性好，那么从空闲页框链表中重新取回的机会就大，该策略的优势也就明显。

## 第六节　虚拟存储器管理

### 考点 15　虚拟存储器概述

| 重要程度 | ★★ |
| --- | --- |
| 历年回顾 | 全国统考：2012 年（选择题）<br>院校自主命题：有涉及 |

**【例 1 · 选择题】【全国统考 2012 年】下列关于虚拟存储的叙述中，正确的是（　　）。**

A. 虚拟存储只能基于连续分配技术

B. 虚拟存储只能基于非连续分配技术

C. 虚拟存储容量只受外存容量的限制

D. 虚拟存储容量只受内存容量的限制

**【解析】**本题主要考查虚拟存储器（题目中为虚拟存储）的基本概念。

基于局部性原理，在程序装入时，可以只将程序的一部分装入内存，而将其余部分留在外存，这样就可以启动程序执行。采用连续分配方式时，会使相当一部分内存空间都处于暂时或永久的空闲状态，造成内存资源的严重浪费，也无法从逻辑上扩大内存容量，因此虚拟存储器的实现只能建立在离散分配的内存管理的基础上，共有 3 种实现方式，分别是请求分页存储管理、请求分段存储管理，以及请求段页式存储管理。虚拟存储器容量既不受外存容量限制，也不受内存容量限制，而是由 CPU 的寻址范围决定。

**【知识链接】**连续内存分配方式、分页存储管理方式和分段存储管理方式都要求将一个作业的全部数据装入内存后才能运行，但是在现实中，有些作业的数据很大，无法全部装入内存，导致这样的作业不能在系统上运行；同时，即使作业的数据较小，因为有多个作业被调入内存，有限的内存容量也不能满足所有作业的运行要求。为了解决这两个问题，便提出了虚拟存储器的概念，也就是在逻辑上增加了内存的容量。

1. 虚拟存储器的定义

虚拟存储器是一种具有请求调入功能和置换功能，且能从逻辑上对内存容量加以扩充的存储器系统，其逻辑容量由内存容量和外存容量之和以及计算机地址结构所决定。

2. 虚拟存储管理的原理

（1）基于局部性原理，只将当前运行需要的页面或段先装入内存，在执行的过程中，要访问的页面或段在内存中，程序就可以继续运行。

（2）如果程序需要的页面或段不在内存中，也就是发生了缺页，此时程序需要调用系统服务，申请将需要的页或段调入内存中。

（3）如果内存已经满了，则需要利用置换功能，将内存中不再需要的页面或段调入外存中，腾出空间来调入需要的页面或段。

【答案】B

**【例 2 · 选择题】【重庆理工大学 2015 年】一个计算机系统的虚拟存储器的最大容量是由下面哪一项确定的（　　）。**

A. 内存容量和外存容量之和　　B. 内存容量

C. 外存容量　　D. 计算机的地址结构

【解析】本题主要考查虚拟存储器的容量计算。

虚拟存储器的最大容量是由计算机的地址结构确定的；虚拟存储器的实际容量 =min｛计算机的地址结构，内存容量和外存容量之和｝。

【答案】D

**【例 3 · 选择题】【南京理工大学 2013 年】虚拟存储器的容量只受（　　）的限制。**

A. 物理内存的大小　　B. 磁盘空间的大小

C. 数据存放的实际地址　　D. 计算机的地址位数

【解析】本题主要考查影响虚拟存储器容量的因素。

因为计算机所支持的最大内存是由该计算机的地址位数决定的，也就是计算机的最大寻址能力，所以虚拟存储器的大小受计算机地址位数的限制（严格来说，虚拟存储器也应受到磁盘空间大小的约束）。

【答案】D

**【例 4 · 选择题】【西南林业大学 2010 年】一片存储容量是 1.44MB 的软盘，可以存储大约 140 万个（　　）。**

A. ASCII 字符　　B. 中文字符

C. 磁盘文件　　D. 子目录

【解析】本题主要考查存储空间的计算。

1.44MB≈1440KB≈1440000B。一个 ASCII 字符占 1B，一个中文字符占 2B，故选 A 选项。

【答案】A

## 考点 16 虚拟存储器的性能分析

| 重要程度 | ★★★★ |
|---|---|
| 历年回顾 | 全国统考：2014 年（选择题）、2015 年（选择题）、2016 年（选择题）、2019 年（选择题）、2021 年（选择题）、2022 年（选择题）<br>院校自主命题：有涉及 |

**【例 1 · 选择题】【四川大学 2017 年】下列说法中，正确的是（　　）。**

A. 先进先出（FIFO）页面置换算法不可能会产生 Belady 现象

B. 最近最少使用（LRU）页面置换算法可能会产生 Belady 现象

C. 在进程运行时，如果它的工作集页面都在虚拟存储器内，则能够使该进程有效地运行，否则会出现频繁的页面调入 / 调出现象

D. 在进程运行时，如果它的工作集页面都在主存储器内，则能够使该进程有效地运行，否则会出现频繁的页面调入 / 调出现象

【解析】本题主要考查多个页面置换算法的基本概念。

Belady 现象是指在某一算法下，为进程分配的物理块数增大时缺页次数不减反增的异常现象。

FIFO 页面置换算法可能产生 Belady 现象。例如，如果页面走向为 1、2、3、4、1、2、5、1、2、3、4、5 时，当分配 3 帧时产生 9 次缺页中断，分配 4 帧时产生 10 次缺页中断，所以 A 选项说法错误。LRU 页面置换算法不会产生 Belady 现象，所以 B 选项说法错误。若页面在主存储器，而不是虚拟存储器（包括作为虚拟存储器那部分硬盘）中，不会产生缺页中断，也就不会出现页面的调入 / 调出现象，故 C 选项说法错误，D 选项说法正确。

【知识链接】缺页次数是影响性能的一个重要因素，缺页次数又受到页面大小、进程所分配的物理块数、页面置换算法以及程序编写方法的影响。

在探索页面置换算法的性能时，有几个概念需要明确，分别是 Belady 异常、抖动，以及工作集。

【答案】D

**【例 2 · 选择题】【北京交通大学 2010 年】抖动是指在请求分页存储系统中，由于（　　）设计不当或进程分配的物理页面数太少，造成刚被淘汰的页面很快又要被调入，如此反复，使得大量的 CPU 时间花费在页面置换上的现象。**

A. 进程调度算法　　　　B. 磁盘调度算法

C. 作业调度算法　　　　D. 页面置换算法（即页面淘汰算法）

【解析】本题主要考查抖动的概念。

在更换页面时，如果更换的是一个很快就会被再次访问的页面，则在此次缺页中断后很快又会发生新的缺页中断，导致整个系统的效率急剧下降，这种现象称为抖动。最坏的情况下每次内存访问都变成了磁盘访问，这种现象称为内存抖动。发生内存抖动的原因包括页面置换算法不够，设计不当；同时运行的程序太多，造成至少一个程序无法同时将所有频繁访问的页面调入内存。

【答案】D

【例3·选择题】【全国统考2014年】在页式虚拟存储管理系统中，采用某些页面置换算法，会出现Belady异常现象，即进程的缺页次数会随着分配给该进程的页框个数的增加而增加。下列算法中，可能出现Belady异常现象的是（ ）。

Ⅰ、LRU算法

Ⅱ、FIFO算法

Ⅲ、OPT算法

A. 仅Ⅱ　　B. 仅Ⅰ、Ⅱ　　C. 仅Ⅰ、Ⅲ　　D. 仅Ⅱ、Ⅲ

【解析】本题主要考查虚拟存储管理中会出现Belady现象的页面置换算法。

只有FIFO算法才会出现Belady现象。

【答案】A

【例4·选择题】【全国统考2015年】系统为某进程分配了4个页框，该进程已访问的页号序列为2、0、2、9、3、4、2、8、2、4、8、4、5。若进程要访问的下一页的页号为7，依据LRU算法，应淘汰页的页号是（ ）。

A. 2　　B. 3　　C. 4　　D. 5

【解析】本题主要考查LRU算法的应用。

最近最少使用（Least Recently Used，LRU）算法可以采用便捷法，对页号序列从后往前计数，直到数到4（页框数）个不同的数字为止，这个停止的数字就是要淘汰的页号，题中为页号2。

【答案】A

【例5·选择题】【全国统考2016年】某系统采用改进型CLOCK置换算法，页表项中字段$A$为访问位，$M$为修改位。$A=0$表示页最近没有被修改过，$M=1$表示页被修改过。按（$A$，$M$）所有可能的取值，将页分为四类：（0，0）、（1，0）、（0，1）和（1，1），则该算法淘汰页的次序为（ ）。

A.（0，0），（0，1），（1，0），（1，1）　　B.（0，0），（1，0），（0，1），（1，1）

C.（0，0），（0，1），（1，1），（1，0）　　D.（0，0），（1，1），（0，1），（1，0）

【解析】本题主要考查改进型CLOCK置换算法的应用。

改进型CLOCK置换算法的执行步骤如下。

（1）从指针的当前位置开始，扫描缓冲区。在这次扫描过程中，对使用位不做任何修改。选择遇到的第一个帧（0，0）用于替换。

（2）如果第1步失败，则重新扫描，查找（0，1）的帧。选择遇到的第一个这样的帧用于替换。在这个扫描过程中，对每个跳过的帧，都把它的使用位设置为0。

（3）如果第2步失败，指针将回到它的最初位置，并且集合中所有帧的使用位均为0。重复第1步，并且如果有必要，重复第2步。这样就可以找到供替换的帧。

因此，算法淘汰的次序为（0，0），（0，1），（1，0），（1，1）。

【答案】A

【例 6 · 选择题】【全国统考 2016 年】某进程访问页面的序列如下图所示。

…、1、3、4、5、6、0、3、2、3、2、0、4、0、3、2、9、2、1、… (t 时刻位于第二个 2 之后；横轴为时间)

若工作集的窗口大小为 6，则在 $t$ 时刻的工作集为（　　）。

A. {6，0，3，2}　　B. {2，3，0，4}

C. {0，4，3，2，9}　　D. {4，5，6，0，3，2}

【解析】本题主要考查进程访问页面某一时刻的工作集。

工作集的窗口大小为 6，表示工作集内存放的是最近 6 个被访问的页面。本题中最近被访问的 6 个页面分别是 6、0、3、2、3、2，将重复的页面去掉，形成的工作集是 {6，0，3，2}。故选 A 选项。

【答案】A

【例 7 · 选择题】【全国统考 2019 年】某系统采用 LRU 页置换算法和局部置换策略，若系统为进程 P 预分配了 4 个页框，进程 P 访问页号的序列为 0、1、2、7、0、5、3、5、0、2、7、6，则进程访问上述页的过程中，产生页置换的总次数是（　　）。

A. 3　　B. 4　　C. 5　　D. 6

【解析】本题主要考查 LRU 页面置换算法产生页置换次数的计算。

LRU 页面置换算法每次执行页面置换时都会换出最近最少使用过的页面。第一次访问页面 5 时，会把最近最少使用的页面 1 换出，第一次访问页面 3 时，会把最近最少使用的页面 2 换出。具体的页面置换情况如下表所示。

| 访问页面 | 0 | 1 | 2 | 7 | 0 | 5 | 3 | 5 | 0 | 2 | 7 | 6 |
|---|---|---|---|---|---|---|---|---|---|---|---|---|
| 物理块 1 | 0 | 0 | 0 | 0 | 0 | 0 | 0 | 0 | 0 | 0 | 0 | 0 |
| 物理块 2 |  | 1 | 1 | 1 | 1 | 5 | 5 | 5 | 5 | 5 | 5 | 6 |
| 物理块 3 |  |  | 2 | 2 | 2 | 2 | 3 | 3 | 3 | 3 | 7 | 7 |
| 物理块 4 |  |  |  | 7 | 7 | 7 | 7 | 7 | 7 | 2 | 2 | 2 |
| 缺页否 | √ | √ | √ | √ |  | √ | √ |  |  | √ | √ | √ |

需要注意的是，题中问的是页置换的总次数，而不是缺页次数，所以前 4 次缺页未换页的情况不再考虑，答案为 5 次。

【答案】C

【例 8 · 选择题】【全国统考 2021 年】某请求分页存储系统的页大小为 4KB，按字节编址。系统给进程 P 分配 2 个固定的页框，并采用改进型 Clock 置换算法，进程 P 页表的部分内容如下表所示。

| 页号 | 页框号 | 存在位<br>1：存在，0：不存在 | 访问位<br>1：访问，0：未访问 | 修改位<br>1：修改，0：未修改 |
|---|---|---|---|---|
| … | … | … | … | … |
| 2 | 20H | 0 | 0 | 0 |
| 3 | 60H | 1 | 1 | 0 |
| 4 | 80H | 1 | 1 | 1 |
| … | … | … | … | … |

若 P 访问虚拟地址为 02A01H 的存储单元，则经地址变换后得到的物理地址是（　　）。

A. 00A01H　　B. 20A01H　　C. 60A01H　　D. 80A01H

【解析】本题主要考查 CLOCK 页面置换算法的地址计算。

页面大小为 4KB，低 12 位是页内偏移量。虚拟地址为 02A01H，页号为 02H，02H 页对应的页表项中的存在位为 0，进程 P 分配的页框固定为 2，且内存中已有两个页面存在。根据 CLOCK 页面置换算法，选择将 3 号页换出，将 2 号页放入 60H 页框，经过地址变换后得到的物理地址是 60A01H。

【答案】C

【例 9 · 选择题】【全国统考 2022 年】下列选项中，不会影响系统缺页率的是（　　）。

A. 页置换算法　　B. 工作集的大小

C. 进程的数量　　D. 页缓冲队列的长度

【解析】本题主要考查影响缺页率的因素。

A 选项错误。页置换算法会影响缺页率，比如 LRU 置换算法的缺页率通常要比 FIFO 置换算法的缺页率低。

B 选项错误。工作集的大小决定了分配给进程的物理块数，分配给进程的物理块数越多，缺页率就越低。

C 选项错误。进程的数量越多，对内存资源的竞争越激烈，每个进程被分配的物理块数越少，缺页率也就越高。

D 选项正确。页缓冲队列是将被淘汰的页面缓存下来，暂时不写回磁盘，队列长度会影响页面置换的速度，但不会影响缺页率。

【答案】D

## 过关练习

### 选择题

1.【模拟题】动态分区又称为可变式分区，它是在系统运行过程中（　　）动态建立的。

A. 在作业装入时　　B. 在作业创建时

C. 在作业完成时　　D. 在作业未装入时

2.【模拟题】在下列存储管理方式中，会产生内部碎片的是（　　）。

Ⅰ. 分段虚拟存储管理　　Ⅱ. 分页虚拟存储管理

Ⅲ. 段页式分区管理　　Ⅳ. 固定式分区管理

A. 仅Ⅰ、Ⅱ、Ⅲ　　B. 仅Ⅲ、Ⅳ

C. 仅Ⅱ　　D. 仅Ⅱ、Ⅲ、Ⅳ

3.【北京交通大学 2010 年】分段存储管理系统中，零头处理问题可采用（　　）。

A. 重定位技术　　B. SPOOLing 技术

C. 覆盖技术　　D. 拼接

4.【模拟题】在下列存储管理方式中，（　　）管理方式要求作业占用连续的存储空间。

A. 分区　　B. 分页　　C. 分段　　D. 段页式

5.【全国统考 2022 年】某进程访问的页 $b$ 不在内存中，导致产生缺页异常，该缺页异常处理过程中不一定包含的操作是（　　）。

A. 淘汰内存中的页　　B. 建立页号与页框号的对应关系

C. 将页 $b$ 从外存读入内存　　D. 修改页表中页 $b$ 对应的存在位

6.【模拟题】已知系统为 32 位实地址，采用 48 位虚地址，页面大小为 4KB，页表项大小为 8B，每段最大为 4G。假设系统使用分页存储管理，则要采用（　　），页内偏移量为（　　）位。

A. 3 级页表，12　　B. 3 级页表，14　　C. 4 级页表，12　　D. 4 级页表，14

7.【中国科技大学 2013 年】假设系统为某进程分配了 3 个物理块，考虑有以下页面号引用串：5、0、1、2、0、3、0、4、2、3、0、3、2、1、2、0、1、5、0、1，若采用最佳页面置换算法，则发生（　　）次页面置换。

A. 8　　B. 7　　C. 6　　D. 5

8.【模拟题】下面的（　　）方法有利于程序的动态链接。

A. 分段存储管理　　B. 可变式分区管理

C. 分页存储管理　　D. 固定式分区管理

9.【模拟题】设内存容量为1MB，外存容量为400MB，计算机系统的地址寄存器有32位，那么虚拟存储器的最大容量是（　　）。

A. 1MB　　B. 401MB　　C. 1MB + $2^{32}$MB　　D. $2^{32}$B

10.【模拟题】产生内存抖动的主要原因是（　　）。

A. 内存空间太小　　B. CPU 运行速度太慢

C. CPU 调度算法不合理　　D. 页面置换算法不合理

11.【模拟题】在某个计算机系统中，内存的分配采用按需调页方式，测得当前 CPU 的利用率为 8%，硬盘交换空间的利用率为 55%，硬盘的繁忙率为 97%，其他设备的利用率可以忽略不计，由此断定系统发生异常，则解决方法是（　　）。

Ⅰ. 加大交换空间容量

Ⅱ. 增加内存容量

Ⅲ. 增加 CPU 数量

Ⅳ. 安装一个更快的硬盘

Ⅴ. 减少多道程序的道数

A. Ⅱ、Ⅲ和Ⅳ　　B. Ⅱ和Ⅴ　　C. Ⅰ和Ⅱ　　D. Ⅱ、Ⅲ和Ⅴ

12.【模拟题】某系统有 4 个页框，其某个进程页面的使用情况如下表所示。

| 页号 | 装入时间 | 上次引用时间 | $R$（读） | $M$（修改） |
|---|---|---|---|---|
| 0 | 126 | 279 | 0 | 0 |
| 1 | 230 | 260 | 1 | 0 |
| 2 | 120 | 272 | 1 | 1 |
| 3 | 160 | 280 | 1 | 1 |

请问，采用 FIFO 置换算法、LRU 置换算法、简单 CLOCK 置换算法、改进 CLOCK 置换算法将会替换的页的页号分别为（　　）。

A. 1、3、2、0　　B. 3、2、0、1

C. 2、1、0、0　　D. 3、1、0、1

13.【模拟题】考虑在一个虚拟页式存储管理系统中，在其地址变换过程中，进程状态可能发生的变化有（　　）。

Ⅰ. 进程被撤销　　Ⅱ. 进程变为阻塞态

A. Ⅰ　　B. Ⅱ　　C. Ⅰ和Ⅱ　　D. 都不可能

14.【模拟题】在虚拟页式存储管理系统中，若进程访问的页面不在主存储器，且主存储器中没有可用的空闲帧时，系统正确的处理顺序为（　　）。

A. 决定淘汰页→页面调出→缺页中断→页面调入

B. 决定淘汰页→页面调入→缺页中断→页面调出

C. 缺页中断→决定淘汰页→页面调出→页面调入

D. 缺页中断→决定淘汰页→页面调入→页面调出

**综合应用题**

15.【模拟题】请求分页管理系统中，假设某进程的页表内容如下表所示。

| 页号 | 页框号 | 有效位（存在位） |
| --- | --- | --- |
| 0 | 101H | 1 |
| 1 | | 0 |
| 2 | 254H | 1 |

已知页面大小为 4KB，一次内存的访问时间为 100ns，一次快表（TLB）的访问时间为 10ns，处理一次缺页的平均时间为 $10^8$ns（已含更新 TLB 和页表的时间），进程的驻留集大小固定为 2，采用 LRU 页面置换算法和局部淘汰策略。假设① TLB 初始为空；②地址转换时先访问 TLB，若 TLB 未命中，再访问页表（忽略访问页表之后的 TLB 更新时间）；③有效位为 0 表示页面不在内存，产生缺页中断，处理缺页中断后，返回产生缺页中断的指令处重新执行。设有虚地址访问序列 2362H、1565H、25A5H，请回答下列问题。

（1）依次访问上述 3 个虚地址，各需多少时间？给出计算过程。

（2）基于上述访问序列，虚地址 1565H 的物理地址是多少？请说明理由。

16.【全国统考 2010 年】设某计算机的逻辑地址空间和物理地址空间均为 64KB，按字节编址。某进程最多需要 6 页（Page）数据存储空间，页的大小为 1KB，操作系统采用固定分配局部置换策略为此进程分配 4 个页框（Page Frame）。在时刻 260 前该进程访问情况如下表所示（访问位即使用位）。

| 页号 | 页框号 | 装入时间 |
| --- | --- | --- |
| 0 | 7 | 130 |
| 1 | 4 | 230 |
| 2 | 2 | 200 |
| 3 | 9 | 160 |

当该进程执行到时刻 260 时，要访问逻辑地址为 17CAH 的数据。请回答下列问题：

（1）该逻辑地址对应的页号是多少？

（2）若采用先进先出（FIFO）置换算法，该逻辑地址对应的物理地址是多少？要求给出计算过程。

（3）若采用时钟（Clock）置换算法，该逻辑地址对应的物理地址是多少？要求给出计算过程。（设搜索下一页的指针按顺时针方向移动，且指向当前 2 号页框，示意图如右所示。）

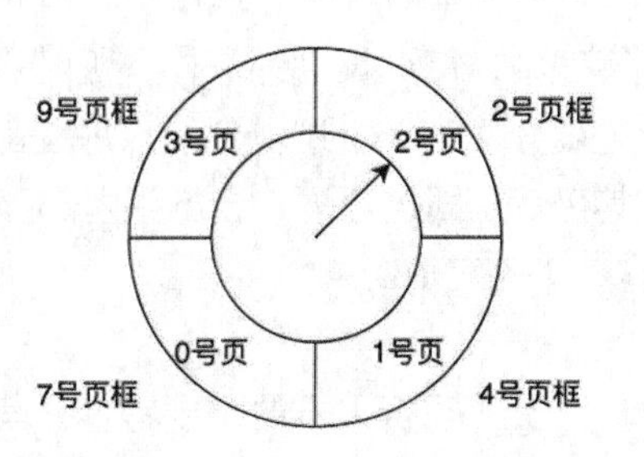

17.【全国统考 2015 年】某计算机系统按字节编址，采用二级页表的分页存储管理方式，虚拟地址格式如下所示：

| 页目录号（10 位） | 页表索引（10 位） | 页内偏移量（12 位） |
| --- | --- | --- |

请回答下列问题。

（1）页和页框的大小各为多少字节？进程的虚拟地址空间大小为多少页？

（2）假定页目录项和页表项均占 4 个字节，则进程的页目录和页表共占多少页？要求写出计算过程。

（3）若某指令周期内访问的虚拟地址为 0100 0000H 和 0111 2048H，则进行地址转换时共访问多少个二级页表？要求说明理由。

## 答案与解析

答案速查表

| 题号 | 1 | 2 | 3 | 4 | 5 | 6 | 7 | 8 | 9 | 10 |
| --- | --- | --- | --- | --- | --- | --- | --- | --- | --- | --- |
| 答案 | A | D | A | A | A | C | C | A | D | D |
| 题号 | 11 | 12 | 13 | 14 | | | | | | |
| 答案 | B | C | C | C | | | | | | |

1.【解析】本题主要考查动态分区分配的概念。

动态分区中，如果作业申请内存，则从空闲区中划出一个与作业需求最相适应的分区分配给该作业，并将作业创建为进程，在作业运行完毕后，再收回释放的分区。为把一个新作业装入内存，须按照一定的分配算法，从空闲分区表或空闲分区链中选出一分区分配给该作业，因此，动态分区是在作业装入时动态建立的。

【答案】A

2.【解析】本题主要考查会产生内部碎片的几种存储管理方式。

只要是固定的分配就会产生内部碎片，其余的则会产生外部碎片。如果固定和不固定同时存在，则其物理本质还是固定的。

分段虚拟存储管理中，每段长度不一，所以不是固定的，会产生外部碎片。分页虚拟存储管理中，每页长度都一样，所以是固定的，会产生内部碎片。段页式分区管理中，地址空间首先被分成若干个逻辑分段，每段都有自己的段号，然后再将每个段分成若干个固定的页，所以其仍然是固定分配，会产生内部碎片。固定式分区管理很明显是固定的，会产生内部碎片。

【答案】D

3.【解析】本题主要考查分段存储管理系统的碎片处理方式。

分段存储管理系统中，不同段之间可能存在空隙，也就是碎片，但可以通过挪动与空隙相邻的段，也就是重定位，来消除该碎片。

【答案】A

4.【解析】本题主要考查存储管理方式中要求作业占用形式的区分。

只有分区管理方式要求作业占用连续的存储空间，其他都不要求。

【答案】A

5.【解析】本题主要考查缺页异常处理过程。

缺页异常需要从磁盘调页到内存中，将新调入的页与页框建立对应关系，并修改该页的存在位，B、C、D 选项正确。如果内存中有空闲页框，就不需要淘汰其他页，A 选项错误。

【答案】A

6.【解析】本题主要考查分页存储管理的页表及页内偏移量的计算。

页面大小为 4KB，故页内偏移量为 12 位。系统采用 48 位虚地址，故虚页号为 48−12=36 位。当采用多级页表时，最高级页表项不能超出一页大小；每页能容纳的页表项数 = 4KB/8B=512=$2^9$，36 ÷ 9=4，故应采用 4 级页表，最高级页表项正好占据一页空间，所以本题选择 C 选项。

【答案】C

7.【解析】本题主要考查最佳页面置换算法页面置换次数的计算。

最佳页面置换算法所选择的被淘汰页面将是以后永不使用的，或者是在较长时间内不再被访问的页面。进程运行时，先将 5、0、1 页面依次装入内存。进程要访问页面 2 时，产生缺页中断，选择近期会在第 18 次才会访问的页面 5 淘汰。然后，访问页面 0，因为它已经在内存中，所以不必产生缺页中断，访问页面 3 时根据最佳页面置换算法，在 2、0、1 页面中淘汰页面 1，依次类推，如下图所示。

| 访问页面 | 5 | 0 | 1 | 2 | 0 | 3 | 0 | 4 | 2 | 3 | 0 | 3 | 2 | 1 | 2 | 0 | 1 | 5 | 0 | 1 |
|---|---|---|---|---|---|---|---|---|---|---|---|---|---|---|---|---|---|---|---|---|
| 物理块 1 | 5 | 5 | 5 | 2 |  | 2 |  | 2 |  |  | 2 |  |  | 2 |  |  |  | 5 |  |  |
| 物理块 2 |  | 0 | 0 | 0 |  | 0 |  | 4 |  |  | 0 |  |  | 0 |  |  |  | 0 |  |  |
| 物理块 3 |  |  | 1 | 1 |  | 3 |  | 3 |  |  | 3 |  |  | 1 |  |  |  | 1 |  |  |
| 缺页否 | √ | √ | √ | √ |  | √ |  | √ |  |  | √ |  |  | √ |  |  |  | √ |  |  |
| 置换否 |  |  |  | √ |  | √ |  | √ |  |  | √ |  |  | √ |  |  |  | √ |  |  |

可以发现，采用最佳页面置换算法发生了 6 次页面置换，缺页中断次数为 9 次，所以选择 C 选项。

【答案】C

8.【解析】本题主要考查程序的动态链接与存储管理方式的关系。

程序的动态链接与程序的逻辑结构相关，分段存储管理将程序按照逻辑段进行划分，有利于其动态链接。其他的存储管理方式与程序的逻辑结构无关。

【答案】A

9.【解析】本题主要考查虚拟存储器的容量计算。

虚拟存储器的最大容量是由计算机的地址结构决定的，与内存容量和外存容量没有必然的联系。计算机系统的地址寄存器有 32 位，因此虚拟存储器的最大容量为 $2^{32}$B。

【答案】D

10.【解析】本题主要考查产生内存抖动的原因。

内存抖动是指频繁地引起主存页面淘汰后又立即调入，调入后又很快淘汰的现象。这是由于页面置换算法不合理导致的，是页面置换算法应当尽力避免的问题。

【答案】D

11.【解析】本题主要考查按需调页方式系统异常的解决方法。

Ⅰ通常不会直接解决硬盘繁忙率高的问题，只可能导致更多的页面调度，增加硬盘访问；Ⅱ可以减少对硬盘的访问，提高系统性能；Ⅲ虽然可以提高系统的并行性，但在这种情况下，CPU 利用率已经很低，因此增加 CPU 数量不是首要的解决方案；Ⅳ可能会提高硬盘性能，但在这种情况下，问题的根本原因不是硬盘性能；Ⅴ可以降低对硬盘的竞争，也有助于提高系统性能。从硬盘繁忙率、交换空间利用率知道一直在进行 I/O 操作，说明有可能进程过多导致部分进程挂起交换出内存，但是 CPU 利用率不高，说明没有那么多进程需要执行。这实际上是发生了抖动，导致缺页中断率高。所以，应该减少缺页中断，比如增加内存、改良算法、减少内存使用等。

【答案】B

12.【解析】本题主要考查几种置换算法中替换页号的情况。

FIFO 置换算法选择最先进入内存的页面进行交替。由表中装入时间可知，第 2 页最先进入内存，所以 FIFO 置换算法选择第 2 页替换；LRU 置换算法选择最近最长时间未被使用的页面进行替换。由表中上次引用时间可知，第 1 页是最长时间未被使用的页面，所以 LRU 置换算法将选择第 1 页替换；简单 CLOCK 置换算法从上一个位置开始扫描，选择第一个访问位为 0 的页面进行替换。由表中 $R$（读）标志位可知，依次扫描 1、2、3、0，页面 0 未被访问，扫描结束，所以简单 CLOCK 置换算法将选择第 0 页替换；改进 CLOCK 置换算法从上一个位置开始扫描，首选的置换页面是既未使用过的、又未修改的页面。由表中 $R$（读）标志位和 $M$（修改）标志位可知，只有页面 0 满足 $R$=0 和 $M$=0，所以改进 CLOCK 置换算法将选择第 0 页置换。

【答案】C

13.【解析】本题主要考查虚拟内存地址转换的流程。

当本次访问地址超越进程的地址空间时，该进程被撤销，属于异常结束。在产生缺页中断及处理过程中，该进程变为阻塞态。

【答案】C

14.【解析】本题主要考查缺页中断的处理流程。

根据缺页中断的处理流程，产生缺页中断后，首先去内存寻找空闲物理块，若内存没有空闲物理块，则使用相应的页面置换算法决定淘汰页面；然后调出该淘汰页面；最后再调入该进程需要访问的页面。所以整个流程可以归结为缺页中断→决定淘汰页→页面调出→页面调入。

【答案】C

15.【解析】本题主要考查请求分页管理方式的应用。

【答案】（1）根据分页管理的工作原理，应先考虑页面大小，以便将页号和页内偏移量分解出来。页面大小为 4KB，即 $2^{12}$B，则页内偏移量占虚地址的低 12 位，页号占剩余高位，可得如下 3 个虚地址的页号 $P$（十六进制的 1 位数字可转换成 4 位二进制数字，因此，十六进制的低三位正好为页内偏移量，最高位为页号）。

2362H：$P$=2，访问快表 10ns，因初始为空，访问页表 100ns 得到页框号，合成物理地址后访问主存储器 100ns，共计 10ns+100ns+100ns=210ns；

1565H：$P$=1，访问快表 10ns，落空，访问页表 100ns 落空，进行缺页中断处理 $10^8$ns，合成物理地址后访问主存储器 100ns，共计 10ns+100ns+$10^8$ns+100ns ≈ $10^8$ns；

25A5H：$P$=2，访问快表，因第一次访问已将该页号放入快表，因此花费 10ns 便可合成物理地址，访问主存储器 100ns，共计 10ns+100ns=110ns。

（2）当访问虚地址 1565H 时，产生缺页中断，合法驻留集为 2，必须从页表中淘汰一个页面，根据题目的置换算法，应淘汰 0 号页面，因此 1565H 对应的页框号为 101H。由此可得 1565H 的物理地址为 101565H。

16.【解析】本题主要考查逻辑地址与物理地址转换的计算过程。

【答案】（1）因为 17CAH=0001 0111 1100 1010B，表示页号的为左边 6 位，即 000101B，所以页号为 5。

（2）根据 FIFO 置换算法，需要替换装入时间最早的页，故需要置换装入时间最早的 0 页，即将 5 号页装入 7 号页框中，所以物理地址为 0001 1111 1100 1010B = 1FCAH。

（3）根据 Clock 置换算法，如果当前指针所指页框的使用位为 0，则替换该页；否则将使用位清零，并将指针指向下一个页框，继续查找。根据题意和示意图，将从 2 号页框开始查找，前 4 次查找页框号的顺序为 2 → 4 → 7 → 9，并将对应页框使用位清零。在第 5 次查找中，指针指向 2 号页框，这时 2 号页框的使用位为 0，故置换 2 号页框对应的 2 号页，将 5 号页转入 2 号页框中，并将对应的使用位设置为 1，所以对应的物理地址为 0000 1011 1100 1010B = 0BCAH。

17.【答案】

（1）页和页框大小均为 4 KB。进程的虚拟地址空间大小为 $2^{32}/2^{12}=2^{20}$ 页。

（2）（$2^{10}\times4$）/$2^{12}$（页目录所占页数）+（$2^{20}\times4$）/$2^{12}$（页表所占页数）=1025 页。

（3）需要访问一个二级页表。因为虚拟地址 0100 0000H 和 0111 2048H 的最高 10 位的值都是 4，因此访问的是同一个二级页表。

# 第五章 I/O 管理

I/O 管理在计算机考研“操作系统”中占比较少，考核分值与第一章操作系统概论差不多。本章重点为外存管理，可能在选择题和综合应用题中考核。本章其他知识点均只在选择题中考核，常见的有缓冲管理、I/O 子系统的层次结构、设备分配与回收。

在近些年的全国统考中，相关的题型、题量、分值，以及高频考点如下表所示。

| 题型 | 题量 | 分值 | 高频考点 |
| --- | --- | --- | --- |
| 选择题 | 1 ~ 4 题（近年来选择题的量呈下降趋势，如果综合应用题中考核了磁盘相关知识点，则选择题可能只有 1 道，否则最多有 4 道） | 2 ~ 8 分 | I/O 控制方式、缓冲管理、I/O 子系统的层次结构、外存管理 |
| 综合应用题 | 0 ~ 1 题（仅在 2010 年、2019 年、2021 年考核，但本部分知识点也可能在第六章的综合应用题中考核） | 0 ~ 8 分 | 磁盘的性能、磁盘调度 |

## 【知识地图】

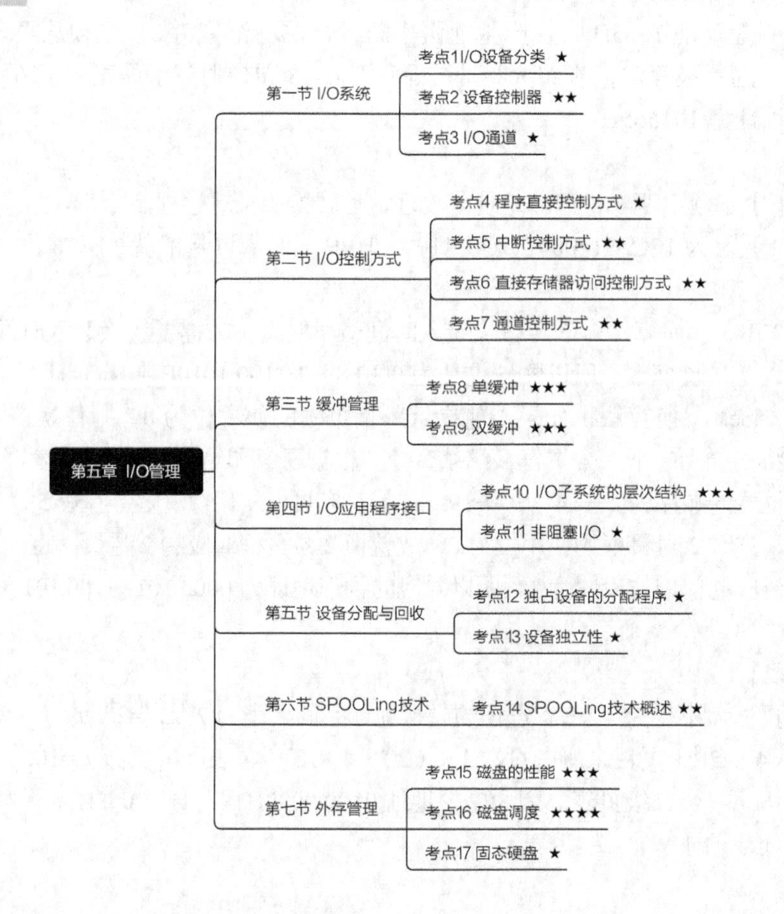

# 第一节 I/O系统

## 考点1 I/O设备分类

| 重要程度 | ★ |
|---|---|
| 历年回顾 | 全国统考：未涉及<br>院校自主命题：未涉及 |

**【例1·选择题】【模拟题】UNIX系统把I/O设备看作是（　　）。**

A. 普通文件　　B. 特殊文件　　C. 目录文件　　D. 管道文件

**【解析】**本题主要考查UNIX系统的文件类型。

UNIX系统把I/O设备看作是特殊文件。

**【答案】**B

**【例2·选择题】【模拟题】大多数低速设备都属于（　　）设备。**

A. SPOOLing　　B. 共享　　C. 虚拟　　D. 独占

**【解析】**本题主要考查独占设备的概念。

在独占设备中，进程应互斥地访问这类设备，即系统一旦把这类设备分配给了某进程后，便由该进程独占，直到用完释放。典型的独占设备有打印机、磁带机等。大多数低速设备都属于独占设备，所以选D选项。

**【答案】**D

**【例3·选择题】【模拟题】（　　）用作连接大量的低速或中速I/O设备。**

A. 数据选择通道　　B. 字节多路通道

C. 数据多路通道　　D. 字节多路选择通道

**【解析】**本题主要考查字节多路通道的基本概念。

字节多路通道是一种简单的共享通道，主要用于连接并控制多台低速外设，以字节交叉的方式传输数据。

**【答案】**B

**【例4·选择题】【模拟题】下列设备中属于块设备的是（　　）。**

A. 键盘　　B. 鼠标　　C. 打印机　　D. 磁盘

**【解析】**本题主要考查块设备的概念。

块设备指以数据块为单位来组织和传输数据信息的设备。磁盘可以随机地读写一段数据，属于块设备，也属于高速设备。字符设备是以字符为单位进行信息交流的设备。键盘、鼠标、打印机都是每次读取一个字符，并进行相应的输入或输出，属于字符设备，也属于中低速设备。

**【答案】**D

**【例 5 · 选择题】【模拟题】按（　　）分类，将设备分为块设备和字符设备。**

A. 共享特性　　B. 操作特性　　C. 从属关系　　D. 信息交换单位

**【解析】**本题主要考查设备分类方式。

按照信息交换的单位分类，可将设备分为块设备和字符设备。块设备以数据块为信息交换单位，字符设备以字符为信息交换单位。

**【答案】**D

## 考点 2　设备控制器

| 重要程度 | ★★ |
| --- | --- |
| 历年回顾 | 全国统考：2010 年（选择题）、2017 年（选择题）<br>院校自主命题：有涉及 |

**【例 1 · 选择题】【模拟题】为了实现设备与 CPU 的交互，设备控制器与 CPU 连接的一侧通常包含有（　　）。**

A. 控制寄存器、状态寄存器　　B. I/O 地址寄存器、控制寄存器

C. 中断寄存器、命令寄存器　　D. 数据寄存器、控制和状态寄存器

**【解析】**本题主要考查设备控制器的相关寄存器。

为了实现设备与 CPU 的交互，设备控制器需要将 CPU 给出的控制指令翻译为设备都能执行的指令。设备控制器中与 CPU 连接的一侧需要 CPU 通过控制总线向设备控制器发送 I/O 命令，以便获取设备状态，知道是否需要传输相应的数据，因此，需要控制和状态寄存器来存取 CPU 的控制命令与设备的状态信息。传输的数据存储在数据寄存器中。中断寄存器位于计算机主机中；不存在 I/O 地址寄存器。

**【答案】**D

**【例 2 · 选择题】【模拟题】关于通道、设备控制器和设备之间的关系，以下叙述中正确的是（　　）。**

A. 设备控制器和通道可以分别控制设备

B. 对于同一组 I/O 命令，设备控制器、通道和设备可以并行工作

C. 通道控制设备控制器，设备控制器控制设备

D. 以上选项都不对

**【解析】**本题主要考查通道、设备控制器和设备之间的关系。

直接控制设备的是设备控制器，通道交互的对象也是设备控制器，三者的控制关系是层层递进的，因此只有 C 选项正确。通道跟设备可以并行工作，但设备控制器与设备不会并行工作。

**【答案】**C

**【例 3 · 选择题】【模拟题】下列有关设备管理的叙述中不正确的是（　　）。**

A. 通道是处理 I/O 的软件

B. 所有设备的启动工作都由系统统一来做

C. 来自通道的 I/O 中断事件由设备管理负责处理

D. 编写好的通道程序是存放在主存储器中的

【解析】本题主要考查 I/O 通道的概念。

I/O 通道是一种特殊的处理器，它具有执行 I/O 指令的能力，并通过执行通道程序来控制 I/O 操作，不属于软件。

【答案】A

**【例 4 · 选择题】【全国统考 2010 年】本地用户通过键盘登录系统时，首先获得键盘输入信息的程序是（　　）。**

A. 命令解释程序　　B. 中断处理程序

C. 系统调用服务程序　　D. 用户登录程序

【解析】本题主要考查键盘的工作方式。

键盘是典型的通过中断 I/O 方式工作的外设，当用户输入信息时，计算机要将键盘输入的信息传输到内存特定位置，然后才能执行相应的系统调用服务程序，最后运行用户登录程序，完成登录。因此，计算机首先响应中断并通过中断处理程序获得输入信息。

【答案】B

## 考点 3　I/O 通道

| 重要程度 | ★ |
| --- | --- |
| 历年回顾 | 全国统考：未涉及<br>院校自主命题：有涉及 |

**【例 1 · 选择题】【模拟题】下列关于通道的描述，错误的是（　　）。**

A. 通道是一个 I/O 处理器

B. I/O 过程由通道完成，不需要 CPU 介入

C. CPU 通过程序的方式给出通道可以解释的程序

D. 通道需要到内存中去阅读通道程序

【解析】本题主要考查通道的基本概念。

通道是一个处理器，它通过阅读通道程序的方式，来获取需要传输数据的相关信息。CPU 编写好通道程序放入内存中，然后由通道去内存取指令，并进行相应的解释，根据指令控制外部设备进行相应的输入或输出操作。它依然需要 CPU 的介入，只是 CPU 介入的内容比较少。

【答案】B

**【例 2·选择题】【模拟题】I/O 中断是 CPU 与通道协调工作的一种手段，所以在（　　）时，便要产生中断。**

A. CPU 执行“启动 I/O”指令而被通道拒绝接收

B. 通道接收了 CPU 的启动请求

C. 通道完成了通道程序的执行

D. 通道在执行通道程序的过程中

【解析】本题主要考查 CPU 与 I/O 通道协调工作的过程。

CPU 启动通道时不管启动成功与否，通道都要回答 CPU，通过执行通道程序来实现数据的传输。通道在执行通道程序时，CPU 与通道并行，当通道完成通道程序的执行（即数据传输结束）后，便产生 I/O 中断，并向 CPU 报告。

【答案】C

**【例 3 · 选择题】【模拟题】对于单 CPU 单通道的工作过程，下列可以完全并行工作的是（　　）。**

A. 程序和程序之间　　B. 程序和通道之间

C. 程序和设备之间　　D. 设备和设备之间

【解析】本题主要考查单 CPU 单通道的工作过程。

题目中为单 CPU，说明在同一时刻只能有一个程序工作，另一个程序需要等待，所以程序和程序无法并行，A 选项错误；通道仍然需要 CPU 来对它实行管理，B 选项错误；在设备工作时，它只与通道交互，此时程序与其并行工作，C 选项正确；题目中为单通道，说明在同一时刻只能有一个设备与通道交互，另一个设备需要等待，所以设备和设备之间也无法并行工作，D 选项错误。

【答案】C

## 第二节　I/O 控制方式

### 考点 4　程序直接控制方式

| 重要程度 | ★ |
| --- | --- |
| 历年回顾 | 全国统考：未涉及<br>院校自主命题：有涉及 |

**【例 · 选择题】【模拟题】在程序直接控制方式中，下列表述正确的是（　　）。**

A. CPU 与设备并行工作

B. CPU 不断查询设备的状态

C. 当外设给 CPU 发出中断时，CPU 转向处理 I/O 事务

D. 程序直接控制方式适合高速设备

【解析】本题考查程序直接控制方式。

在程序直接控制方式中，外设是不会通知自己的状态的，CPU 需要对外设状态进行不断检查，直到外设是空闲或可用状态。因此，在外设进行 I/O 操作时，CPU 没有执行其他的任务，而是在等待外设完成工作。程序直接控制方式容易浪费 CPU 资源，导致 CPU 空跑，因此，不适合高速设备，适合低速设备，如键盘等。

【答案】B

## 考点 5　中断控制方式

| 重要程度 | ★★ |
| --- | --- |
| 历年回顾 | 全国统考：2015 年（选择题）<br>院校自主命题：有涉及 |

**【例 1 · 选择题】【全国统考 2015 年】在采用中断控制方式控制打印输出的情况下，CPU 和打印控制接口中的 I/O 端口之间交换的信息不可能是（　　）。**

A. 打印字符　　B. 主存地址

C. 设备状态　　D. 控制命令

**【解析】**本题主要考查中断控制方式中 CPU 和端口之间的信息交换。

在中断控制方式中，CPU 和打印机直接交换，打印字符直接传输到打印机的 I/O 端口，不会涉及主存地址，而 CPU 和打印机通过 I/O 端口中的状态口和控制口来实现交互。

**【答案】**B

**【例 2 · 选择题】【模拟题】下列说法中，错误的是（　　）。**

Ⅰ. 在中断响应周期，置“0”允许中断触发器是由关中断指令完成的

Ⅱ. 中断服务程序的最后一条指令是转移指令

Ⅲ. CPU 通过中断来实现对通道的控制

Ⅳ. 程序中断和通道方式都是由软件和硬件结合实现的 I/O 方式

A. Ⅱ、Ⅲ和Ⅳ　　B. Ⅲ和Ⅳ

C. Ⅰ、Ⅱ和Ⅲ　　D. Ⅰ、Ⅲ和Ⅳ

**【解析】**本题主要考查中断控制方式的原理。

中断周期中的关中断是由隐指令完成的，而不是关中断指令，Ⅰ说法错误。

中断服务程序的最后一条指令是中断返回指令，Ⅱ说法错误。

CPU 通过 I/O 指令来控制通道，Ⅲ说法错误。

程序中断和通道方式都是由软件和硬件结合实现的 I/O 方式，Ⅳ说法正确。

**【答案】**C

**【例 3 · 选择题】【模拟题】在中断控制方式中，下列描述错误的是（　　）。**

A. CPU 与设备是并行工作

B. 设备完成任务后会向 CPU 发出中断请求

C. CPU 在该种方式中会启动相应的中断处理程序

D. 进程不会发生切换

**【解析】**本题主要考查中断控制方式的基本概念。

在中断控制方式中，CPU 向外设发出 I/O 指令后，转向去做其他的任务，而设备控制器控制外设完成相应的事务。完成后外设向 CPU 发出相应的中断请求，处理器在收到中断信号后，在恰当的时机切换到相应类型的中断处理程序，进行相应的中断处理。

**【答案】**D

## 考点 6 直接存储器访问控制方式

| 重要程度 | ★★ |
| --- | --- |
| 历年回顾 | 全国统考：2017 年（选择题）<br>院校自主命题：有涉及 |

【例 1 · 选择题】【重庆理工大学 2015 年】磁盘属于块设备，磁盘的 I/O 控制方式主要利用（ ）。

A. 程序 I/O 方式　　B. DMA 方式

C. 程序中断方式　　D. SPOOLing 方式

【解析】本题主要考查磁盘的 I/O 控制方式。

磁盘是高速外设，以数据块为单位传输数据，需要直接存储器访问（Direct Memory Access，DMA）控制方式传输。

【答案】B

【例 2 · 选择题】【模拟题】在 DMA 方式中，下列描述正确的是（ ）。

A. DMA 是一个 I/O 处理器

B. I/O 过程由 DMA 完成，不需要 CPU 介入

C. CPU 通过程序的方式给出 DMA 可以解释的程序

D. DMA 需要 CPU 指出所取数据的地址和长度

【解析】本题主要考查 DMA 方式的基本概念。

DMA 是一个硬件，是控制器不是处理器，所以 A 选项错误。

DMA 方式的工作过程：CPU 接收到 I/O 设备的 DMA 请求时，给 I/O 控制器发出一条命令，启动 DMA 控制器，然后继续其他工作。之后 CPU 把控制操作委托给 DMA 控制器，由该控制器负责处理。DMA 控制器直接与存储器交互，传输整个数据块，每次传输一个字，这个过程不需要 CPU 参与。传输完成后，DMA 控制器发送一个中断信号给处理器。因此在传输开始和结束的时候是需要 CPU 参与的，只有传输数据块的过程不需要 CPU 参与，所以 B 选项错误。

DMA 是控制器，是无法解释程序的，只能接受 CPU 的指令。系统存有内存与 DMA 控制器的直接通路，这样数据就可以直接绕开 CPU 的寄存器。DMA 在 CPU 的控制下完成特定数据块的传输，在数据块传输完成前后，都需要 CPU 进行前期与后期的工作，所以 C 选项错误。

系统存有内存与 DMA 控制器的直接通路，这样数据就可以直接绕开 CPU 的寄存器。所以 DMA 需要 CPU 指出所取数据的地址和长度，这样才可以继续后面的传输工作，所以 D 选项正确。

【答案】D

【例 3 · 选择题】【模拟题】下列关于 DMA 方式的叙述中，正确的是（ ）。

Ⅰ. DMA 传输前由设备驱动程序设置传输参数

Ⅱ. 数据传输前由 DMA 控制器请求总线使用权

Ⅲ. 数据传输由 DMA 控制器直接控制总线完成

Ⅳ. DMA 传输结束后的处理由中断服务程序完成

A. 仅Ⅰ、Ⅱ　　　　B. 仅Ⅰ、Ⅲ、Ⅴ

C. 仅Ⅱ、Ⅲ、Ⅳ　　　　D. Ⅰ、Ⅱ、Ⅲ、Ⅳ

【解析】本题主要考查 I/O 控制方式中 DMA 方式的控制过程。

Ⅰ：DMA 方式是在 I/O 设备与内存之间开辟了数据传输通道，以数据块为单位在控制器的控制下完成数据的传输。因此，Ⅰ中 DMA 传输前由设备驱动程序设置传输参数是正确的。

Ⅱ、Ⅲ：根据 DMA 的定义及特点，DMA 在传输数据之前必须拥有总线的使用权，当获得总线使用权后，数据传输由 DMA 控制器直接控制总线完成。

Ⅳ：当 DMA 传输结束后，DMA 控制器向 CPU 发送中断请求，CPU 执行中断服务程序进行 DMA 结束处理。

综上，Ⅰ、Ⅱ、Ⅲ、Ⅳ都正确，所以选择 D 选项。

【答案】D

**【例 4 · 选择题】【全国统考 2017 年】系统将数据从磁盘读到内存的过程包括以下操作：① DMA 控制器发出中断请求；②初始化 DMA 控制器并启动键盘；③从磁盘传输一块数据到内存缓冲区；④执行“DMA 结束”中断服务程序。正确的执行顺序是（　　）。**

A. ③→①→②→④　　　　B. ②→③→①→④

C. ②→①→③→④　　　　D. ①→②→④→③

【解析】本题主要考查 DMA 方式的工作过程。

在进行 DMA 传输时，主机首先向内存写入 DMA 命令块，向 DMA 控制器写入这个命令块的地址，启动 I/O 设备。完成上述操作后，CPU 继续其他工作，DMA 在 DMA 控制器的控制下，根据 DMA 控制信息的设置要求进行 I/O 设备与内存之间的数据传输。当数据传输结束后，DMA 控制器向 CPU 发送中断请求，CPU 响应中断请求，结束 DMA 操作，释放总线。故选 B 选项。

【答案】B

**【例 5 · 选择题】【电子科技大学 2015 年】DMA 是在（　　）建立一条直接数据通路。**

A. I/O 设备和主存储器之间　　　　B. I/O 设备之间

C. I/O 设备和 CPU 之间　　　　D. CPU 和主存储器之间

【解析】本题主要考查 DMA 的基本概念。

为了减少 CPU 对 I/O 方式的干预，引入了 DMA 方式，该方式所传输数据的基本单位是数据块，是从设备直接送入内存的，或者相反；此外，仅在传输一个或多个数据块的开始和结束时才需要 CPU 干预，整块数据的传输是在控制器的控制下完成的。由此可见，DMA 在 I/O 设备和内存之间开辟一条直接的数据交换通路，这种方式大大减少了 CPU 对 I/O 的干预，进一步提高了 CPU 与 I/O 设备的并行操作程度，故选 A 选项。

【答案】A

### 考点 7　通道控制方式

| 重要程度 | ★★ |
| --- | --- |
| 历年回顾 | 全国统考：未涉及<br>院校自主命题：未涉及 |

【例 · 选择题】【模拟题】通道又称 I/O 处理器，用于实现（　　）之间的数据交换。

A. 内存与外设　　B. CPU 与外设

C. 内存与外存　　D. CPU 与外存

【解析】本题主要考查通道控制方式的概念。

在设置了通道后，CPU 只需要向通道发送一条 I/O 指令。通道在收到该指令后，便可以从内存中取出本次要执行的通道程序，并执行该通道程序。只有当通道完成规定的 I/O 任务后，才向 CPU 发出中断信号。因此，通道用于完成内存与外设的信息传输。

【答案】A

## 第三节　缓冲管理

### 考点 8　单缓冲

| 重要程度 | ★★★ |
| --- | --- |
| 历年回顾 | 全国统考：2013 年（选择题）<br>院校自主命题：有涉及 |

【例 1 · 选择题】【模拟题】在 I/O 设备管理中，引入缓冲机制的目的是（　　）。

A. 减少硬盘空间

B. 增加内存空间

C. 减少内存空间

D. 改善 CPU 和 I/O 设备之间速度不匹配的问题

【解析】本题主要考查引入缓冲的目的。

CPU 的速度远高于 I/O 设备，若无缓冲区，CPU 就需要等待 I/O 设备。有了缓冲区后，CPU 把数据写入缓冲区就可以去执行其他指令，这样就缓和了 CPU 和 I/O 设备之间速度不匹配的矛盾。

【知识链接】在设备管理子系统中，引入缓冲区的主要目的如下。

（1）缓和 CPU 和 I/O 设备之间速度不匹配的矛盾。

（2）减少对 CPU 的中断频率，放宽对 CPU 中断响应时间的限制。

（3）提高 CPU 和 I/O 设备之间的并行性。

【答案】D

【例 2 · 选择题】【全国统考 2013 年】设系统缓冲区和用户工作区均采用单缓冲，从外设读入 1 个数据块到系统缓冲区的时间为 100，从系统缓冲区读入 1 个数据块到用户工作区的时间为 5，对用户工作区中的 1 个数据块进行分析的时间为 90（如下图所示）。

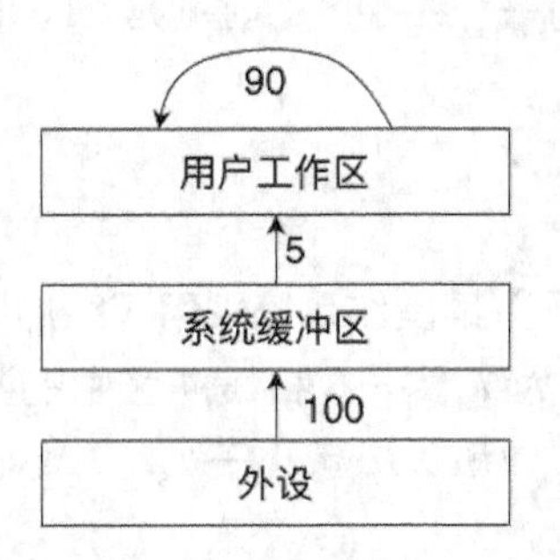


进程从外设读入并分析 2 个数据块的最短时间是（　　）。

A. 200　　B. 295　　C. 300　　D. 390

【解析】本题主要考查单缓冲数据读取时间的计算。

第一个数据块读入工作区后，花费 105，然后第一个数据块开始工作，需要 90，第二个数据开始读入，需要 100，取大的时间 100。接下来开始读入第二个数据块到工作区，并工作，共花费 95。因此，总时间 105+100+95=300。

【答案】C

【例 3 · 选择题】【浙江大学 2017 年】缓冲技术中的缓冲池在（　　）中。

A. 寄存器　　B. ROM　　C. 外存　　D. 内存

【解析】本题主要考查缓冲池的定义。

操作系统在主存储器中设置一组缓冲区，这组缓冲区被称为缓冲池，因此在内存中，所以选 D 选项。

【答案】D

## 考点 9　双缓冲

| 重要程度 | ★★★ |
| --- | --- |
| 历年回顾 | 全国统考：2011 年（选择题）<br>院校自主命题：有涉及 |

【例 1 · 选择题】【模拟题】某操作系统采用双缓冲区传输磁盘上的数据。设从磁盘将数据传输到缓冲区所用时间为 $T1$，将缓冲区中的数据传输到用户区所用时间为 $T2$（假设 $T2$ 远小于 $T1$），CPU 处理数据所用时间为 $T3$，则处理该数据，系统所用总时间为（　　）。

A. $T1+T2+T3$　　B. Max｛$T2$，$T3$｝$+T1$

C. Max｛$T1$，$T3$｝$+T2$　　D. Max｛$T1$，$T2+T3$｝

【解析】本题主要考查双缓冲区传输磁盘数据的时间计算。

因为是双缓冲，所以 $T1$ 与 $T2$ 是可以并行发生的，又因为 $T2$ 远小于 $T1$，当一个 $T2$ 结束后，CPU 可以开始处理数据，即 $T3$ 开始，所以 $T1$ 与 $T2+T3$ 是并行发生的，而整个流程所花费的时间取决于两个并行发生事件中花费时间最多的，即 Max｛$T1$，$T2+T3$｝。

【解题技巧】假设双缓冲区为一满一空，数据从满的缓冲区传入用户区并被处理的时间为 $T2+T3$，而从磁盘将数据传输到另一个缓冲区的时间是 $T1$，以上两组过程是并行进行的，最终结束时间取决于较大的一组。

【答案】D

**【例 2 · 综合应用题】【模拟题】某操作系统采用双缓冲区传输磁盘上的数据。设一次从磁盘将数据传输到缓冲区所用时间为 $T_s$，一次将缓冲区中的数据传输到用户区所用时间为 $T_m$，CPU 处理一次数据所用时间为 $T_c$，假设 $T_m$ 远小于 $T_s$、$T_c$，如果处理该数据共重复 $n$ 次该过程，则系统所用总时间为多少？**

【解析】本题主要考查双缓冲区中传输磁盘数据的时间计算。

假设双缓冲区为一满一空，数据从满的缓冲区传入用户区并被处理的时间为 $T_s+T_m$，而从磁盘将数据传输到另一个缓冲区的时间是 $T_s$，以上两组过程是并行进行的，最终结束时间取决于较大的一组。

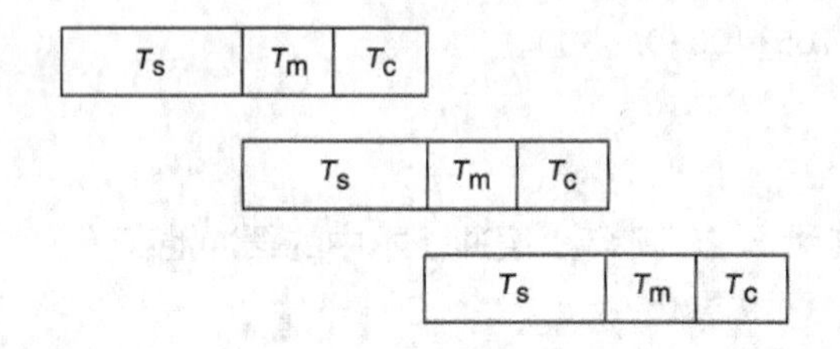


【答案】本题可以分如下的情况讨论。

（1）如果 $T_c>T_s$，即 CPU 处理数据比数据传输慢（一般来说这种情况是不可能发生的），磁盘将数据传输到缓冲区，再传输到用户区，除了第一次需要耗费 $T_s+T_m+T_c$ 的时间外，剩余数据可以视为被 CPU 进行连续处理，共花费（$n-1$）$T_c$，所以系统所用总时间为 $T_s+T_m+nT_c$。这里 $T_m$、$T_c$ 不能并行进行（虽然 $T_m$ 很小很小，但是它有一个 $n$ 的乘积），时间是 $n\times$（$T_m+T_c$）$+T_s$。

（2）如果 $T_c<T_s$，即 CPU 处理数据比数据传输快，此时除了第一次可以视为 I/O 连续输入外，磁盘将数据传输到缓冲区，与缓冲区中数据传输到用户区及 CPU 处理数据，两者可视为并行进行，则花费时间主要取决于磁盘将数据传输到缓冲区所用时间 $T_s$，前 $n-1$ 次共为（$n-1$）$\times T_s$，而最后一次 $T_s$ 结束后，还要花时间从缓冲区传输到用户区，并且 CPU 还要处理，即还要加上 $T_m+T_c$ 的时间，所以总时间为 $nT_s+T_m+T_c$。

综上所述，总时间为（$n-1$）$\times$ Max｛$T_s$，$T_c$｝$+T_s+T_m+T_c$。

**【例 3 · 选择题】【全国统考 2011 年】某文件占 10 个磁盘块，现要把该文件的磁盘块逐个读入主存缓冲区，并送到用户区进行分析。假设一个缓冲区与一个磁盘块大小相同，把一个磁盘块读入缓冲区的时间为 100 μs，将缓冲区的数据传输到用户区的时间是 50 μs，CPU 对一块数据进行分析的时间为 50 μs。在单缓冲区和双缓冲区结构下，读入并分析完该文件的时间分别是（　　）。**

A. 1500μs，1000μs　　B. 1550μs，1100μs
C. 1550μs，1550μs　　D. 2000μs，2000μs

【解析】本题主要考查单缓冲区和双缓冲区中传输磁盘块的时间计算。

在单缓冲区中，当上一个磁盘块从缓冲区读入用户区完成时，下一个磁盘块才能开始读入，也就是当最后一个磁盘块读入用户区完毕时，所用时间为 $150\times10=1500\mu s$，加上处理最后一个磁盘块的时间 $50\mu s$，得 $1550\mu s$。双缓冲区中，不存在等待磁盘块从缓冲区读入用户区的问题，10 个磁盘块可以连续从外存读入主存缓冲区，加上将最后一个磁盘块从缓冲区送到用户区的传输时间 $50\mu s$ 以及处理时间 $50\mu s$，也就是 $100\times10+50+50=1100\mu s$。

【答案】B

## 第四节 I/O 应用程序接口

### 考点 10 I/O 子系统的层次结构

| 重要程度 | ★★★ |
| --- | --- |
| 历年回顾 | 全国统考：2012 年（选择题）、2013 年（选择题）<br>院校自主命题：有涉及 |

**【例 1 · 选择题】【全国统考 2012 年】操作系统的 I/O 子系统通常由 4 个层次组成，每一层都明确定义了与邻近层次的接口，其合理的层次组织排列顺序是（　　）。**

A. 用户级 I/O 软件、设备无关软件、设备驱动程序、中断处理程序
B. 用户级 I/O 软件、设备无关软件、中断处理程序、设备驱动程序
C. 用户级 I/O 软件、设备驱动程序、设备无关软件、中断处理程序
D. 用户级 I/O 软件、中断处理程序、设备无关软件、设备驱动程序

【解析】本题主要考查 I/O 子系统的层次结构。

设备管理软件一般分为 4 个层次，其介绍分别如下。

（1）用户级 I/O 软件。用户级 I/O 软件是实现与用户交互的接口，用户可以直接调用在用户层提供的、与 I/O 操作有关的库函数，进而对设备进行操作。

（2）设备无关软件。设备无关软件用于实现用户程序与设备驱动器的统一接口、设备命令、设备保护以及设备分配与释放等，同时为设备管理和数据传输提供必要的存储空间。

（3）设备驱动程序。设备驱动程序与硬件直接相关，负责具体实现系统对设备发出的操作指令，驱动 I/O 设备工作。

（4）中断处理程序。中断处理程序用于保护被中断进程的 CPU 环境，转入相应的中断处理程序进行处理，处理完并恢复被中断进程的现场后，返回被中断进程。

【答案】A

**【例 2 · 选择题】【全国统考 2013 年】用户程序发出磁盘 I/O 请求后，系统的处理流程是：用户程序→系统调用处理程序→设备驱动程序→中断处理程序。其中，计算数据所在磁盘的柱面号、磁头号、扇区号的程序是（　　）。**

A. 用户程序　　B. 系统调用处理程序

C. 设备驱动程序　　D. 中断处理程序

【解析】本题主要考查 I/O 子系统的层次结构。

操作系统的 I/O 子系统通常由 4 个层次组成，每一层都明确定义了与邻近层次的接口，其合理的层次组织排列顺序是用户级 I/O 软件、设备无关软件、设备驱动程序、中断处理程序。计算柱面号、磁头号和扇区号的工作是由设备驱动程序完成的。

【答案】C

## 考点 11　非阻塞 I/O

| 重要程度 | ★ |
|---|---|
| 历年回顾 | 全国统考：未涉及<br>院校自主命题：未涉及 |

**【例 · 选择题】【模拟题】下列关于非阻塞 I/O 的描述正确的是（　　）。**

A. 非阻塞 I/O 在被进程调用后，一定会成功读取数据

B. 非阻塞 I/O 在被进程调用后，不会进入阻塞状态，即使数据还未准备好，也会返回

C. 非阻塞 I/O 在被进程调用后，如果数据还没准备好，进程会等待数据

D. 非阻塞 I/O 在被进程调用后，如果数据未准备好，该调用会返回一个成功值

【解析】本题主要考查非阻塞 I/O 的概念。

非阻塞 I/O 指进程进行 I/O 操作时，如果该 I/O 的数据还没有准备好，也不会阻塞该进程，而是返回一个错误值，一般情况下，进程需要利用轮询机制不断查询，直到读取成功，也可以使用更高级的 I/O 多路复用来维护非阻塞 I/O。

【答案】B

# 第五节　设备分配与回收

## 考点 12　独占设备的分配程序

| 重要程度 | ★ |
|---|---|
| 历年回顾 | 全国统考：未涉及<br>院校自主命题：有涉及 |

**【例 · 选择题】【南京理工大学 2013 年】设备分配程序为用户进程分配设备的过程通常是（　　）。**

A. 先分配设备，再分配设备控制器，最后分配通道

B. 先分配设备控制器，再分配设备，最后分配通道

C. 先分配通道，再分配设备，最后分配设备控制器

D. 先分配通道，再分配设备控制器，最后分配设备

【解析】本题主要考查设备分配程序的分配过程。

基本的设备分配程序应该为先分配设备，再分配设备控制器，最后分配通道。只有在设备、设备控制器和通道三者都分配成功时，这次的设备分配才算成功，之后便可以启动该 I/O 设备进行数据传输。

【知识链接】

（1）分配设备。根据物理设备名在系统设备表（System Device Table，SDT）中找出该设备的设备控制表（Device Control Table，DCT），若设备忙，便将请求 I/O 的进程 PCB 挂在设备队列上；否则，便按照一定的算法来计算本次设备分配的安全性。若不会导致系统进入不安全状态，便将设备分配给请求进程；否则，仍将其 PCB 插入设备等待队列。

（2）分配设备控制器。分配设备给进程后，再到 DCT 中找出与该设备连接的控制器的控制器控制表（Controller Control Table，COCT）。若控制器忙，便将请求 I/O 进程的 PCB 挂在该控制器的等待队列上；否则，将该控制器分配给进程。

（3）分配通道。分配设备控制器后，再在 COCT 中找到与该控制器连接的通道控制表（Channel Control Table，CHCT）。若通道忙，便将请求 I/O 的进程挂在该通道的等待队列上；否则，将该通道分配给进程。

【答案】A

## 考点 13　设备独立性

| 重要程度 | ★ |
| --- | --- |
| 历年回顾 | 全国统考：未涉及<br>院校自主命题：未涉及 |

【例·选择题】【模拟题】下面关于独占设备和共享设备的说法中不正确的是（　　）。

A. 打印机、扫描仪等属于独占设备

B. 对独占设备往往采用静态分配方式

C. 共享设备是指一个作业尚未撤离，另一个作业即可使用，但每一时刻只有一个作业使用

D. 对共享设备往往采用静态分配方式

【解析】本题主要考查独占设备和共享设备的特点与区别。

打印机、扫描仪等属于独占设备，A 选项说法正确。

对独占设备往往采用静态分配方式，B 选项说法正确。独占设备每次只允许一个作业使用，对独占设备采用静态分配方式，即在一个作业执行前，将作业要使用的这类设备分配给它。

共享设备是指一个作业尚未撤离，另一个作业即可使用，但每一时刻只有一个作业使用，C 选项说法正确。共享设备允许一个作业尚未撤离，另一个作业即可使用，但每一时刻只有一个作业启动该设备，允许它们交替启动。

对共享设备往往采用动态分配方式，D 选项说法错误。共享设备采用动态分配方式，在作业需要启用设备时，才分配设备给作业。

【答案】D

# 第六节　SPOOLing 技术

## 考点 14　SPOOLing 技术概述

| 重要程度 | ★★ |
| --- | --- |
| 历年回顾 | 全国统考：2016 年（选择题）<br>院校自主命题：有涉及 |

**【例 1 · 选择题】【全国统考 2016 年】下列关于 SPOOLing 技术的叙述中，错误的是（　　）。**

A. 需要外存的支持

B. 需要多道程序设计技术的支持

C. 可以让多个作业共享一台独占设备

D. 由用户作业控制设备与输入 / 输出井之间的数据传输

**【解析】**本题主要考查 SPOOLing 技术的基本概念。

引入 SPOOLing 技术是为了缓和 CPU 与 I/O 设备之间速度不匹配的矛盾。该技术引入了脱机输入技术和脱机输出技术，将低速 I/O 设备上的数据传输到高速磁盘上，或者相反；高速磁盘就是外存，A 选项叙述正确。

SPOOLing 技术需要进行 I/O 操作，单道批处理系统无法满足，B 选项叙述正确。

SPOOLing 技术的特点之一就是将独占设备改造为共享设备，C 选项叙述正确。

设备与输入 / 输出井之间的数据传输是由系统实现的，D 选项叙述错误。

**【答案】**D

**【例 2 · 选择题】【模拟题】以下对 SPOOLing 技术的主要目的描述错误的是（　　）。**

A. 提高 CPU 和外设交换信息的速度

B. 提高独占设备的利用率

C. 减轻用户编程负担

D. 提供主、辅存接口

**【解析】**本题主要考查 SPOOLing 技术。

SPOOLing 技术利用输入井和输出井技术，在磁盘上开辟两个大存储空间，输入井模拟脱机输入的磁盘设备，输出井模拟脱机输出的磁盘设备，该技术利用专门的外围控制机，将低速 I/O 设备上的数据传输到高速磁盘上，这种做法缓和了 CPU 的高速与 I/O 设备的低速之间的矛盾，A 选项描述正确。

SPOOLing 技术实现了将独占设备改造成共享设备，这使得多个进程共享一个独占设备，从而加快作业的执行速度，提高独占设备的利用率，B 选项描述正确。

SPOOLing 技术实现了虚拟设备功能，让物理设备成为了逻辑上的设备，完成了一次硬件上的抽象，所以说减轻了用户的编程负担，C 选项描述正确。

主、辅存接口是系统提供的，不需要 SPOOLing 技术去实现，D 选项描述错误。

【知识链接】SPOOLing 技术的特点如下。

（1）提高了 I/O 的速度。利用输入井和输出井模拟脱机输入和脱机输出，缓和了 CPU 和 I/O 设备速度不匹配的矛盾。

（2）将独占设备改造为共享设备。没有为进程分配设备，而是为进程分配一个存储区和建立一张 I/O 请求表。

（3）实现了虚拟设备功能。多个进程同时使用一台独占设备。

【答案】D

**【例 3 · 综合应用题】【南京航空航天大学 2017 年】SPOOLing 技术如何实现？在操作系统中起何作用？**

【解析】本题主要考查 SPOOLing 技术的实现和作用。

【答案】SPOOLing 技术的实现如下：

（1）设置输入井和输出井。在磁盘上开辟两个存储空间。输入井暂存 I/O 设备输入的数据；输出井暂存用户程序输出的数据。

（2）设置输入缓冲区和输出缓冲区。输入缓冲区用于暂存由输入设备送来的数据，以后再传输到输入井。输出缓冲区用于暂存从输出井送来的数据；以后再传输到输出设备。

（3）设置输入进程和输出进程。输入进程模拟脱机输入时的外围控制机，输出进程模拟脱机输出时的外围控制机。

SPOOLing 技术的主要作用是可以同时联机外围操作技术，在多道程序环境下，使得慢速字符设备与计算机主机进行数据交换。SPOOLing 技术利用多道程序中的一道或者两道程序来模拟脱机输入和脱机输出中的外围控制机的功能，以达到脱机输入和脱机输出的目的。利用这种技术可把独占设备转变成共享的虚拟设备，从而提高独占设备的利用率和进程的推进速度。最典型的实例就是实现打印机共享，这实际上就是利用 SPOOLing 技术将独占的打印机改造为一台供多个用户共享的设备，只要有足够的外存空间和多道程序操作系统的支持即可。

# 第七节　外存管理

## 考点 15　磁盘的性能

| 重要程度 | ★★★ |
| --- | --- |
| 历年回顾 | 全国统考：2012 年（选择题）、2013 年（选择题）、2015 年（选择题）、2017 年（选择题）、2019 年（综合应用题）<br>院校自主命题：有涉及 |

**【例 1 · 选择题】【全国统考 2012 年】下列选项中，不能改善磁盘设备 I/O 性能的是（　　）。**

A. 重排 I/O 请求次序　　B. 在一个磁盘上设置多个分区

C. 预读和滞后写　　D. 优化文件物理块的分布

【解析】本题主要考查改善磁盘设备性能的方法。

选项 A，重排 I/O 请求次序就是进行 I/O 调度，从而使进程之间公平地共享磁盘访问，减少 I/O 完成所需要的平均等待时间。

选项 B，设置多个分区只是文件管理的需要，实际上分多少个分区影响不到磁盘的 I/O，简单点来说就是磁头读写速度与分区没有太大关系。

选项 C，缓冲区结合预读和滞后写技术对具有重复性及阵发性的 I/O 进程，以及改善磁盘的 I/O 性能很有帮助。

选项 D，优化文件物理块的分布可以减少寻找时间与延迟时间，从而提高磁盘性能。

【答案】B

**【例 2 · 选择题】【全国统考 2013 年】某磁盘的转速为 10000r/min，平均寻道时间是 6ms，磁盘传输速率是 20MB/s，磁盘控制器延迟为 0.2ms，读取一个 4KB 的扇区所需的平均时间约为（　　）。**

A. 9ms　　B. 9.4ms　　C. 12ms　　D. 12.4ms

【解析】本题主要考查扇区平均存取时间的计算。

磁盘转速是 10000r/min，即平均转一圈的时间是 6ms，因此平均查询扇区的时间是 3ms，平均寻道时间是 6ms，读取 4KB 扇区信息的时间为 4KB ÷ 20MB/s ＝ 0.2ms，信息延迟的时间为 0.2ms，总时间为 3+6+0.2+0.2 = 9.4ms。

【答案】B

**【例 3 · 选择题】【全国统考 2015 年】若磁盘转速为 7200r/min，平均寻道时间为 8ms，每个磁道包含 1000 个扇区，则访问一个扇区的平均存取时间大约是（　　）。**

A. 8.1ms　　B. 12.2ms　　C. 16.3ms　　D. 20.5ms

【解析】本题主要考查扇区平均存取时间的计算。

一次磁盘读写操作的时间由寻道时间、延迟时间和传输时间决定。磁盘转速为 7200r/min，1min = 60 × 1000ms，则一转时间为（60000/7200）ms。找到目标扇区平均需要转半圈，设磁盘转速为 $R$，故延迟时间 = 1/（2$R$）=（60000/7200）× 0.5 ≈ 4.17ms。传输时间 =（60000/7200）×（1/1000）≈ 0.01ms。故访问一个扇区的平均存取时间为 4.17+0.01+8 ≈ 12.2ms。

【答案】B

**【例 4 · 选择题】【全国统考 2017 年】下列选项中，磁盘逻辑格式化程序所做的工作是（　　）。**

Ⅰ. 对磁盘进行分区

Ⅱ. 建立文件系统的根目录

Ⅲ. 确定磁盘扇区校验码所占位数

Ⅳ. 对保存空闲磁盘块信息的数据结构进行初始化

A. 仅Ⅱ　　B. 仅Ⅱ、Ⅳ

C. 仅Ⅲ、Ⅳ　　D. 仅Ⅰ、Ⅱ、Ⅳ

【解析】本题主要考查磁盘逻辑格式化程序的工作内容。

为了使用磁盘存储文件，操作系统还需要将其数据结构记录在磁盘上，这分为两步，第一步是将磁盘分为由一个或多个柱面组成的分区，每个分区都可以作为一个独立的磁盘，所以Ⅰ错误。

在分区之后，第二步是逻辑格式化（创建文件系统）。在这一步，操作系统将初始的文件系统数据结构存储到磁盘上，这些数据结构包括空闲和已分配的空间及一个初始为空的目录，所以Ⅱ、Ⅳ正确。

一个新的磁盘是一个空白盘，必须分成扇区以便磁盘控制器能读和写，这个过程称为低级格式化（或物理格式化）。低级格式化为磁盘的每个扇区采用特别的数据结构，包括校验码，所以Ⅲ错误。

【答案】B

## 考点 16 磁盘调度

| 重要程度 | ★★★★ |
| --- | --- |
| 历年回顾 | 全国统考：2009 年（选择题）、2010 年（综合应用题）、2015 年（选择题）、2018 年（选择题）<br>院校自主命题：有涉及 |

**【例 1 · 选择题】【全国统考 2009 年】假设磁头当前位于第 105 道，正在向磁道序号增加的方向移动。现有一个磁道访问请求序列为 35，45，12，68，110，180，170，195，采用 SCAN 调度（电梯调度）算法得到的磁道访问序列是（ ）。**

A. 110 → 170 → 180 → 195 → 68 → 45 → 35 → 12

B. 110 → 68 → 45 → 35 → 12 → 170 → 180 → 195

C. 110 → 170 → 180 → 195 → 12 → 35 → 45 → 68

D. 12 → 35 → 45 → 68 → 110 → 170 → 180 → 195

【解析】本题主要考查 SCAN 调度算法的计算。

SCAN 调度算法类似电梯的工作原理。首先，当磁头从 105 道向序号增加的方向移动时，便会按照从小到大的顺序服务所有大于 105 的磁道号：110 → 170 → 180 → 195，往回移动时又会按照从大到小的顺序进行服务：195 → 68 → 45 → 35 → 12。

【答案】A

**【例 2 · 选择题】【全国统考 2015 年】某硬盘有 200 个磁道（最外侧磁道号为 0），磁道访问请求序列为 130、42、180、15、199，当前磁头位于第 58 号磁道并从外侧向内侧移动。按照扫描（SCAN）调度算法处理完上述请求后，磁头移过的磁道数是（ ）。**

A. 208　　B. 287　　C. 325　　D. 382

【解析】本题主要考查 SCAN 调度算法的计算。

SCAN 调度算法类似电梯工作的原理，如果开始时磁头向外移动就一直要到最外侧，然后再返回向内侧移动，就像电梯，若往下则一直要下到最底层需求才会再上升一样。当前磁头位于第 58 号磁道并从外侧向内侧移动，先依次访问 130、180 和 199，然后再返回向外侧移动，依次访问 42 和 15，故磁头移过的磁道数是（199−58）+（199−15）=325。

【答案】C

【例 3·选择题】【中国科学院大学 2013 年】容易产生饥饿现象的磁盘调度算法是（　　）。

A. 最短寻道时间优先（SSTF）　　B. 扫描（SCAN）

C. 先来先服务（FCFS）　　D. 循环扫描（CSCAN）

【解析】本题主要考查易产生饥饿现象的磁盘调度算法。

SSTF 调度算法优先处理与当前磁头所在磁道距离最近的磁道，以使每次的寻找时间最短，这样距离当前磁道较远的磁道长期得不到服务，导致产生饥饿现象。

【知识链接】常用的磁盘调度算法有以下 6 种。

（1）先来先服务（First Come First Service，FCFS），根据进程请求访问磁盘的先后次序进行调度。优点：公平、简单，且每个进程的请求都能一次得到处理；缺点：未对寻道进行优化，导致平均寻道时间可能较长。

（2）最短寻道时间优先（Shortest Seek Time First，SSTF），要求访问的磁道与当前磁头所在的磁道距离最近，以使每次的寻道时间最短。这种调度算法不能保证平均寻道时间最短，可能导致某些进程产生饥饿现象。

（3）扫描（SCAN）调度算法，又称电梯调度算法。SCAN 调度算法不仅考虑欲访问的磁道与当前磁道的距离，更优先考虑磁头的当前移动方向。当磁头正在自里向外移动时，所选择的下一个访问对象应该是其要访问的磁道既在当前磁道之外，又是距离最近的。这样自里向外的访问，直至再无更外的磁道需要访问时才将磁臂换向，即自外向里移动。这时，每次选择要访问的磁道是在当前磁道之内且距离最近的。优点：既能获得较好的寻道性能，又能防止进程产生饥饿现象，故被广泛应用于大、中、小型机器和网络中的磁盘调度；缺点：当磁头刚从里向外移动过某一磁道时，如果恰有一进程请求访问此磁道，这时该进程必须等待，待磁头从里向外，然后再从外向里扫描至该磁道时，才能处理该进程的请求，致使该进程的请求被严重推迟。

（4）循环扫描（Circular SCAN，CSCAN），为了减少请求进程的延迟，CSCAN 调度算法规定磁头单向移动。若规定只自里向外移动，当磁头移到最外的被访问磁道时，磁头立即返回最里的要访问的磁道，即将最小磁道号紧接着最大磁道号构成循环进行扫描。

（5）$N$ 步扫描（$N$-Step-SCAN），SSTF、SCAN 和 CSCAN 调度算法都可能出现磁臂停留在某处不动的情况，这种情况被称为磁臂黏着。在高密度盘上更容易出现此情况。$N$-Step-SCAN 调度算法将磁盘请求队列分成若干个长度为 $N$ 的子队列。磁盘调度将按 FCFS 调度算法一次处理这些子队列，而每处理一个队列时，又是按 SCAN 调度算法。这样就可以避免出现磁臂黏着现象。$N$ 取值很大时，其性能接近 SCAN 调度算法；$N$=1 时，则退化为 FCFS 调度算法。

（6）双队列扫描（FSCAN）调度算法，也叫分步电梯调度算法，是 $N$-Step-SCAN 调度算法的简化，它只将磁盘请求访问队列分成两个子队列。

【答案】A

**【例 4 · 选择题】【全国统考 2018 年】系统总是访问磁盘的某个磁道而不响应对其他磁道的访问请求，这种现象称为磁臂黏着。下列磁盘调度算法中，不会导致磁臂黏着的是（　　）。**

A. 先来先服务（FCFS）　　　　B. 最短寻道时间优先（SSTF）
C. 扫描算法（SCAN）　　　　D. 循环扫描算法（CSCAN）

【解析】本题主要考查磁盘调度算法。

当系统总是持续出现对某个磁道的访问请求时，均持续满足 SSTF、SCAN 和 CSCAN 调度算法的访问条件，这些调度算法会一直服务该访问请求。因此，FCFS 调度算法按照请求次序进行调度比较公平。

【答案】A

**【例 5 · 综合应用题】【全国统考 2010 年】假设计算机系统采用 CSCAN 磁盘调度算法，使用 2KB 的内存空间记录 16384 个磁盘块的空闲状态。**

（1）请说明在上述条件如何进行磁盘块空闲状态的管理。

（2）设某单面磁盘的旋转速度为 6000r/min，每个磁道有 100 个扇区，相邻磁道间平均移动的时间为 1ms。若在某时刻，磁头位于 100 号磁道处，并沿着磁道号增大的方向移动（见下图），磁道号的请求队列为 50、90、30、120，对请求队列中的每个磁道需读取 1 个随机分布的扇区，则读完这 4 个扇区共需要多少时间？要求给出计算过程。

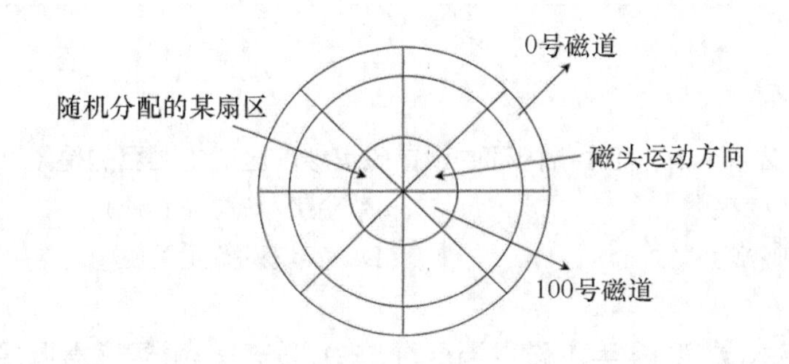


（3）如果将磁盘替换为随机访问的 Flash 半导体存储器（如 U 盘、SSD 等），是否有比 CSACN 更高效的磁盘调度策略？若有，给出磁盘调度策略的名称并说明理由；若无，也请说明理由。

【答案】（1）用位示图表示磁盘的空闲状态。每一位表示一个磁盘块的空闲状态，共需要 16384 ÷ 32=512 个字＝ 512 × 4B=2KB。系统提供的 2KB 内存正好可以放下这 16384 个磁盘块。

（2）采用 CSCAN() 循环扫描 () 调度算法访问磁道的顺序为 120、30、50、90，则磁头移动磁道长度为 20+90+20+40 = 170，总的移动磁道时间为 170 × 1ms = 170ms。旋转速度为 6000r/min = 100r/s，所以 0.01s/r 即 0.01 秒每转。所以每圈所需时间 10ms，平均旋转延迟时间为 0.5 × 10ms = 5ms，总的旋转延迟时间为 4 × 5ms = 20ms。每分钟 6000 转，可求出读取一个磁道上的一个扇区的平均时间为 10ms/100 = 0.1ms，总的读取扇区的时间为 4 × 0.1ms = 0.4ms。将上述时间求和可得到读取上述磁道上所有扇区所花时间，即 170ms+20ms+0.4ms = 190.4ms。

（3）采用 FCFS 调度算法更高效。因为 Flash 的半导体存储器的物理结构不需要考虑寻道时间和旋转延迟，因此可直接按 I/O 请求的先后顺序服务。

## 考点 17　固态硬盘

| 重要程度 | ★ |
|---|---|
| 历年回顾 | 全国统考：未涉及<br>院校自主命题：未涉及 |

【例·选择题】【模拟题】下列关于固态硬盘的特点，说法错误的是（　　）。

A. 磨损均衡　　B. 读写速度快

C. 寻道使用比机械硬盘更快的算法　　D. 随机访问

【解析】本题主要考查固态硬盘的基本概念。

固态硬盘是用固态电子存储芯片阵列制成的硬盘，由控制单元和存储单元组成，它没有机械硬盘那样的机械结构，也不存在寻道操作，故 C 选项说法错误。固态硬盘相对于机械硬盘有磨损均衡、读写速度快、随机访问等优点。

【答案】C

# 过关练习

### 选择题

1.【全国统考 2015 年】在系统内存中设置磁盘缓冲区的主要目的是（　　）。

A. 减少磁盘 I/O 次数　　B. 减少平均寻道时间

C. 提高磁盘数据可靠性　　D. 实现设备无关性

2.【北京邮电大学 2016 年】磁盘调度算法中，先来先服务磁盘调度算法 (FCFS) 是（　　）。

A. 按照访问请求的次序，即按照访问请求发出的次序依次读写各个磁盘块

B. 优先为距离磁头当前所在位置最近磁道（柱面）的访问请求服务

C. 按照访问请求，随机读写各个磁盘块

D. 基本思想与电梯的原理类似，又称电梯算法

3.【广东工业大学 2017 年】在操作系统中，用户在使用 I/O 设备时，通常采用（　　）。

A. 物理设备名　　B. 逻辑设备名

C. 虚拟设备名　　D. 设备牌号

4.【模拟题】假定磁盘有 1200 个柱面，编号是 0~1199，在完成了磁道 205 处的请求后，当前磁头正在 630 处为一个磁盘请求服务，若请求队列的先后顺序是 186，1047，911，1177，194，1050，1002，175，30。用 SCAN（扫描）算法和 SSTF（最短寻道时间优先）算法完成上述请求，磁臂分别移动了（　　）柱面。

A. 1807，1733　　B. 1694，1807

C. 1738，1694　　D. 1733，1738

5.【模拟题】已知某磁盘的平均转速为 r 秒 / 转，平均寻道时间为 $T$ 秒，每个磁道可以存储的字节数为 $N$，现向该磁盘读写 $b$ 字节的数据，采用随机寻道的方法，每道的所有扇区组成一个簇，其平均访问时间是（　　）。

A. $(r+T) \times b/N$　　B. $b/NT$

C. $(b/N+T) \times r$　　D. $bT/N+r$

6.【全国统考 2013 年】下列关于中断 I/O 方式和 DMA 方式比较的叙述中，错误的是（　　）。

A. 中断 I/O 方式请求的是 CPU 处理时间，DMA 方式请求的是总线使用权

B. 中断响应发生在一条指令执行结束后，DMA 响应发生在一个总线事务完成后

C. 中断 I/O 方式下数据传送通过软件完成，DMA 方式下数据传送由硬件完成

D. 中断 I/O 方式适用于所有外部设备，DMA 方式仅适用于快速外部设备

**综合应用题**

7.【全国统考 2021 年】某计算机用硬盘作为启动盘，硬盘第一个扇区存放主引导记录，其中包含磁盘引导程序和分区表。磁盘引导程序用于选择要引导哪个分区的操作系统，分区表记录硬盘上各分区的位置等描述信息。硬盘被划分成若干个分区，每个分区的第一个扇区存放分区引导程序，用于引导该分区中的操作系统。系统采用多阶段引导方式，除了执行磁盘引导程序和分区引导程序外，还需要执行 ROM 中的引导程序。请回答下列问题。

（1）系统启动过程中操作系统的初始化程序、分区引导程序、ROM 中的引导程序、磁盘引导程序的执行顺序是什么？

（2）把硬盘制作为启动盘时，需要完成操作系统的安装、磁盘的物理格式化、逻辑格式化、对磁盘进行分区，执行这 4 个操作的正确顺序是什么？

（3）磁盘扇区的划分和文件系统根目录的建立分别是在第（2）问的哪个操作中完成的？

## 答案与解析

**答案速查表**

| 题号 | 1 | 2 | 3 | 4 | 5 | 6 |
|---|---|---|---|---|---|---|
| 答案 | A | A | B | C | A | D |

1.【解析】本题主要考查设置磁盘缓冲区的目的。

为了解决磁盘和内存的速度差异，在系统内存中设置磁盘缓冲区，这样内存写入磁盘的数

据可以缓冲在缓冲区里，当缓冲区满时写入磁盘，从而减少了磁盘的 I/O 次数，A 选项正确。平均寻道时间实际上是由 MO 磁光盘机转速、盘片容量等多个因素综合决定的一个参数，MO 磁光盘机的转速越快，磁头在单位时间内所能扫过的盘片面积就越大；而 MO 磁光盘机的盘片容量越高，其数据记录密度也越高，磁头读写相同容量的数据时所需要扫过的盘片面积就越小，从而使平均寻道时间减少，提高 MO 磁光盘机性能。因此，减少平均寻道时间并不是设置磁盘缓冲区的主要目的，B 选项错误。提高磁盘数据可靠性是通过 RAID（Redundant Arrays of Independent Disks，独立磁盘冗余陈列）技术实现的，C 选项错误。用户在编写程序时使用的设备与实际使用的设备无关，用户程序中使用的是逻辑设备，通过逻辑设备名到物理设备名的转换实现设备无关性。

【答案】A

2.【解析】本题主要考查 FCFS 调度算法的基本概念。

FCFS 调度算法是按请求次序调度的，会按照访问请求发出的次序依次读写磁盘块，A 选项正确。

FCFS 调度算法不是距离优先的磁盘调度算法，B 选项错误。

FCFS 调度算法不是随机读写各个磁盘块，而是按照请求次序依次读写磁盘块，C 选项错误。

D 选项是 SCAN 调度算法的描述，D 选项错误。

【答案】A

3.【解析】本题主要考查物理设备和逻辑设备的区别。

为使应用程序独立于具体使用的物理设备，引入逻辑设备和物理设备两个概念，在应用程序中，使用逻辑设备来请求 I/O 服务，系统在实际执行时则使用物理设备，系统为了实现从逻辑设备到物理设备的映射，设置了一张逻辑设备表。所以在操作系统中，用户通常采用逻辑设备名来控制 I/O。故选 B 选项。

【高手点拨】虚拟设备是通过虚拟技术将一台独占设备虚拟成多台逻辑设备，供多个进程同时使用，通常把这种经过虚拟的设备称为虚拟设备。也就是虚拟设备是虚拟之后的物理设备，逻辑设备才是用户可以操作的。

【答案】B

4.【解析】本题主要考查磁盘调度算法中磁臂移动的计算。

SCAN 调度算法，也称为电梯调度算法，其原理是磁头固定地从内向外移动（反之亦可），到外边缘后返回，继续往内移，直到最内道，再返回……，如此往复，当遇到提出请求的柱面时，即为其服务。磁头固定在水平的两个端点来回扫描。

采用 SCAN 调度算法时，磁头可以向两个方向移动，需要根据磁头以前的状态进行比较。

本题中，磁头原先在 205 柱面，当前在 630 柱面，显然其移动的方向是自内向外（编号由小到大）。那么磁头服务柱面需要扫描的柱面数为（自 630 开始）911、1002、1047、1050、1177、1199、194、186、175、30；磁头移动总量是（1199-630）×2+（630-30）=1738 个柱面。使用 SSTF 调度算法时，根据磁头当前位置，首先选择请求队列中离磁头最短的请求，然后再为之服务。与 FCFS 调度算法相比，这种调度算法能使平均等待时间得到改善，并且可以获得很高的寻道性能，但是也会导致某些请求访问的进程“饿死”。采用 SSTF 调度算法时，磁头移动顺序为（自 630 开始）911、1002、1047、1050、1177、194、186、175、30；磁头移动总量是（1177-630）×2+（630－30）=1694 个柱面。

因此，正确答案为 C 选项。

【答案】C

5.【解析】本题主要考查平均访问磁盘的时间计算。

将每道的所有扇区组成一个簇，意味着可以将一个磁道的所有存储空间组织成一个数据块，这样有利于提高存储速度。读写磁盘时，磁头首先找到磁道，这个过程称为寻道，然后才可以将信息从磁道中读出来或写进去。读写完一个磁道以后磁头会继续寻找下一个磁道，完成剩余的工作，所以，在随机寻道的情况下，读写一个磁道的时间要包括寻道时间和读写磁道的时间，即 $T+r$ 秒。由于总的数据是 $b$ 字节，它要占用的磁道数为 $b/N$ 个，所以总的平均读写时间为（$T+r$）$\times b/N$ 秒。

【答案】A

6.【解析】本题主要考查中断 I/O 方式与 DMA 方式的对比。

中断 I/O 方式：在 I/O 设备输入每个数据的过程中，由于不需要 CPU 干预，因而可使 CPU 与 I/O 设备并行工作。只有当输入完一个数据时，才需 CPU 花费极短的时间去做中断处理。因此中断 I/O 方式申请使用的是 CPU 处理时间，发生的时间是在一条指令执行结束之后，数据是在软件的控制下完成传输的。而 DMA 方式与之不同。

DMA 方式：数据传输的基本单位是数据块，即在 CPU 与 I/O 设备之间，每次至少传输一个数据块；DMA 响应发生在一个总线事务完成后，每次申请的是总线的使用权，所传输的数据是从设备直接送入内存的，或者相反；仅在传输一个或多个数据块的开始和结束时，才需 CPU 的干预，整块数据的传输是在控制器的控制下完成的。因此答案为 D 选项。

【答案】D

7.【解析】本题主要考查磁盘的综合使用。

（1）系统启动时，首先运行只读存储器（Read Only Memory，ROM）中的引导代码。为执行某个分区的操作系统的初始化程序，需要先执行磁盘引导程序以指示引导到哪个分区，然后执行该分区的引导程序，用于引导该分区的操作系统。

（2）磁盘只有通过分区和逻辑格式化后才能安装系统和存储信息。物理格式化（又称低级格式化，通常出厂时就已完成）的作用是为每个磁道划分扇区，安排扇区在磁道中的排列顺序，并对已损坏的磁道和扇区做“坏”标记等。随后将磁盘的整体存储空间划分为相互独立的多个分区（如 Windows 操作系统中划分 C 盘、D 盘等），这些分区有多种用途，如安装不同的操作系统和应用程序、存储文件等。然后进行逻辑格式化（又称高级格式化），其作用是对扇区进行逻辑编号，建立逻辑盘的引导记录、文件分配表、文件目录表和数据区等。最后才是操作系统的安装。

**【答案】**（1）执行顺序依次是ROM中的引导程序、磁盘引导程序、分区引导程序、操作系统的初始化程序。

（2）4个操作的执行顺序依次是磁盘的物理格式化、对磁盘进行分区、逻辑格式化、操作系统的安装。

（3）磁盘扇区的划分是在磁盘的物理格式化操作中完成的。文件系统根目录的建立是在逻辑格式化操作中完成的。

# 第六章 文件管理

文件管理在计算机考研“操作系统”中的占比近年来略有上升，且可能会出现在综合应用题中。本章重点考核内容为文件的操作、文件共享和保护、文件的物理结构，以及目录管理。其中，文件的物理结构的相关知识点往往会在综合应用题中考核，其他知识点仅在选择题中考核。

在近些年的全国统考中，相关的题型、题量、分值，以及高频考点如下表所示。

| 题型 | 题量 | 分值 | 高频考点 |
| --- | --- | --- | --- |
| 选择题 | 1 ~ 3 题 | 2 ~ 6 分 | 文件的元数据和索引节点、文件的操作、文件共享和保护、文件的物理结构、文件存储空间管理方法 |
| 综合应用题 | 0 ~ 1 题（2010 年、2017 年、2019 年、2021 年未考核，但可以与第五章的综合应用题合并考核） | 0 ~ 8 分 | 文件的物理结构 |

**【知识地图】**

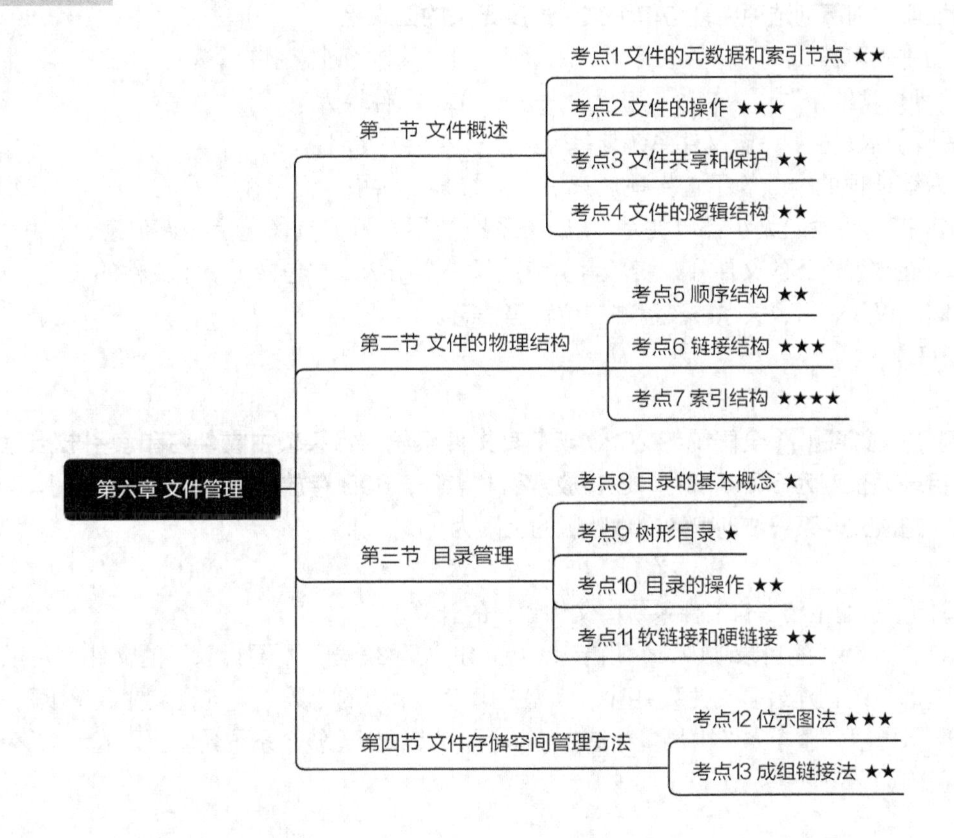

# 第一节　文件概述

## 考点1　文件的元数据和索引节点

| 重要程度 | ★★ |
| --- | --- |
| 历年回顾 | 全国统考：2013年（选择题）、2020年（选择题）<br>院校自主命题：有涉及 |

**【例1·选择题】【电子科技大学2010年】下列正确描述文件目录和索引节点的是（　　）。**

A. 文件目录和索引节点相同

B. 文件目录和索引节点无联系

C. 文件目录中有文件的控制信息

D. 索引节点中有文件的控制信息

【解析】本题主要考查文件目录和索引节点的概念。

索引节点是指在许多类UNIX系统中的一种数据结构。每个索引节点都保存了文件系统中一个文件系统对象的元信息数据，但不包括数据内容或者文件名。

【答案】D

**【例2·选择题】【全国统考2013年】若某文件系统索引节点（inode）中有直接地址项和间接地址项，则下列选项中，与单个文件长度无关的因素是（　　）。**

A. 用户程序　　　　B. 间接地址索引的个数

C. 地址项的个数　　D. 文件块大小

【解析】本题主要考查文件系统与单个文件长度无关的因素。

因为地址项的个数等于直接地址索引+间接地址索引。而单个文件的大小与间接地址索引的个数和文件块的大小都有关系。Linux系统使用索引节点来记录文件信息，作用类似于Windows操作系统下的文件分配表。索引节点是一个结构，它包含了一个文件的长度、创建及修改时间、权限、所属关系、磁盘中的位置等信息。

【答案】A

**【例3·选择题】【全国统考2020年】某文件系统的目录项由文件名和索引节点号构成。若每个目录项长度为64B，其中4B存放索引节点号，60B存放文件名。文件名由小写英文字母构成，则该文件系统能创建的文件数量的上限为（　　）。**

A. $2^{26}$　　B. $2^{32}$　　C. $2^{60}$　　D. $2^{64}$

【解析】本题主要考查文件系统中文件数量的计算。

在总长为64B的目录项中，索引节点号占4B，即32位。不同目录下的文件名可以相同，所以在考虑系统创建最多文件数量时，只需考虑索引节点的个数，即创建文件数量上限等于索引节点数量上限。整个系统中最多存储$2^{32}$个索引节点，因此整个系统最多可以表示$2^{32}$个文件，B选项正确。

【答案】B

## 考点 2 文件的操作

| 重要程度 | ★★★ |
|---|---|
| 历年回顾 | 全国统考：2012 年（选择题）、2013 年（选择题）、2014 年（选择题）、2021 年（选择题）<br>院校自主命题：有涉及 |

**【例 1 · 选择题】【全国统考 2012 年】若一个用户进程通过 read 系统调用读取一个磁盘文件中的数据，则下列关于此过程的叙述中，错误的是（　　）。**

A. 若该文件的数据不在内存，则该进程进入睡眠等待状态

B. 请求 read 系统调用会导致 CPU 从用户态切换到核心态

C. read 系统调用的参数应包含文件的名称

D. read 系统调用的参数是文件描述符

**【解析】**本题主要考查读文件的过程。

当所读文件的数据不在内存中时，产生中断（缺页中断），原进程进入阻塞态，直到所需数据从外存调入内存后才将该进程唤醒，A 选项叙述正确。

read 系统调用通过陷入将 CPU 从用户态切换到核心态，从而获取操作系统提供的服务，B 选项叙述正确。

要读一个文件首先要用 open 系统调用打开该文件。open 系统中的参数包含文件的路径名与文件名，而 read 系统只需要使用 open 系统返回的文件描述符，并不使用文件名作为参数，所以 C 选项叙述错误，D 选项叙述正确。

read 系统调用要求用户提供 3 个输入参数：文件描述符、buf 缓冲区首址、传输的字节数 $n$。

**【知识链接】**read 系统调用的功能是试图从文件描述符所指示的文件中读入 $n$ 个字节的数据，并将它们送至由指针 buf 所指示的缓冲区中。

**【答案】**C

**【例 2 · 选择题】【全国统考 2013 年】用户在删除某文件的过程中，操作系统不可能执行的操作是（　　）。**

A. 删除此文件所在的目录

B. 删除与此文件关联的目录项

C. 删除与此文件对应的文件控制块

D. 释放与此文件关联的内存缓冲区

**【解析】**本题主要考查删除文件过程中操作系统的操作。

一个文件所在目录下可能还存在其他文件，因此删除文件时不能（也不需要）删除文件所在的目录，而与此文件关联的目录项和文件控制块需要随着文件一同删除，同时释放文件关联的内存缓冲区。

**【答案】**A

**【例 3 · 选择题】【全国统考 2014 年】在一个文件被用户进程首次打开的过程中，操作系统需要做的是（　　）。**

A. 将文件内容读到内存中

B. 将文件控制块读到内存中

C. 修改文件控制块中的读写权限

D. 将文件的数据缓冲区首指针返回给用户进程

【解析】本题主要考查文件打开后的执行过程。

一个文件被用户进程首次打开即被执行了 open 操作，会把文件的 FCB（File Control Block，文件控制块）调入内存，而不会把文件内容读到内存中，只有进程希望获取文件内容时才会读入文件内容，所以 A 选项错误，B 选项正确。文件的打开操作并不会修改文件控制块的读写权限，所以 C 选项错误。返回给用户进程的是文件描述符（File Descriptor，FD）而不是数据缓冲区首指针，所以 D 选项错误。

【答案】B

**【例 4 · 选择题】【全国统考 2021 年】若目录 dir 下有文件 file1，则为删除该文件内核不必完成的工作是（　　）。**

A. 删除 file1 的快捷方式

B. 释放 file1 的文件控制块

C. 释放 file1 占用的磁盘空间

D. 删除目录 dir 中与 file1 对应的目录项

【解析】本题主要考查文件的删除操作。

删除一个文件时，会根据 FCB 回收相应的磁盘空间，并将 FCB 回收，同时删除目录中对应的目录项，所以 B、C、D 选项正确。快捷方式属于文件共享中的软链接，本质上是创建了一个链接文件，其中存放的是访问该原始文件的路径，删除文件并不会导致文件的快捷方式也被删除，所以 A 选项错误。

【答案】A

## 考点 3　文件共享和保护

| 重要程度 | ★★ |
|---|---|
| 历年回顾 | 全国统考：2020 年（选择题）<br>院校自主命题：有涉及 |

**【例 1 · 选择题】【北京邮电大学 2013 年】在文件系统中，以下不属于文件保护的方法是（　　）。**

A. 口令

B. 存取控制

C. 用户权限表

D. 读写之后使用关闭命令

【解析】本题主要考查文件保护的方法。

文件保护通过口令保护、加密保护、访问控制实现。

（1）口令保护是指用户在建立一个文件时提供一个口令，系统为其建立 FCB 时附上相应口令，同时告诉共享该文件的其他用户。用户请求访问时必须提供相应的口令。这种方法时间和空间的开销不多，但是口令被直接存放在系统内部，不够安全。

（2）加密保护是指用户对文件进行加密，文件被访问时需要使用密钥，此方法保密性强，节省了存储空间，但是编码和译码需要花费一定的时间。

（3）访问控制是在每个文件的FCB或索引节点中增加一个访问控制列表（Access Control Lists，ACL），该表中记录了各个用户可以对该文件执行哪些操作。

读写之后使用关闭命令是一个文件的基本操作，并不属于文件保护的方法，因此本题选择D选项。

【答案】D

**【例2·选择题】【全国统考2020年】若多个进程共享同一个文件F，则下列叙述中正确的是（　　）。**

A. 各进程只能用“读”方式打开文件F

B. 在系统打开文件表中仅有一个表项包含F的属性

C. 各进程的用户打开文件表中关于F的表项内容相同

D. 进程关闭F时系统删除F在系统打开文件表中的表项

【解析】本题主要考查文件共享后的文件性质。

多个进程可以同时以“读”或“写”的方式打开文件，A选项错误。

整个系统只有一张系统打开文件表，在系统打开文件表中仅有一个表项包含文件的属性，B选项叙述正确。

用户进程的打开文件表对于同一个文件的表项内容不一定相同，比如读写指针位置就不一定相同，C选项叙述错误。

进程关闭文件时，文件的引用计数减1，只有引用计数变为0时才删除系统打开文件表中的表项，D选项错误。

【答案】B

## 考点4　文件的逻辑结构

| 重要程度 | ★★ |
| --- | --- |
| 历年回顾 | 全国统考：未涉及<br>院校自主命题：有涉及 |

**【例1·选择题】【南京理工大学2011年】按文件的逻辑结构划分，文件主要有（　　）两类。**

A. 流式文件和记录式文件　　B. 索引文件和随机文件

C. 永久文件和临时文件　　D. 只读文件和读写文件

【解析】本题主要考查文件按逻辑结构的分类。

文件的逻辑结构是指文件的外部组织形式。按文件的逻辑结构，文件可分为流式文件（无结构文件）和记录式文件（有结构文件）。

【答案】A

**【例2·选择题】【电子科技大学2020年】（　　）是文件的逻辑结构。**

A. 链接结构　　B. 顺序结构　　C. 层次结构　　D. 树形结构

【解析】本题主要考查文件的逻辑结构。

文件的逻辑结构主要有连续结构、多重结构、转置结构、顺序结构。

文件的物理结构主要有顺序结构、链接结构、索引结构。

文件的目录结构主要有一级目录结构、二级目录结构、树形结构、无环图。

【答案】B

## 第二节　文件的物理结构

### 考点 5　顺序结构

| 重要程度 | ★★ |
|---|---|
| 历年回顾 | 全国统考：2013 年（选择题）<br>院校自主命题：有涉及 |

**【例 1 · 选择题】【北京交通大学 2011 年】文件系统中，若文件的物理结构采用连续结构，则 FCB 中有关文件的物理位置的信息应包括①首块地址、②文件长度、③索引表地址中的（　　）。**

A. ①和②　　B. ①和③　　C. ②和③　　D. 全部

【解析】本题主要考查文件物理结构采用连续分配方式时 FCB 的物理位置信息。

对于采用连续分配方式的文件，知道了文件的首块地址和文件长度即可知道有关文件物理位置的全部信息。

【知识链接】连续分配方式要求为每一个文件分配一组相邻接的盘块。该方式把逻辑文件中的记录顺序地存储到临接的各物理块中，这样形成的文件结构称为顺序结构。

【答案】A

**【例 2 · 选择题】【全国统考 2013 年】为支持 CD-ROM 中视频文件的快速随机播放，播放性能最好的文件数据块组织方式是（　　）。**

A. 连续结构　　B. 链式结构　　C. 直接索引结构　　D. 多级索引结构

【解析】本题主要考查播放性能最好的文件数据块组织方式。

为了实现快速随机播放，要保证最短的查询时间，即不能选取链式结构和索引结构，因此连续结构最优。

【答案】A

### 考点 6　链接结构

| 重要程度 | ★★★ |
|---|---|
| 历年回顾 | 全国统考：2016 年（综合应用题）<br>院校自主命题：有涉及 |

【例 1 · 选择题】【中国科学院大学 2013 年】下列有关文件组织管理的描述，不正确的是（　　）。

A. 记录是对文件进行存取操作的基本单位，一个文件中诸记录的长度可以不等

B. 采用链接块方式分配的文件，它的物理块必须顺序排列

C. 创建一个文件时，可以分配连续的区域，也可以分配不连续的物理块

D. Hash 结构文件的优点是能够实现物理块的动态分配和回收

【解析】本题主要考查文件组织管理的基本概念。

链接结构是一种离散结构，可将文件装到多个离散的盘块中，可通过在每个盘块上的链接指针，将同属于一个文件的多个离散盘块链接成一个链表。这样形成的物理文件就是链接文件。采用链接块方式分配的文件，它的物理块可以是不连续的，也可以是顺序排列的，所以 B 选项错误。

【知识链接】链接结构的优点：由于链接结构是采取离散分配的结构，所以消除了外部碎片，也无须事先知道文件的大小，对文件的增、删、改都很方便，但缺点是不支持随机存取。

链接结构又分为显示链接和隐式链接两种。

隐式结构是在每个物理块中都包含下一个物理块的指针，并且在文件的目录项中，包含了这个文件的第一个盘块的指针和最后一个盘块的指针。隐式链接的缺点是只能顺序访问，无法随机访问。

显式链接把用于链接文件各个物理块的指针显式地存放在内存的一张链接表中，每个磁盘仅设置一张链接表，该表称为文件分配表（File Allocation Table，FAT）。显示链接的缺点是 FAT 需要占用较大的空间，无法支持高效的直接存取（因为需要读一次内存）。

【答案】B

【例 2 · 选择题】【四川大学 2015 年】采用 FAT 的文件系统所支持的文件存储结构本质上是（　　）。

A. 连续结构　　B. 索引结构　　C. 混合索引结构　　D. 链接结构

【解析】本题主要考查采用 FAT 的文件系统支持的文件存储结构。

FAT 收集所有的磁盘块链接，该表对每个磁盘块都有一个条目，并按块编号进行索引，所以 FAT 是基于链接结构实现的，因此选择 D 选项。

【答案】D

【例 3·选择题】【中国科技大学 2012 年】FAT32 文件系统采用的外存分配方法是（　　）。

A. 连续分配方式　　B. 混合索引方式　　C. 隐式链接方式　　D. 显式链接方式

【解析】本题主要考查 FAT32 文件系统的外存分配方式。

显式链接是指把用于链接文件各物理块的指针显式地存放在内存的一张链接表中。该表在整个磁盘系统中仅设置一张，被称为文件分配表（FAT）。

FAT32 文件系统由 DBR（DOS Boot Record，分区引导扇区）及其保留扇区、FAT1、FAT2 和 DATA 组成。DBR 的含义是 DOS 引导记录，也称为操作系统引导记录，在 DBR 之后往往会有一些保留扇区；FAT 的含义是文件分配表，FAT32 一般有两份 FAT，FAT1 是第一份，也是主 FAT；FAT2 是 FAT32 的第二份文件分配表，也是 FAT1 的备份；DATA 也就是数据区，是

FAT32 文件系统的主要区域，其中包含目录区域。

【答案】D

**【例 4 · 选择题】【南京大学 2002 年】设有一个记录式文件，采用链接文件存储，逻辑记录长度固定为 100B，在磁盘上存储时采用记录成组分解技术，物理记录长度为 512B。如果该文件的目录项已经读入内存，要修改第 22 个逻辑记录共须启动磁盘（　　）次。**

A. 1　　　B. 2　　　C. 5　　　D. 6

【解析】本题主要考查修改链接文件存储的记录式文件内容要启动磁盘的计算过程。

第 22 个逻辑记录对应的物理块号为 22×100/512=4…152，即要读入第 5 个物理块的数据。由于文件采用的物理结构是链接文件，因此需要在目录指明从第 1 个物理块开始读起，依次读到第 4 个物理块才能得到第 5 个物理块的物理地址，然后读入第 5 个物理块的内容，这里启动了 5 次，再加上题目说是“修改”，还得加上一次写回磁盘。因此，共需启动磁盘 6 次。

【答案】D

**【例 5 · 综合应用题】【全国统考 2016 年】某磁盘文件系统使用链接分配方式组织文件，簇大小为 4KB。目录文件的每个目录项包括文件名和文件的第一个簇号，其他簇号存放在文件分配表 FAT 中。**

（1）假定目录树，各文件占用的簇号及顺序如下表所示，其中 dir、dir1 是目录，file1、file2 是用户文件，请给出所有目录文件的内容。

| 文件名 | 簇号 |
| --- | --- |
| dir | 1 |
| dir1 | 48 |
| file1 | 100、106、108 |
| file2 | 200、201、202 |

（2）若 FAT 的每个表项仅存放簇号，占 2 个字节，则 FAT 的最大长度为多少字节？该文件系统支持的文件长度最大是多少？

（3）系统通过目录文件和 FAT 实现对文件的按名存取，说明 file1 的 106、108 两个簇号分别存放在 FAT 的哪个表项中？

（4）假设仅 FAT 和 dir 目录文件已读入内存，若需将文件 dir/dir1/file1 的第 5000B 读入内存，则要访问哪几个簇？

【解析】本题主要考查链接结构的磁盘文件系统。

【答案】（1）两个目录文件 dir 和 dir1 的内容如下表所示。

dir 目录文件

| 文件名 | 簇号 |
| --- | --- |
| dir1 | 48 |

dir1 目录文件

| 文件名 | 簇号 |
| --- | --- |
| file1 | 100 |
| file2 | 200 |

（2）由于 FAT 的簇号为 2 个字节，即 16 比特，因此在 FAT 中最多允许 $2^{16}$=65536 个表项，一个 FAT 文件最多包含 $2^{16}$=65536 个簇。FAT 的最大长度为 $2^{16} \times 2B=128KB$；文件的最大长度是 $2^{16} \times 4B = 256MB$。

（3）在 FAT 的每个表项中存放下一个簇号。file1 的簇号 106 存放在 FAT 的 100 号表项中，file1 的簇号 108 存放在 FAT 的 106 号表项中。

（4）先在 dir 目录文件里找到 dir1 的簇号，然后读取 48 号簇，得到 dir1 目录文件，接着找到 file1 的第一个簇号，据此在 FAT 里查找 file1 的第 5000 个字节所在的簇号，最后访问磁盘中的该簇。因此，需要访问目录文件 dir1 所在的 48 号簇和文件 file1 的 106 号簇。

## 考点 7　索引结构

| 重要程度 | ★★★★ |
| --- | --- |
| 历年回顾 | 全国统考：2009 年（选择题）、2010 年（选择题）、2012 年（综合应用题）、2015 年（选择题）、2020 年（选择题）、2022 年（综合应用题）<br>院校自主命题：有涉及 |

**【例 1 · 选择题】【全国统考 2009 年】下列文件物理结构中，适合随机访问且易于文件扩展的是（　　）。**

A. 连续结构　　B. 索引结构

C. 链式结构且磁盘块定长　　D. 链式结构且磁盘块变长

**【解析】**本题主要考查文件的物理结构。

文件的物理结构包括顺序结构、链接结构、索引结构 3 种，其中链接结构不能实现随机访问，顺序结构的文件不易于扩展。因此随机访问且易于扩展是索引结构的特性。

**【答案】**B

**【例 2 · 选择题】【全国统考 2010 年】设文件索引节点中有 7 个地址项，其中 4 个地址项是直接地址索引，2 个地址项是一级间接地址索引，1 个地址项是二级间接地址索引，每个地址项大小为 4B，若磁盘索引块和磁盘数据块大小均为 256B，则可表示的单个文件最大长度是（　　）。**

A. 33KB　　B. 519KB　　C. 1057KB　　D. 16516KB

**【解析】**本题主要考查索引文件中单个文件最大长度的计算。

磁盘索引块和磁盘数据块的大小均为 256B，每个磁盘索引块有 256/4=64 个地址项。因此，4 个直接地址索引指向的数据块大小为 $4 \times 256B$；2 个一级间接地址索引包含的直接地址索引数为 $2 \times 64$，即其指向的数据块大小为 $2 \times 64 \times 256B$。1 个二级间接地址索引所包含的直接地址索引数为 $64 \times 64$，即其所指向的数据块大小为 $64 \times 64 \times 256B$，即 7 个地址项所指向的数据块总大小为（4+2×64+64×64）×256B = 1082368B=1057KB。

【答案】C

**【例 3·综合应用题】【全国统考 2012 年】某文件系统空间的最大容量为 4TB（$1TB=2^{40}B$），以磁盘块为基本分配单元，磁盘块大小为 1KB。FCB 包含一个 512B 的索引表区。请回答下列问题。**

（1）假设索引表区仅采用直接索引结构，索引表区存放文件占用的磁盘块号，索引表项中块号最少占多少字节？可支持的单个文件最大长度是多少字节？

（2）假设索引表区采用如下结构：第 0 ～ 7 字节采用＜起始块号，块数＞格式表示文件创建时预分配的连续存储空间。其中起始块号占 6B，块数占 2B；剩余 504 字节采用直接索引结构，一个索引项占 6B，则可支持的单个文件最大长度是多少字节？为了使单个文件的长度达到最大，请指出起始块号和块数分别所占字节数的合理值并说明理由。

【解析】本题主要考查索引文件的综合知识。

（1）文件系统中所能容纳的磁盘块总数为 $4TB/1KB=2^{32}$。要完全表示所有磁盘块，索引表项中的块号最少要占 32/8 = 4B。而索引表区仅采用直接索引结构，故 512B 的索引表区能容纳 512B/4B = 128 个索引项。每个索引项对应一个磁盘块，所以该系统可支持的单个文件最大长度是 128×1KB=128KB。

（2）这里考查的分配方式不同于 3 种经典分配方式，但是题目中给出了详细的解释。所求的单个文件最大长度一共包含两部分：预分配的连续存储空间和直接索引区。连续区块数占 2B，共可以表示 $2^{16}$ 个磁盘块，即 $2^{26}B$；直接索引区共 504B÷6B=84 个索引项。所以该系统可支持的单个文件最大长度是 $2^{26}B+84KB$。为了使单个文件的长度达到最大，应使连续区块数字段表示的空间大小尽可能接近系统最大容量 4TB。设起始块号和块数分别占 4B，这样起始块号可以寻址的范围是 $2^{32}$ 个磁盘块，共 4TB，即整个系统空间。同样地，块数字段可以表示最多 $2^{32}$ 个磁盘块，共 4TB。

【答案】（1）最少占 4B；最大长度为 128KB。

（2）单个文件最大长度是 $2^{26}B+84KB$。为了使单个文件的长度达到最大，应使连续区块数字段表示的空间大小尽可能接近系统最大容量 4TB。设起始块号和块数分别占 4B，这样起始块号可以寻址的范围是 $2^{32}$ 个磁盘块，共 4TB，即整个系统空间。同样地，块数字段可以表示最多 $2^{32}$ 个磁盘块，共 4TB。

**【例 4 · 选择题】【全国统考 2020 年】下列选项中，支持文件长度可变、随机访问的磁盘存储空间分配方式是（　　）。**

A. 索引分配　　B. 链接分配　　C. 连续分配　　D. 动态分区分配

【解析】本题主要考查多种文件分配方式的优缺点。

索引分配把每个文件的所有盘块号都集中在一起构成索引表，每个文件都有其索引号。这使得索引分配支持随机访问。由于索引的结构特征，所以支持文件长度可变，A 选项正确。

链接分配不能支持随机访问，需要依靠指针依次访问，所以 B 选项错误。

连续分配的长度固定，不支持文件长度可变（连续分配的文件长度虽然也可变，但是需要大量移动数据，代价较大，相比之下不合适），所以C选项错误。

动态分区分配是内存管理方式，而不是磁盘存储空间分配方式，所以D选项错误。

**【知识链接】**为每个文件建立一张索引表，记录分配给该文件的所有盘块号，这种文件称为索引文件。索引文件分为单级索引文件、多级索引文件、混合索引文件。

**【答案】**A

**【例5·综合应用题】【全国统考2022年】某文件系统的磁盘块大小为4KB，目录项由文件名和索引节点号构成，每个索引节点占256字节，其中包含直接地址项10个，一级、二级和三级间接地址项各1个，每个地址项占4字节。该文件系统中子目录stu的结构如图（a）所示，stu包含子目录course和文件doc，course子目录包含文件course1和course2。各文件的文件名、索引节点号、占用磁盘块的块号如图（b）所示。**

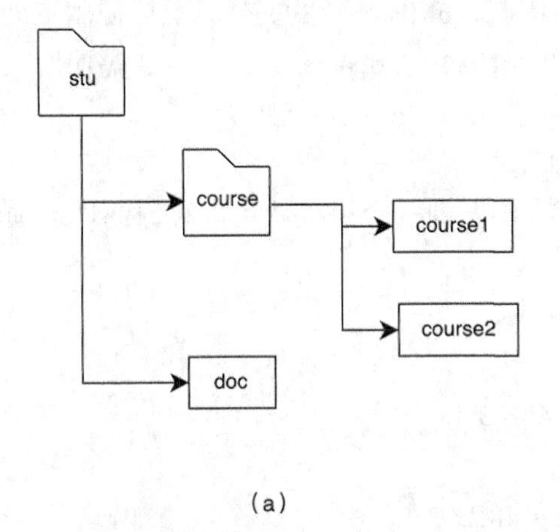


（a）

| 文件名 | 索引节点号 | 磁盘块号 |
| --- | --- | --- |
| stu | 1 | 10 |
| course | 2 | 20 |
| course1 | 10 | 30 |
| course2 | 100 | 40 |
| doc | 10 | $x$ |

（b）

回答以下问题：

（1）目录文件stu中每个目录项的内容是什么？

（2）文件doc占用的磁盘块的块号$x$的值是多少？

（3）若目录文件course的内容已在内存，则打开文件course1并将其读入内存，需读几个磁盘块？说明理由。

（4）若文件course2的大小增长到6MB，则为了存取course2需要使用该文件索引节点的哪几级间接地址项？说明理由。

**【解析】**本题主要考查文件和目录的应用。

**【答案】**（1）在该文件系统中，目录项由文件名和索引节点号构成。由图（a）可知，stu目录下有两个文件，分别是course和doc。由图（b）可知，这两个文件分别对应索引节点号2和10。因此，目录文件stu中两个目录项的内容如下。

| 文件名 | 索引节点号 |
| --- | --- |
| course | 2 |
| doc | 10 |

（2）由图（b）可知，文件 doc 和文件 course1 对应的索引节点号都是 10，说明 doc 和 course1 两个目录项共享同一个索引节点，本质上对应同一个文件。而文件 course1 存储在 30 号磁盘块，因此文件 doc 占用的磁盘块的块号 $x$ 为 30。

（3）要读 2 个磁盘块，先读 course1 的索引节点所在的磁盘块，再读 course1 的内容所在的磁盘块。目录文件 course 的内容已在内存中，即 course1、course2 对应的目录项已在内存中。根据 course1 对应的目录项可以知道其索引节点号，即可读入 course1 的索引节点所在的磁盘块；根据 course1 的索引节点可知该文件存储在 30 号磁盘块，因此可再读入 course1 的内容所在的磁盘块。

（4）存取 course2 需要使用索引节点的一级间接地址项和二级间接地址项。6MB 大小的文件需要占用 6MB ÷ 4KB = 1536 个磁盘块。直接地址项可以记录 10 个磁盘块号，一级间接地址项可以记录 4KB ÷ 4B = 1024 个磁盘块号，二级间接地址项可以记录 1024 × 1024 个磁盘块号，而 10+1024 ＜ 1536 ＜ 10 + 1024 + 1024 × 1024。因此，6MB 大小的文件，需要使用一级间接地址项和二级间接地址项（若文件的总大小超出 10 + 1024 + 1024 × 1024，则还需使用三级间接地址项）。

存取 course1，最多需要 3 次访存。计算过程如下。

（1）一个磁盘块的大小为 4KB，一个地址项为 4B，则一个磁盘块中能存放的地址项计算如下：

$$4\text{KB} \div 4\text{B} = 1\text{K}$$

（2）10 个直接地址项能够存储的文件大小为：

$$10 \times 4\text{KB} = 40\text{KB}$$

（3）1 个一级间接地址项能容纳的大小为：

$$1 \times 1\text{K} \times 4\text{KB} = 4\text{MB}$$

（4）一个二级间接地址项能容纳的大小为：

$$1 \times 1\text{K} \times 1\text{K} \times 4\text{KB} = 4\text{GB}$$

（5）一个三级间接地址项能容纳的大小为：

$$1 \times 1\text{K} \times 1\text{K} \times 1\text{K} \times 4\text{KB} = 4\text{TB}$$

因为文件扩展为 6M，所以 course2 一定要使用二级间接地址项。

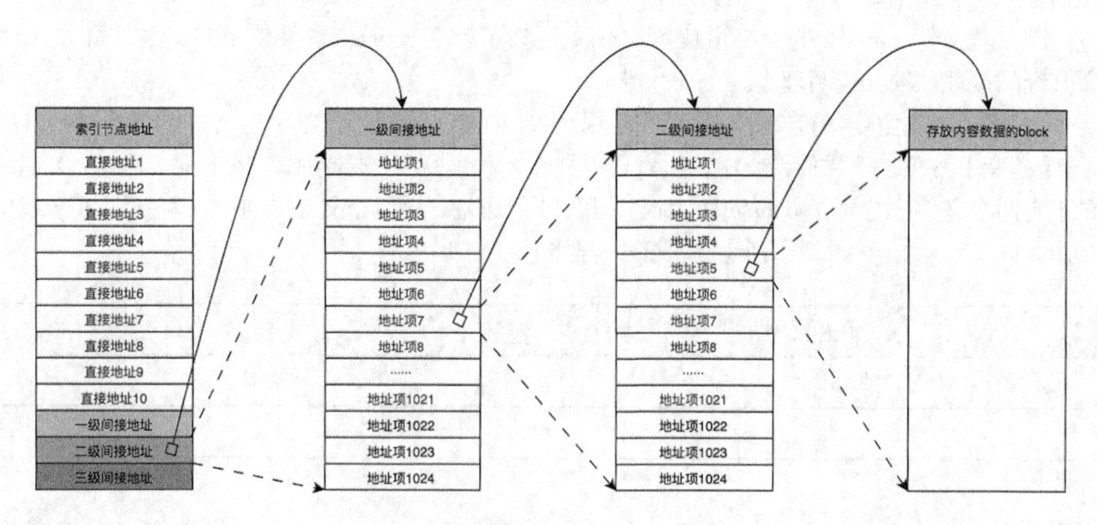

# 第三节 目录管理

## 考点 8 目录的基本概念

| 重要程度 | ★ |
|---|---|
| 历年回顾 | 全国统考：2009 年（选择题）、2010 年（选择题）<br>院校自主命题：有涉及 |

**【例 1 · 选择题】【全国统考 2009 年】文件系统中，文件访问控制信息存储的合理位置是（　　）。**

A. 文件控制块　　B. 文件分配表　　C. 用户口令表　　D. 系统注册表

**【解析】**本题主要考查文件控制块。

文件控制块（File Control Block，FCB）是用来存放控制文件需要的各种信息的数据结构，以实现“按名存取”。文件控制块通常包含 3 类信息，即基本信息、存取控制信息和使用信息。

**【答案】**A

**【例 2 · 选择题】【全国统考 2010 年】设置当前目录的主要目的是（　　）。**

A. 节省外存空间　　B. 节省内存空间

C. 加快文件的检索速度　　D. 加快文件的读 / 写速度

**【解析】**本题主要考查当前目录的作用。

一个文件系统含有许多级时，每访问一个文件，都要使用从树根开始到树叶为止的、包括各中间结点名的全路径名。当前目录又称工作目录，进程对各个文件的访问都相对于当前目录进行，所以检索速度要快于检索全路径名。

**【答案】**C

## 考点 9 树形目录

| 重要程度 | ★ |
|---|---|
| 历年回顾 | 全国统考：未涉及<br>院校自主命题：有涉及 |

**【例 1 · 选择题】【北京邮电大学 2015 年】在树形目录中，文件已被打开后，对文件的访问采用（　　）。**

A. 文件符号名　　B. 从根目录开始的路径名

C. 从当前目录开始的路径名　　D. 文件描述符

**【解析】**本题主要考查树形目录中打开文件的操作。

在树形目录中，用户对某文件的首次访问通常都采用文件路径名；文件被打开后，对文件的访问通常采用文件描述符。

【答案】D

【例 2 · 选择题】【北京邮电大学 2017 年】一般在文件系统中采用树形目录，主要解决的是（　　）。

A. 不同用户文件的命名冲突　　B. 不同用户文件的拷贝

C. 用户文件的查找　　D. 不同用户文件的显示

【解析】本题主要考查树形目录的优点。

树形目录的优点如下。

（1）解决了文件重名问题。

（2）有利于文件的分类。

（3）提高查询速度等。

在树形目录中，从根目录到任何数据文件都只有一条唯一的路径。在该路径上，从树的根开始，把全部目录文件名与数据文件名依次用“/”连接起来，即构成该数据文件唯一的路径名。因此，主要解决了文件命名冲突问题。

【答案】A

## 考点 10　目录的操作

| 重要程度 | ★★ |
| --- | --- |
| 历年回顾 | 全国统考：未涉及<br>院校自主命题：有涉及 |

【例 · 选择题】【广东工业大学 2017 年】如果允许不同用户的文件可以具有相同的文件名，通常采用（　　）来保证按名存取的安全。

A. 重名翻译机构　　B. 建立索引表　　C. 建立指针　　D. 多级目录结构

【解析】本题主要考查多级目录结构的优势。

在多级目录结构中，同一级目录中不能有相同的文件名，但在不同级的目录中可以有相同的文件名，故选 D 选项。

【答案】D

## 考点 11　软链接和硬链接

| 重要程度 | ★★ |
| --- | --- |
| 历年回顾 | 全国统考：2009 年（选择题）、2017 年（选择题）<br>院校自主命题：有涉及 |

【例 1 · 选择题】【全国统考 2009 年】设文件 F1 的当前引用计数值为 1，先建立 F1 的符号链接（软链接）文件 F2，再建立 F1 的硬链接文件 F3，然后删除 F1。此时，F2 和 F3 的引用计数值分别是（　　）。

A. 0、1　　B. 1、1　　C. 1、2　　D. 2、1

【解析】本题主要考查符号链接的基本概念。

建立符号链接时，直接复制引用计数值。建立硬链接时，将引用计数值加1。删除文件时，删除操作对于符号链接是不可见的，这并不影响文件系统，当以后再通过符号链接访问时，发现文件不存在，则直接删除符号链接。但对于硬链接来说，则不可以直接删除，而是将引用计数值减1，若值不为0，则不能删除此文件，因为还有其他硬链接指向此文件。当建立F2时，F1和F2的引用计数值都为1。当再建立F3时，F1和F3的引用计数值就都变成了2。当后来删除F1时，F3的引用计数值为2-1=1，F2的引用计数值不变。

【答案】B

**【例2·选择题】【全国统考2017年】若文件f1的硬链接为f2，两个进程分别打开f1和f2，获得对应的文件描述符为fd1和fd2，则下列叙述中正确的是（　　）。**

Ⅰ. f1和f2的读写指针位置保持相同

Ⅱ. f1和f2共享同一个内存索引节点

Ⅲ. fd1和fd2分别指向各自的用户打开文件表中的一项

A. 仅Ⅲ　　B. 仅Ⅱ、Ⅲ　　C. 仅Ⅰ、Ⅱ　　D. Ⅰ、Ⅱ和Ⅲ

【解析】本题主要考查硬链接的基本概念。

硬链接指通过索引节点进行连接，一个文件在物理存储器上有一个索引节点号。存在多个文件名指向同一个索引节点，Ⅱ正确。两个进程各自维护自己的文件描述符，Ⅲ正确。当前文件位置的指针对打开文件的某个进程来说是唯一的，Ⅰ错误。所以选B选项。

【答案】B

## 第四节　文件存储空间管理方法

### 考点12　位示图法

| 重要程度 | ★★★ |
|---|---|
| 历年回顾 | 全国统考：2014年（选择题）、2015年（选择题）<br>院校自主命题：有涉及 |

**【例1·选择题】【全国统考2014年】现有一容量为10GB的磁盘分区，磁盘空间以簇（Cluster）为单位进行分配，簇的大小为4KB，若采用位示图法管理该分区的空闲空间，即用一位（bit）标识一个簇是否被分配，则存放该位示图所需簇的个数为（　　）。**

A. 80　　B. 320　　C. 80K　　D. 320K

【解析】本题主要考查位示图法管理分区空闲空间的计算。

簇的总数=10GB/4KB=2.5M，用一位标识一个簇是否被分配，则整个磁盘共需要2.5M位，即需要2.5M/8 = 320KB，也就是共需要320KB/4KB =80个簇，故选A选项。

【知识链接】位示图法是利用二进制的一位来表示磁盘中的一个盘块的使用情况。当其值为0时表示对应盘块空闲，为1时表示已分配，这样由所有盘块所对应的位构成的一个集合称为位示图。

【答案】A

【例 2 · 选择题】【全国统考 2015 年】文件系统用位示图法表示磁盘空间的分配情况，位示图存于磁盘的 32 ~ 127 号块中，每个盘块占 1024 个字节，盘块和块内字节均从 0 开始编号。假设要释放的盘块号为 409612，则位示图中要修改的位所在的盘块号和块内字节序号分别是（　　）。

A. 81、1　　B. 81、2　　C. 82、1　　D. 82、2

【解析】本题主要考查用位示图法表示磁盘空间的分配情况的计算。

盘块号 = 起始块号 + 偏移量 = 32+409612/（1024×8）≈ 32+50 = 82；块内字节序号 =［盘块号 %（1024×8）］/8 ≈ 2。故选 C 选项。

【答案】C

## 考点 13　成组链接法

| 重要程度 | ★ |
| --- | --- |
| 历年回顾 | 全国统考：未涉及<br>院校自主命题：有涉及 |

【例 · 选择题】【南京理工大学 2011 年】成组链接法是用于（　　）。

A. 文件的逻辑组织　　B. 文件的物理组织

C. 文件存储器空闲空间的组织　　D. 文件的目录组织

【解析】本题主要考查成组链接法的用法。

成组链接法是 UNIX 系统中常见的管理空闲盘区的方法，它把空闲块分为若干组，每 100 个空闲块为一组，每组的第一个空闲块记录了空闲块总数和下一组物理空闲块的物理盘块号。

【答案】C

# 过关练习

### 选择题

1.【模拟题】MS-DOS 操作系统中文件的物理结构采用的外存分配方式是（　　）。

A. 连续分配方式　　B. 索引分配方式

C. 显式链接分配方式　　D. 隐式连接分配方式

2.【全国统考 2017 年】某文件系统中，针对每个文件，用户类别分为 4 类：安全管理员、文件主、文件主的伙伴、其他用户；访问权限分为 5 种：完全控制、执行、修改、读取、写入。若文件控制块中用二进制位串表示文件权限，为表示不同类别用户对一个文件的访问权限，则描述文件权限的位数至少应为（　　）。

A. 5　　B. 9　　C. 12　　D. 20

3.【模拟题】下列关于文件系统的说法中，正确的是（　　）。

A. 文件系统负责文件存储空间的管理，但不能实现文件名到物理地址的转换
B. 在多级目录结构中对文件的访问是通过路径名和用户目录名进行的
C. 文件可以被划分成大小相等的若干物理块且物理块大小也可任意指定
D. 逻辑记录是对文件进行存取操作的基本单位

4.【模拟题】某文件系统物理结构采用三级索引分配方法，如果每个盘块的大小为1024B，每个盘块索引号占用4B，请问在该文件系统中，最大的文件接近（　　）。

A. 8GB　　B. 16GB　　C. 32GB　　D. 2TB

5.【全国统考2018年】下列优化方法中，可以提高文件访问速度的是（　　）。

Ⅰ. 提前读　　Ⅱ. 为文件分配连续的簇　　Ⅲ. 延迟写　　Ⅳ. 采用磁盘高速缓存

A. 仅Ⅰ、Ⅱ　　B. 仅Ⅱ、Ⅲ　　C. 仅Ⅰ、Ⅲ、Ⅳ　　D. Ⅰ、Ⅱ、Ⅲ、Ⅳ

6.【全国统考2015年】在文件的索引节点中存放直接索引指针10个、一级和二级索引指针各1个。磁盘块大小为1KB，每个索引指针占4B。若某文件的索引节点已在内存中，则把该文件偏移量（按字节编址）为1234和307400处所在的磁盘块读入内存，需访问的磁盘块个数分别是（　　）。

A. 1、2　　B. 1、3　　C. 2、3　　D. 2、4

7.【全国统考2019年】下列选项中，可用于文件系统管理空闲磁盘块的数据结构是（　　）。

Ⅰ. 位图　　Ⅱ. 索引节点　　Ⅲ. 空闲磁盘块链　　Ⅳ. 文件分配表（FAT）

A. 仅Ⅰ、Ⅱ　　B. 仅Ⅰ、Ⅲ、Ⅳ　　C. 仅Ⅰ、Ⅲ　　D. 仅Ⅱ、Ⅲ、Ⅳ

**综合应用题**

8.【全国统考2014年】文件F由200条记录组成，记录从1开始编号。用户打开文件后，欲将内存中的一条记录插入文件F中，作为其第30条记录。请回答下列问题，并说明理由。

（1）若文件系统采用连续分配方式，每个磁盘块存放一条记录，文件F存储区域前后均有足够的空闲磁盘空间，则完成上述插入操作最少需要访问多少次磁盘块？F的文件控制块内容会发生哪些改变？

（2）若文件系统采用链接分配方式，每个磁盘块存放一条记录和一个链接指针，则完成上述插入操作需要访问多少次磁盘块？若每个存储块大小为1KB，其中4个字节存放链接指针，则该文件系统支持的文件最大长度是多少？

9.【全国统考 2018 年】某文件系统采用索引节点存放文件的属性和地址信息，簇大小为4KB。每个文件索引节点占 64B，有 11 个地址项，其中直接地址项 8 个，一级、二级和三级间接地址项各 1 个，每个地址项长度为 4B。请回答下列问题。

（1）该文件系统能支持的最大文件长度是多少？（给出计算表达式即可。）

（2）文件系统用 1M（$1M=2^{20}$）个簇存放文件索引节点，用 512M 个簇存放文件数据。若一个图像文件的大小为 5600B，则该文件系统最多能存放多少个图像文件？

（3）若文件 F1 的大小为 6KB，文件 F2 的大小为 40KB，则该文件系统获取 F1 和 F2 最后一个簇的簇号需要的时间是否相同？为什么？

10.【全国统考 2011 年】某文件系统为一级目录结构，文件的数据一次性写入磁盘，已写入的文件不可修改，但可多次创建新文件。请回答如下问题：

（1）在连续、链式、索引三种文件的数据块组织方式中，哪种更合适？要求说明理由。为定位文件数据块，需要在 FCB 中设计哪些相关描述字段？

（2）为快速找到文件，对于 FCB，是集中存储好，还是与对应的文件数据块连续存储好？要求说明理由。

## 答案与解析

### 答案速查表

| 题号 | 1 | 2 | 3 | 4 | 5 | 6 | 7 |
|---|---|---|---|---|---|---|---|
| 答案 | C | D | D | B | D | B | B |

1.【解析】本题主要考查显示链接分配方式。

显示链接分配方式把用于链接被文件各物理块的指针显式地存放在内存的一张链接表中，每个磁盘仅设置一张链接表，这张链接表被称为文件分配表（File Allocation Table，FAT）。MS-DOS、Windows 和 OS/2 等操作系统都用了 FAT。

【答案】C

2.【解析】本题主要考查文件的属性。

每类用户可以有 5 种权限，共 4 类用户，所以有 $4 \times 5=20$ 种，即需要用 20 位来描述文件权限。

【答案】D

3.【解析】本题主要考查文件系统的基本信息。

文件系统使用文件名进行管理，也实现了文件名到物理地址的转换，A 选项错误。在多级目录结构中，从根目录到任何数据文件都只有一条唯一的路径，该路径从目录的根开始，把全部目录文件名和数据文件名依次用“/”连接起来，即构成该数据文件唯一的路径名。对文件的访问只需通过路径名即可，B 选项错误。文件被划分成的物理块的大小是固定的，通常和内存管理中的页面大小一致，C 选项错误。逻辑记录是文件中按信息在逻辑上的独立含义来划分的信息单位，它是对文件进行存取操作的基本单位，D 选项正确。

【答案】D

4.【解析】本题主要考查三级索引分配方法的文件分配计算。

根据已知条件，每个盘块的大小为 1024B，每个盘块索引号占用 4B，因此，每个盘块可以存放 1024B/4B=256 个索引号。采用三级索引分配方法时，最大的文件 =256×256×256×1024B≈16GB。

【答案】B

5.【解析】本题主要考查优化文件访问速度的方式。

Ⅱ和Ⅳ显然均能提高文件访问速度。提前读是指在当前盘块时，将下一个可能要访问的盘块数据读入缓冲区，以便需要时直接从缓冲区中读取，提高了文件的访问速度，I 正确。延迟写是先将写数据写入缓冲区，并置上“延迟写”标志，以备不久之后访问，当缓冲区需要再次被分配出去时才将缓冲区数据写入磁盘，减少了访问磁盘的次数，提高了文件的访问速度，Ⅲ正确。

【答案】D

6.【解析】本题主要考查索引文件访问磁盘的情况。

10 个直接索引指针指向的数据块大小 =10×1KB = 10KB。

每个索引指针占 4B，则每个磁盘块可存放 1KB/4B = 256 个索引指针；一级索引指针指向的数据块大小 =256×1KB=256KB ；二级索引指针指向的数据块大小 =256×256×1KB=$2^{16}$KB=64MB。

按字节编址，偏移量为 1234 时，因 1234B ＜ 10KB，所以由直接索引指针可得到其所在的磁盘块地址。文件的索引节点已在内存中，则地址可直接得到，故仅需 1 次访问磁盘块即可；偏移量为 307400 时，因 10KB+256KB ＜ 307400B ＜ 64MB，所以该偏移量的内容在二级索引指针所指向的某个磁盘块中，索引节点已在内存中，故先访问磁盘块 2 次得到文件所在的磁盘块地址，再访问磁盘块 1 次即可读出内容，也就是共需 3 次访问磁盘块。

【答案】B

7.【解析】本题主要考查用于文件系统管理空闲磁盘块的数据结构。

传统的文件系统管理空闲磁盘块的方法包括位示图法和成组链接法，Ⅰ、Ⅲ正确。

文件分配表（FAT）的表项与物理磁盘块一一对应，并且可以用一个特殊的数字 -1 表示文件的最后一块，用 -2 表示这个磁盘块是空闲的（当然，规定用 -3、-4 来表示也是可行的）。因此文件分配表（FAT）不仅记录了文件中各个块的先后链接关系，同时还标记了空闲的磁盘块，操作系统也可以通过文件分配表（FAT）对文件存储空间进行管理，Ⅳ正确。

索引节点是操作系统为了实现文件名与文件信息分开而设计的数据结构，存储了文件描述信息，索引节点属于文件目录管理部分的内容，所以Ⅱ错误。

【答案】B

8.【解析】本题主要考查文件管理的综合知识。

（1）文件系统采用连续分配方式时，插入记录需要移动其他的记录块，整个文件共有 200 条记录，要插入新记录作为第 30 条，而存储区域前后均有足够的空闲磁盘空间，且要求最少的访问次数，则要把文件中的前 29 条记录前移，若算访问磁盘块次数，移动一条记录读出和存回磁盘各是一次访问磁盘块，29 条记录共访问磁盘块 58 次，存回第 30 条记录访问磁盘块 1 次，则共访问磁盘块 59 次。F 的文件控制块的起始块号和文件长度的内容会因此改变。

（2）文件系统采用链接分配方式时，插入记录并不用移动其他记录，只需找到相应的记录修改指针即可。插入的记录为其第 30 条记录，那么需要找到文件系统的第 29 块记录，即一共需要访问磁盘块 29 次，然后把第 29 块下一块的地址部分赋给新块，把新块存回内存会访问磁盘块 1 次，然后修改内存中第 29 块下一块的地址字段，再存回磁盘，因此一共访问磁盘块 31 次。

4 个字节共 32 位，可以寻址 $2^{32}$=4G 块存储块，每块的大小为 1KB，即 1024B，其中下一块地址部分占 4G，数据部分占 1020B，那么该文件系统支持的文件最大长度是 4G × 1020B = 4080GB。

【答案】

（1）共访问磁盘块 59 次；F 的文件控制块的起始块号和文件长度的内容会因此改变。

（2）一共访问磁盘块 31 次；文件最大长度是 4080GB。

9.【答案】（1）簇大小为 4KB，每个地址项长度为 4B，故每簇有 4KB ÷ 4B = 1024 个地址项。最大文件的物理块数可达 $8+1\times1024+1\times1024^2+1\times1024^3$，每个物理块（簇）大小为 4KB，故最大文件长度为（$8+1\times1024+1\times1024^2+1\times1024^3$）× 4KB = 32KB+4MB+4GB+4TB。

（2）文件索引节点总个数为 1M × 4KB ÷ 64B = 64M，5600B 的文件占 2 个簇，512M 个簇可存放的文件总个数为 512M ÷ 2 = 256M。可表示的文件总个数受限于文件索引节点的总个数，故能存储 64M 个大小为 5600B 的图像文件。

（3）文件 F1 的大小为 6KB ＜ 4KB × 8 = 32KB，故获取文件 F1 的最后一个簇的簇号只需要访问索引节点的直接地址项。文件 F2 的大小为 40KB，4KB × 8 ＜ 40KB ＜ 4KB × 8+4KB × 1024，故获取 F2 的最后一个簇的簇号还需要读一级索引表。综上，需要的时间不相同。

10.【答案】（1）在磁盘中连续存放（采取连续结构），磁盘寻道时间更短，文件随机访问效率更高；在 FCB 中加入的字段为＜起始块号，块数＞或者＜起始块号，结束块号＞。

（2）将所有 FCB 集中存放，文件数据集中存放。这样在随机查找文件名时，只需访问 FCB 对应的块，可减少磁头移动和磁盘 I/O 访问次数。

# 第七章 全真模拟题

## 全真模拟题（一）

1. 下列说法中，正确的有（　　）。

Ⅰ. 清除内存、设置时钟都是特权指令，只能在内核态（系统态、管态）下执行

Ⅱ. 用零作除数将产生中断

Ⅲ. 用户态到内核态的转换是由硬件完成的

Ⅳ. 在中断发生后，进入中断处理的程序可能是操作系统程序，也可能是应用程序

A. 仅Ⅰ、Ⅲ　　B. 仅Ⅰ、Ⅱ、Ⅳ　　C. 仅Ⅱ、Ⅲ、Ⅳ　　D. Ⅰ、Ⅱ、Ⅲ、Ⅳ

2. 以下选项关于进程的说法中，正确的是（　　）。

A. 一个进程状态的变化总会引起其他进程状态的变化

B. 时间片轮转算法中当前进程的时间片结束后会由运行态变为阻塞态

C. 进程是调度的基本单位

D. PCB 是进程存在的唯一标志

3. 下列关于线程的叙述中，正确的是（　　）。

Ⅰ. 在采用轮转调度算法时，一个进程拥有 10 个用户级线程，则在系统调度执行时间上占用 10 个时间片

Ⅱ. 属于同一个进程的各个线程共享栈空间

Ⅲ. 同一进程中的线程可以并发执行，但不同进程内的线程不可以并发执行

Ⅳ. 线程的切换不会引起进程的切换

A. 仅Ⅰ、Ⅱ、Ⅲ　　B. 仅Ⅱ、Ⅳ　　C. 仅Ⅱ、Ⅲ　　D. 全错

4. 考虑下面的基于动态改变优先级的可抢占式优先调度算法。大的优先权数代表高优先级。当一个进程在等待 CPU 时（在就绪队列中，但未执行），优先权以速率 $\alpha$ 改变；当它运行时，优先权以速率 $\beta$ 改变。所有的进程在进入就绪队列时被给定的优先权数为 0。参数 $\alpha$ 和 $\beta$ 可以设定给许多不同的调度算法。下列（　　）的设定可以实现进程 FIFO（First In First Out）。

A. $\beta > \alpha > 0$　　B. $\alpha > \beta > 0$　　C. $\beta < \alpha < 0$　　D. $\alpha < \beta < 0$

5. 支持程序存放在不连续内存中的存储管理方法有（　　）。

Ⅰ. 动态分区分配　Ⅱ. 固定分区分配　Ⅲ. 分页式分配　Ⅳ. 段页式分配

Ⅴ. 分段式分配

A. Ⅰ和Ⅱ　　B. Ⅲ和Ⅳ　　C. Ⅲ、Ⅳ和Ⅴ　　D. Ⅰ、Ⅲ、Ⅳ和Ⅴ

6. 如下程序在页式虚存系统中执行，程序代码位于虚空间 0 页，A 为 128×128 的数组，在虚空间以行为主序存放，每页存放 128 个数组元素。工作集大小为 2 个页框（开始时程序代码已在内存，占 1 个页框），用 LRU 算法，下面两种对 A 初始化的程序引起的页故障数分别为（　　）。

```
程序1：
for(j = 1; j <= 128; j++)
      for(i = 1; i <= 128; i++)
            A[i][j] = 0;

程序2：
for(i = 1; i <= 128; i++)
     for(j = 1; j <= 128; j++)
           A[i][j] = 0;
```

A. 128×128，128　　B. 128，128×128
C. 64，64×64　　D. 64×64，64

7. 在一个请求分页系统中，采用 LRU 页面置换算法时，假如一个作业的页面走向为：1、3、2、1、1、3、5、1、3、2、1、5。当分配给该作业的物理块数分别为 3 和 4 时，试计算在访问过程中所发生的缺页率是（　　）。

A. 35%，25%　　B. 35%，50%　　C. 50%，33%　　D. 50%，25%

8. 下列有关设备管理概念的叙述中，（　　）是不正确的。

Ⅰ. 通道可视为一种软件，其作用是提高了 CPU 的利用率
Ⅱ. 编制好的通道程序是存放在主存储器中的
Ⅲ. 用户给出的设备编号是设备的物理号
Ⅳ. 来自通道的 I/O 中断事件应该由设备管理负责

A. Ⅰ和Ⅲ　　B. Ⅰ和Ⅳ　　C. Ⅱ、Ⅲ和Ⅳ　　D. Ⅱ和Ⅲ

9. 下列关于设备独立性的论述中，正确的是（　　）。

A. 设备独立性是 I/O 设备具有独立执行 I/O 功能的一种特性
B. 设备独立性是指用户程序独立于具体使用的物理设备的一种特性
C. 设备独立性是指独立实现设备共享的一种特性
D. 设备独立性是指设备驱动独立于具体使用的物理设备的一种特性

10. 下面关于文件的叙述中，错误的是（　　）。

Ⅰ. 打开文件的主要操作是把指定文件复制到内存指定的区域

Ⅱ. 对一个文件的访问，常由用户访问权限和用户优先级共同限制

Ⅲ. 文件系统采用树形目录结构后，对于不同用户的文件，其文件名应该不同

Ⅳ. 为防止系统故障造成系统内文件的受损，常采用存取控制矩阵方法保护文件

A. 仅Ⅱ　　B. 仅Ⅰ、Ⅲ　　C. 仅Ⅰ、Ⅲ、Ⅳ　　D. Ⅰ、Ⅱ、Ⅲ、Ⅳ

11. 应用P、V操作实现P1 ~ P6进程的同步问题，见下图：

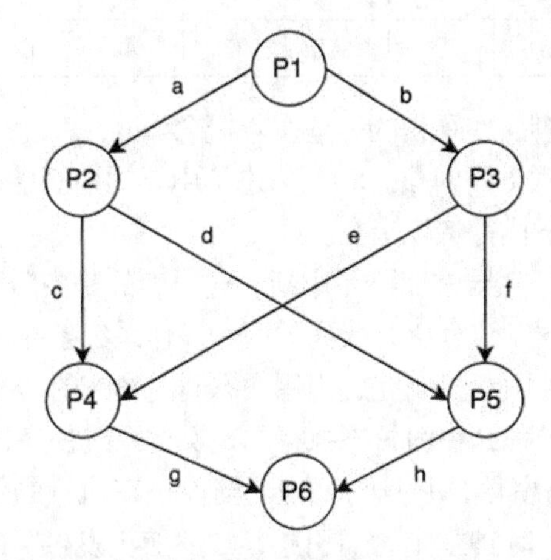


12. 某操作系统的文件系统采用混合索引分配方式，索引节点中包含文件的物理结构数组iaddr[10]。其中前7项iaddr[0] ~ iaddr[6]为直接地址，iaddr[7] ~ iaddr[8]为一次间接地址，iaddr[9]为二次间接地址。系统盘块的大小为4KB，磁盘的每个扇区大小也为4KB。描述磁盘块的数据项需要4字节，其中1字节表示磁盘分区，3字节表示物理块。请问：

（1）该文件系统支持的单个文件的最大容量是多少？

（2）若某文件A的索引节点信息已位于内存，但其他信息均在磁盘。现在需要访问文件A中第 $i$ 个字节的数据，列出所有可能的磁盘访问次数，并说明原因。

# 全真模拟题（一）答案与解析

## 答案速查表

| 题号 | 1 | 2 | 3 | 4 | 5 | 6 | 7 | 8 | 9 | 10 |
|---|---|---|---|---|---|---|---|---|---|---|
| 答案 | A | D | D | A | C | A | C | A | B | D |

1.【解析】本题主要考查操作系统的一些基本概念。

Ⅰ正确，在双重操作模式（即内核态和用户态）中，用户把能引起损害的机器指令作为特权指令，且只允许在内核态下执行特权指令。

Ⅱ错误，用零作除数将产生异常而不是中断。这里考的是中断和异常的概念区分。中断和异常是导致处理器转向正常控制流程之外代码的两种操作系统条件。

Ⅲ正确，计算机通过硬件中断机制完成由用户态到内核态的转换。

Ⅳ错误，进入中断处理的程序在内核态执行的是操作系统程序，不可能是应用程序。

【高手点拨】中断是异步事件，并且与处理器当前正在执行的任务毫无关系。中断主要由硬件，如 I/O 设备、处理器、时钟或定时器引起，是"随机发生"的事件，另外，中断可以被允许，也可以被禁止。异常是同步事件，是某些特定指令执行的结果，在同样的条件下，用同样的数据第二次运行一个程序可以重现原来的异常。异常的例子有内存访问违例、特定的调试器指令以及除零错误等。

【答案】A

2.【解析】本题主要考查进程和 PCB。

一个进程状态的变化不一定会影响其他进程状态，比如阻塞态进程变为就绪态，就不会影响其他进程状态，A 选项错误。时间片结束会使进程由运行态变为就绪态，B 选项错误。进程是资源分配的基本单位，线程是调度的基本单位，C 选项错误。PCB 是进程存在的唯一标志，D 选项正确。

【答案】D

3.【解析】本题主要考查线程的基本概念和用法。

Ⅰ错误，由于用户级线程不依赖于操作系统内核，因此，操作系统内核是不知道用户级线程的存在的。所以，操作系统把 CPU 的时间片分配给用户进程，再由用户进程的管理器将时间片分配给用户级线程。那么，用户进程得到的时间片为所有用户级线程共享，所以该进程只占有一个时间片。若是内核级线程，操作系统是知道内核级线程的，会给它们与进程一样的分配处理机时间，所以，有多少个内核级线程就可以获得多少个时间片。

Ⅱ错误，各个线程拥有属于自己的栈空间，不允许共享。

Ⅲ错误，同一进程内的多个线程可以并发执行，不同进程内的多个线程也可以并发执行。

Ⅳ错误，当从一个进程中的线程切换到另一个进程中的线程时，将会引起进程的切换。

【知识链接】线程，也被称为轻量级进程，是一个基本的 CPU 执行单元。它包含了一个线程 ID、一个程序计数器、一个寄存器组和一个堆栈。在多线程模型中，进程只作为除 CPU 以外系统资源的分配单位，线程则作为处理机的分配单位，甚至不同进程中的线程也能并发执行。

【答案】D

4.【解析】本题主要考查基于动态改变优先级的可抢占式优先调度算法。

假设进程 M 先于进程 N 进入就绪队列。PM 和 PN 分别表示 M 和 N 的优先权数。

（1）在 $\beta > \alpha > 0$ 设定下，在就绪队列中，PM ＞ PN，则越早进入就绪队列，优先权数就越大，所以可以实现 FCFS（First Come First Server）。又因为 $\beta > \alpha$，所以在 M 进程运行时，PM 的增长速度大于 PN 的增长速度，则 PM ＞ PN 恒成立，从而保证了 M 进程先于 N 进程完成，即 FIFO（First In First Out）。

（2）在 $\alpha > \beta > 0$ 设定下，还是 FCFS，原因和 $\beta > \alpha > 0$ 的一样。但是在 M 进程运行时，处于就绪队列的 N 进程以速率 $\alpha$ 增加自己的优先级，由于 $\alpha > \beta$，无法保证 PM 永远大于 PN，当 PN 大于 PM 时，N 进程将会抢占 M 进程，即无法保证 FIFO。

（3）在 $\beta < \alpha < 0$ 设定下，$\alpha < 0$，意味着随着时间的递增，优先级在下降，所以等待更久的 M 进程反而会有更低的优先级，也就是 PM ＜ PN，PN 会被优先调度，这实现的是 LCFS( Last Come First Service )。又因为 $\beta < \alpha$，所以在 N 进程运行时，PM 的下降速度大于 PN 的下降速度，有可能出现 PM ＞ PN 的情况，此时 CPU 有可能被 M 进程抢占，无法保证 LIFO（Last In First Out）。

（4）在 $\alpha < \beta < 0$ 设定下，还是 LCFS，原因和 $\beta < \alpha < 0$ 的一样。但由于 $\alpha < \beta$，在 N 进程运行时，PN 的下降速度变慢了，从而保证了 PN 始终大于 PM，导致 N 进程先于 M 进程完成，即 LIFO。

所以本题选择 A 选项。本题通过对 $\alpha$、$\beta$ 的设置实现了更多的调度方式。

【答案】A

5.【解析】本题主要考查非连续分配管理方式。

非连续分配允许一个程序分散地装入不相邻的内存分区中。动态分区分配和固定分区分配都属于连续分配方式，而非连续分配有分页式分配、分段式分配和段页式分配 3 种。

【答案】C

6.【解析】本题主要考查缺页中断的计算。

进程的工作集是 2 个页框，其中一个页框始终被程序代码占用，所以可供数据使用的内存空间只有一个页框。在虚空间以行为主序存放，每页存放 128 个数组元素，所以每行占一页。程序 1 访问数组的方式为先行后列，每次访问都是针对不同的行，所以每次都会产生缺页中断，一共 128×128 次；程序 2 访问数组的方式是先列后行，每次访问不同行时会产生缺页中断，一共 128 次。

【答案】A

7.【解析】本题主要考查 LRU 页面置换算法的缺页率计算。

（1）物理块数为 3 时，缺页情况如下表所示。

缺页情况（物理块数为 3）

| 访问串 | 1 | 3 | 2 | 1 | 1 | 3 | 5 | 1 | 3 | 2 | 1 | 5 |
|---|---|---|---|---|---|---|---|---|---|---|---|---|
| 内存 | 1 | 1 | 1 | 1 | 1 | 1 | 1 | 1 | 1 | 1 | 1 | 1 |
| | | 3 | 3 | 3 | 3 | 3 | 3 | 3 | 3 | 3 | 3 | 5 |
| | | | 2 | 2 | 2 | 2 | 5 | 5 | 5 | 2 | 2 | 2 |
| 缺页 | √ | √ | √ | | | | √ | | | √ | | √ |

缺页次数为 6，缺页率为（6 ÷ 12）× 100% = 50%。

（2）物理块数为 4 时，缺页情况如下表所示。

缺页情况（物理块数为 4）

| 访问串 | 1 | 3 | 2 | 1 | 1 | 3 | 5 | 1 | 3 | 2 | 1 | 5 |
|---|---|---|---|---|---|---|---|---|---|---|---|---|
| 内存 | 1 | 1 | 1 | 1 | 1 | 1 | 1 | 1 | 1 | 1 | 1 | 1 |
| | | 3 | 3 | 3 | 3 | 3 | 3 | 3 | 3 | 3 | 3 | 5 |
| | | | 2 | 2 | 2 | 2 | 2 | 2 | 2 | 2 | 2 | 2 |
| 缺页 | √ | √ | √ | | | | √ | | | | | |

缺页次数为 4，缺页率为（4 ÷ 12）× 100% ≈ 33%。

【解题技巧】当分配给作业的物理块数为 4 时，注意到作业请求页面序列只有 4 个页面，可以直接得出缺页次数为 4，而不需要按表中列出缺页情况。

【答案】C

8.【解析】本题主要考查设备管理的知识点。

通道是一种硬件或特殊的处理器，它有自身的指令，故 I 叙述错误。通道没有自己的主存储器，通道指令存放在主机的主存储器中，也就是说通道与 CPU 共享主存储器，故 II 叙述正确。为了实现设备独立性，用户使用逻辑设备号来编写程序，故给出的编号为逻辑编号，故 III 叙述错误。来自通道的 I/O 中断事件是属于输入 / 输出的问题，故应该由设备管理负责，故 IV 叙述正确。

【高手点拨】通道作为一种特殊的硬件或者处理器，具有诸多特征，考生要认真理解它与一般的处理器的区别，以及与 DMA 方式的区别。

【答案】A

9.【解析】本题主要考查设备独立性的定义。

设备独立性是指用户程序独立于具体使用的物理设备的一种特性，引入设备的独立性是为了提高设备分配的灵活性和设备的利用率等。

【答案】B

10.【解析】本题主要考查文件的基本概念及文件操作。

Ⅰ论述错误。打开文件的主要操作是：系统调用 open 把文件的信息目录放到打开文件表中，使得程序可以使用文件描述符访问文件内容，而不是将制定文件内容复制到内存指定的区域。

Ⅱ论述错误，对一个文件的访问，常由用户访问权限和文件属性共同限制。

Ⅲ论述错误，文件系统采用树形目录结构后，对于不同用户的文件，其文件名可以不同，也可以相同。

Ⅳ论述错误，常采用备份的方法保护文件。而存取控制矩阵的方法适用于多用户之间的存取权限保护。

【答案】D

11.【解析】本题主要考查用 P、V 操作实现进程同步问题。

由题图可分析出每一个进程和其他进程之间可以有两种边的状态，一种是指向该进程，另一种是从该进程指出去，指向该进程的边表示获取信号量即为 P 操作，而从该进程指出去的边表示释放信号量即为 V 操作。据此可以很快写出 P1 ~ P6 进程的同步问题。

【答案】

```
P1( ){…V(a);V(b);…};
P2( ){…P(a);…V(c);V(d);…};
P3( ){…P(b);…V(e);V(f);…};
P4( ){…P(c);P(e);…V(g);…};
P5( ){…P(d);P(f);…V(h);…};
P6( ){…P(g);P(h);…}。
```

12.【答案】（1）每个盘块中包含的数据项个数为 4KB ÷ 4B = 1K；

单个文件的最大容量为（7+2 × 1K+1K × 1K）× 4KB = 28KB + 8MB + 4GB。

（2）索引节点保存在内存中，所以磁盘 I/O 次数 = 索引次数 + 读取次数 = 索引次数 +1。

若数据所在数据块通过直接地址得到，即 $0 \leqslant i \leqslant 28KB$，则磁盘访问次数为 1(读取 1 次)。

若数据所在数据块通过一次间接地址得到，即 $28KB < i \leqslant 28KB+8MB$，则磁盘访问次数为 2（索引 1 次 + 读取 1 次）。

若数据所在数据块通过二次间接地址得到，即 $28KB+8MB < i \leqslant 28KB+8MB+4GB$，则磁盘访问次数为 3（索引 2 次 + 读取 1 次）。

# 全真模拟题（二）

1. 下列关于系统调用的说法中，正确的是（　　）。

Ⅰ. 当操作系统完成用户请求的“系统调用”功能后，应使CPU从内核态转到用户态工作

Ⅱ. 用户程序设计时，使用系统调用命令，该命令经过编译后，形成若干参数和屏蔽中断指令

Ⅲ. 用户在编写程序时计划读取某个数据文件中的20个数据块记录，需使用操作系统提供的系统调用接口

Ⅳ. 用户程序创建一个新进程，需使用操作系统提供的系统调用接口

A. 仅Ⅰ、Ⅲ　　B. 仅Ⅱ、Ⅳ　　C. 仅Ⅰ、Ⅲ、Ⅳ　　D. 仅Ⅱ、Ⅲ、Ⅳ

2. 下列关于进程通信的叙述中正确的有（　　）。

Ⅰ. 基于消息队列的通信方式中，复制发送比引用发送效率高

Ⅱ. 从进程通信的角度设计PCB应包含的项目，需要有消息队列指针、描述消息队列中消息个数的资源信号量、进程调度信息

Ⅲ. 进程可以通过共享各自的内存空间来直接共享信息

Ⅳ. 并发进程之间进行通信时，一定共享某些资源

A. Ⅰ、Ⅳ　　B. Ⅰ、Ⅲ　　C. Ⅱ、Ⅲ　　D. Ⅳ

3. 在下述关于父进程和子进程的叙述中，正确的是（　　）。

A. 撤销父进程时，一定会同时撤销子进程

B. 父进程和子进程可以并发执行

C. 撤销子进程时，一定会同时撤销父进程

D. 父进程创建了子进程，因此父进程执行完后，子进程才能执行

4. 关于临界区问题（Critical Section Problem）的一个算法（假设只有进程 $P_0$ 和 $P_1$ 可能会进入该临界区）如下（$i$ 为0或1），该算法（　　）。

```
Repeat
    retry：if(turn != -1) turn = i;
    if(turn != i) goto retry;
    turn = -1;
临界区
    turn = 0;
剩余区
    until false;
```

A. 不能保证进程互斥进入临界区，且会出现“饥饿”
B. 不能保证进程互斥进入临界区，但不会出现“饥饿”
C. 保证进程互斥进入临界区，但会出现“饥饿”
D. 保证进程互斥进入临界区，不会出现“饥饿”

5. 某台计算机采用动态分区来分配内存，经过一段时间的运行，现在在内存中依地址从小到大存在 100KB、450KB、250KB、200KB 和 600KB 的空闲分区中。分配指针现指向地址起始点，继续运行还会有 212KB、417KB、112KB 和 426KB 的进程申请使用内存，那么，能够完全完成分配任务的算法是（　　）。

A. 首次适应算法　B. 邻近适应算法　C. 最佳适应算法　D. 最坏适应算法

6. 在页式存储管理系统中，若考虑 TLB 和 Cache，为获得一条指令或数据（对应指令或数据已在内存中），至少需要访问内存（　　）次，至多需要（　　）次。

A. 1，2　B. 0，1　C. 0，2　D. 1，3

7. 下列哪些存储分配方案可能使系统抖动（　　）。

Ⅰ. 动态分区分配　Ⅱ. 简单页式　Ⅲ. 虚拟页式　Ⅳ. 简单段页式　Ⅴ. 简单段式
Ⅵ. 虚拟段式

A. Ⅰ、Ⅱ和Ⅴ　B. Ⅲ和Ⅳ　C. 只有Ⅲ　D. Ⅲ和Ⅵ

8. 下列几种类型的系统中，适合采用忙等待 I/O 的有（　　）。

Ⅰ. 专门用来控制单 I/O 设备的系统
Ⅱ. 运行一个多任务操作系统的个人计算机
Ⅲ. 作为一个负载很大的网络服务器的工作站

A. 仅Ⅰ　B. 仅Ⅰ、Ⅱ　C. 仅Ⅱ、Ⅲ　D. 仅Ⅰ、Ⅱ、Ⅲ

9. 某操作系统采用双缓冲区传送磁盘上的数据。设一次从磁盘将数据传送到缓冲区所用的时间为 $T_1$，一次将缓冲区中数据传送到用户区所用时间为 $T_2$（假设 $T_2$ 远小于 $T_1$、$T_3$），CPU 处理一次数据所用时间为 $T_3$，则读入并处理该数据共重复 $n$ 次该过程，系统所用总时间为（　　）。

A. $n(T_1+T_2+T_3)$　B. $n\max(T_2, T_3)+T_1$
C. $n\max(T_1, T_3)+T_2$　D. $(n-1)\max(T_1, T_3)+T_1+T_2+T_3$

10. 以下关于固态硬盘的说法中，错误的是（　　）。

A. 固态硬盘的写速度慢，读速度快
B. 固态硬盘支持随机访问
C. 固态硬盘重复写同一个块可能会减少寿命
D. 磨损均衡机制的目的是加快硬盘读写速度

11. 在下列代码中，有 3 个进程 P1、P2 和 P3，它们使用了字符输出函数 putc 来进行输出（每次输出一个字符），并使用两个信号量 L 和 R 来进行进程间的同步，请问：

```
semaphore L = 3, R = 0;
/*进程P1*/
while(1){
    P(L);
    putc('C');
    V(R);
}
/*初始化*/
/*进程P2*/
while(1){
    P(R);
    putc('A');
    putc('B');
    V(R);
}
/*进程P3*/
while(1){
    P(R);
    putc('D');
}
```

（1）这组进程在运行时，最后打印出多少个“D”字符？

（2）当这组进程在运行时，在何种情形下，打印出来的字符“A”的个数是最少的，最少的个数是多少？

（3）当这组进程在运行时，“CABABDDCABCABD”是不是一种可能的输出序列，为什么？

（4）当这组进程在运行时，“CABACDBCABDD”是不是一种可能的输出序列，为什么？

12. 根据下图描述的目录结构，结合以下叙述继续回答问题。根目录常驻内存，目录文件组织成链接文件，不设文件控制块，普通文件组织成索引文件。目录表指示下一级文件名及其磁盘地址（各占 2B，共 4B）。若下级文件是目录文件，则指示其第一个磁盘块地址。若下级文件是普通文件，则指示其文件控制块的磁盘地址。每个目录文件磁盘块的最后 4B 供拉链使用。下级文件在上级目录文件中的次序在图中为从左至右。每个磁盘块有 512B，与普通文件的一页等长。

普通文件的文件控制块组织如下表所示，其中，每个磁盘地址占 2B，前 10 个地址直接指示该文件前 10 页的地址。第 11 个地址指示一级索引表地址，一级索引表中每个磁盘地址指示一个文件页地址；第 12 个地址指示二级索引表地址，二级索引表中每个地址指示一个一级索引表地址；第13个地址指示三级索引表地址，三级索引表中每个地址指示一个二级索引表地址。请问：

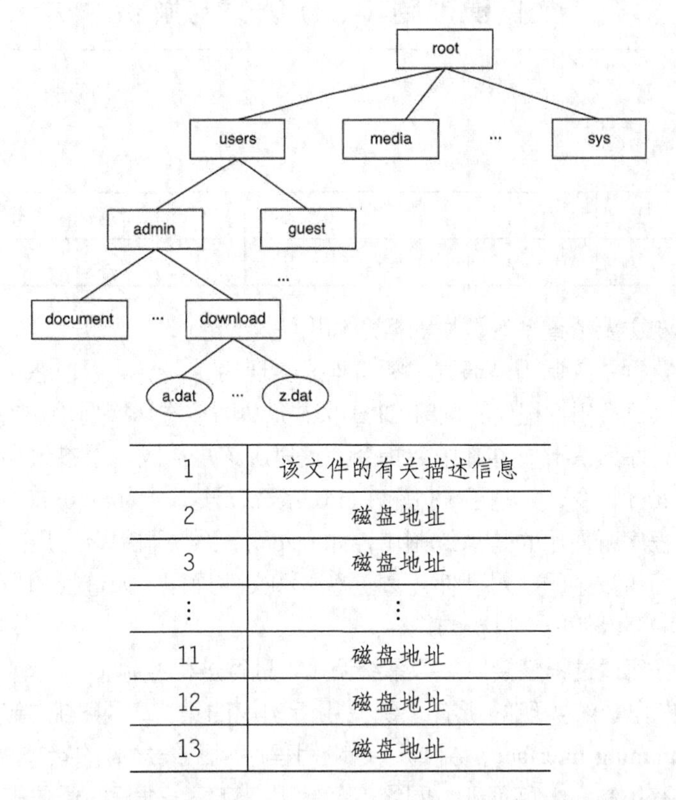


| 1 | 该文件的有关描述信息 |
| --- | --- |
| 2 | 磁盘地址 |
| 3 | 磁盘地址 |
| ⋮ | ⋮ |
| 11 | 磁盘地址 |
| 12 | 磁盘地址 |
| 13 | 磁盘地址 |

（1）若当前目录为 /root/users/admin，则 a.dat 文件的绝对路径名和相对路径名是什么？

（2）若要读取顺序文件 a.dat 中的某一页，最少启动磁盘多少次？最多启动磁盘多少次？

（3）如果已知顺序文件 a.dat 的大小。试问如果要读取该文件的最后一个记录，是否能预估出启动磁盘的次数？若能，请写出详细过程。

# 全真模拟题（二）答案与解析

## 答案速查表

| 题号 | 1 | 2 | 3 | 4 | 5 | 6 | 7 | 8 | 9 | 10 |
|---|---|---|---|---|---|---|---|---|---|---|
| 答案 | C | D | B | B | C | C | D | B | D | D |

1.【解析】本题主要考查系统调用的概念和用法。

Ⅰ正确，程序执行系统调用是通过中断机构来实现的，需要从用户态转换到内核态，当系统调用返回后，继续执行用户程序，同时 CPU 状态也从内核态切换到用户态。

Ⅱ错误，用户程序无法形成屏蔽中断指令。这里应该是形成若干参数和陷入（trap）指令。系统调用需要触发 trap 指令，如基于 x86 的 Linux 系统，该指令为 int 0x80 或 sysenter。

Ⅲ正确，编写程序所使用的是系统调用，如 read( )。系统调用会给用户提供一个简单的使用计算机的接口，而将复杂的、对硬件（如磁盘）和文件操作（如查找和访问）的细节屏蔽起来，为用户提供一种高效使用计算机的途径。

Ⅳ正确，用户程序通过程序接口（即系统调用）进行进程控制。

【知识链接】操作系统实现的所有系统调用所构成的集合，即程序接口或应用编程接口（Application Programming Interface，API），是应用程序同系统之间的接口，它包括进程控制、文件系统控制、系统控制、内存管理、网络管理、用户管理、进程间通信等，所以几乎各个功能都需要用到系统调用。系统调用是操作系统提供给应用程序的唯一接口。

【答案】C

2.【解析】本题主要考查进程通信的方法和过程。

Ⅰ错误，当发送方发送一个较小的数据包时，发送方将数据包复制至消息队列，然后接收方从消息队列中拷走，这称为复制发送；如果数据包较大，发送方只是把指向数据包的指针和数据包的大小发送给接收者，接收者通过指针访问数据包，这称为引用发送。显然，引用发送比复制发送更复杂，但不需要复制数据，所以引用发送的效率高。

Ⅱ错误，进程调度信息属于进程管理的内容，并非进程通信内容，这里还缺少一个实现消息队列互斥访问的互斥信号量。

Ⅲ错误，各个进程都有自己的内存空间、数据栈等，所以只能使用进程间通信（Inter Process Communication，IPC），而不能直接共享信息。需要注意的是，这里的内存空间和进程通信中共享的缓冲区是不一样的。

Ⅳ正确，并发进程之间进行通信时，必定存在资源共享问题。

进程通信归结为以下三大类。

（1）存储器系统，共享了存储器资源。

（2）消息传递系统，共享了消息文件。

（3）管理通道，共享了管道文件。

【答案】D

3.【解析】本题主要考查父进程和子进程的区别。

虽然父进程创建了子进程，它们有一定的关系，但仍然是两个不同的进程，有其独立性，撤销一个并不一定会导致另一个也撤销。例如，在 UNIX 系统中，每个进程都有父进程，父进程撤销以后子进程可以有两种状态：①子进程一并终止；②子进程被称为孤儿进程，被 init 进程（第一个用户级进程，所有进程都是由 init 进程创建并运行的）领养。所以父进程撤销并不一定会导致子进程也撤销，A 选项、C 选项叙述错误。父进程创建子进程后两个进程能同时执行，而且这两个进程互不影响，D 选项叙述错误，B 选项叙述正确。

【答案】B

4.【解析】本题主要考查进程的同步与互斥。

进程 $P_0$ 和 $P_1$ 写为：

```
P0:
①if retry(turn != -1) turn = 0;
②if(turn != 0) goto retry;
③turn = -1;

P1:
④if retry(turn != -1) turn = 1;
⑤if(turn != 1) goto retry;
⑥turn = -1;
```

当执行顺序为①、②、④、⑤、③、⑥时，$P_0$ 和 $P_1$ 将全部进入临界区，所以不能保证进程互斥进入临界区。

【高手点拨】有的同学认为这道题会产生“饥饿”，理由如下：

当 $P_0$ 执行完临界区时，CPU 调度 $P_1$ 执行④。当顺序执行①、④、（②、①、⑤、④）、（②、①、⑤、④）、……时，$P_0$ 和 $P_1$ 进入无限等待，即出现“饥饿”现象。

这是对“饥饿”概念不熟悉的表现。“饥饿”的定义是，当等待时间给进程的推进和响应带来明显影响时称为进程“饥饿”。当“饥饿”到一定程度的进程所赋予的任务即使完成也无实际意义的时候，进程被“饿死”。

产生“饥饿”的主要原因是在一个动态系统中，对于每类系统资源，操作系统需要确定一个分配策略，当多个进程同时申请某类资源时，由分配策略确定资源分配给进程的次序。

有时资源分配策略可能是不公平的，即不能保证等待时间上界的存在。这种情况下，即使系统没有发生死锁，某些进程也可能会长时间等待。

而在本题中，$P_0$ 和 $P_1$ 只有满足了特定的某个序列才能达到“饥饿”的效果，并不是由资源分配策略本身不公平造成的，而这两个进程代码表现出来的策略是公平的，两个进程的地位也是平等的。满足上述特定的序列具有特殊性，就进程推进的不确定性而言，很难恰好地达到这种效果；否则，几乎所有这类进程都有可能产生“饥饿”。

【答案】B

5.【解析】本题主要考查计算机动态分区内存分配算法的计算。

对于此类题，最好结合图表来解答。按照题中的各种分配算法，分配的结果如下页表所示。

| 空闲分区 | 100KB | 450KB | 250KB | 200KB | 600KB |
|---|---|---|---|---|---|
| 首次适应算法 | | 212KB<br>112KB | | | 417KB |
| 邻近适应算法 | | 212KB<br>112KB | | | 417KB |
| 最佳适应算法 | | 417KB | 212KB | 112KB | 426KB |
| 最坏适应算法 | | 417KB | | | 212KB<br>112KB |

只有最佳适应算法可以完全完成分配的任务。

【答案】C

6.【解析】本题主要考查访问内存的过程。

这种题需要能够理解整个访问内存的过程，根据逻辑地址，将访问内存分为两部分：由逻辑地址转换成物理地址；由物理地址到从内存中读写数据。由逻辑地址到物理地址：先考虑是否在 TLB 中，若未命中则需要访问页表（在内存中），所以至少访问内存 0 次，至多访问 1 次；由物理地址到从内存中读写数据，先考虑是否存在 Cache 中，若未命中则需要访问内存，若内存也未命中则需要缺页中断访问磁盘，所以，至少访问内存 0 次，至多访问 1 次。因此，共最少访问内存 0 次，最多访问 2 次。

【答案】C

7.【解析】本题主要考查系统抖动。

要通过对存储分配的理解来推断系统是否会发生抖动，就需要了解不同存储分配方案的内容。抖动现象是指刚刚被换出的页很快又要被访问，为此，又要换出其他页，而该页又很快被访问，如此频繁地置换页面，以致大部分时间都花在页面置换上。但是，置换的信息量过大、内容存量不足不是引起系统抖动的原因，而选择的置换算法不当才是引起抖动的根本原因，比如先进先出算法就可能会产生抖动现象。本题中，只有虚拟页式和虚拟段式才存在换入换出的操作，由于简单页式和简单段式已经全部将程序调入内存，因此不需要置换，也就没有了抖动现象。

【答案】D

8.【解析】本题主要考查忙等待 I/O。

采用忙等待 I/O 方式，当 CPU 等待 I/O 操作完成时，进程不能继续执行。对于Ⅰ和Ⅱ而言，执行 I/O 操作时，系统不需要处理其他的事务，因此采用忙等待 I/O 是合适的。而对于网络服务而言，它需要处理网页的并发请求，需要 CPU 有并行处理的能力，因此不适合采用忙等待 I/O。

【答案】B

9.【解析】本题主要考查磁盘的缓冲区。

本题需分情况讨论：如果 $T_3 > T_1$，即 CPU 处理数据比数据传送慢，那么磁盘将数据传送到缓冲区，再传送到用户区，除了第一次需要耗费的 $T_1+T_2+T_3$ 外，剩余数据可以视为 CPU 进行连续处理，总共花费（$n$-1）$T_3$，读入并处理所用的总时间为 $T_1+T_2+nT_3$。如果 $T_3 < T_1$，即 CPU 处理数据比数据传送快，此时除了第一次可以视为 I/O 连续输入外，磁盘将数据传送到缓冲区，与将缓冲区中的数据传送到用户区及 CPU 处理数据可视为并行执行，那么花费时间主要取决于磁盘将数据传送到缓冲区所用时间 $T_1$，前 $n$-1 次总共为（$n$-1）$T_1$，而最后一次 $T_1$ 完成后，还要花时间从缓冲区传送到用户区，以及 CPU 还要处理，即还要加上 $T_2+T_3$，也就是读入并处理所用的总时间为 $nT_1+T_2+T_3$。两种情况分别得到的结果是 $T_1+T_2+nT_3$ 和 $nT_1+T_2+T_3$。两个式子取最大值为系统所用时间，且并不能得知 $T_1$ 和 $T_3$ 之间的大小关系，所以可以得到总时间为（$T_1+T_2+T_3$）+（$n$-1）max（$T_2$，$T_3$）即选项 D。

【答案】D

10.【解析】本题主要考查固态硬盘。

固态硬盘是 ROM，可以随机访问，读很快，写的话有可能需要先擦除才能写，所以写的速度会慢很多，A 选项和 B 选项说法正确。固态硬盘重复写一个块可能会反复擦写这同一个块，因此可能会减少寿命，C 选项说法正确。磨损均衡机制是为了尽量使每个块平均磨损，延长固态硬盘的读写寿命，D 选项说法错误。故选 D 选项。

【答案】D

11.【解析】

（1）连续执行 P1 直到其阻塞，此时 R = 3，P3 可执行 3 次，因此最后打印 3 个“D”字符。

（2）连续执行 P1 直到其阻塞，然后连续执行 P3 直到其阻塞，此时 P2 也无法执行，因此这种情况下打印出来的字符“A”的个数是最少的，为 0 个。

（3）题目中给的输出序列为“CABABDDCABCABD”，则可以模拟 3 个进程的执行顺序。

若输出 C 则执行的是进程 P1，此时 P（L）、V（R）使得 L = L-1 = 2，R = R+1 = 1；

继续输出 AB 则执行的是进程 P2，此时 P（R）、V（R）使得 R = R-1 = 0，R= R+1 – 1；继续输出 AB 则执行的是进程 P2，此时 P（R）、V（R）使得 R = R–1 = 0，R= R+1 = 1；

继续输出 D 则执行的是进程 P3，此时 P（R）使得 R = R-1 = 0；

继续输出 D 则执行的是进程 P3，此时 P（R）使得 R = R-1 = -1。

此时信号量 R = -1 是不合法的，所以“CABABDDCABCABD”不是可能的输出序列。

（4）题目中给的输出序列为“CABACDBCABDD”，则可以模拟 3 个进程的执行顺序。

若输出 C 则执行的是进程 P1，此时 P（L）、V（R）使得 L = L-1 = 2，R = R+1 = 1；

继续输出 AB 则执行的是进程 P2，此时 P（R）、V（R）使得 R = R-1 = 0，R= R+1 = 1；
继续输出 A 则执行的是进程 P2 循环中的前两行代码，此时 P（R）使得 R = R–1 = 0；
继续输出 C 则执行的是进程 P1，此时 P（L）、V（R）使得 L = L-1 = 1，R = R+1 = 1；
继续输出 D 则执行的是进程 P3，此时 P（R）使得 R = R-1 = 0；
继续输出 B 则执行的是进程 P2，的后两行代码，此时 V（R）使得 R = R+1 = 1；
继续输出 C 则执行的是进程 P1，此时 P（L）、V（R）使得 L = L-1 = 0，R = R+1 = 2；
继续输出 AB 则执行的是进程 P2，此时 P（R）、V（R）使得 R = R–1 = 1，R= R+1 = 2；
继续输出 D 则执行的是进程 P3，此时 P（R）使得 R = R-1 = 1；
继续输出 D 则执行的是进程 P3，此时 P（R）使得 R = R-1 = 0；
信号量 L 和 R 均为合法值，所以“CABACDBCABDD”是可能的输出序列。

【答案】（1）打印了 3 个“D”字符。

（2）连续执行 P1 直到其阻塞，然后连续执行 P3 直到其阻塞，此时 P2 也无法执行，因此这种情况下打印出来的字符“A”的个数是最少的，为 0 个。

（3）不可能。原因见解析。

（4）可能。原因见解析。

12.【解析】

（1）绝对路径是从整个目录结构的根开始的，而相对路径是从题目中描述的当前目录开始的。所以绝对路径从 root 开始分别经过 users、admin、download 到达 a.dat，所以绝对路戏表示为：/root/users/admin/download/a.dat。相对路径从题目给出的当前路径，即 /root/users/admin 开始经历 download 到达 a,dat，所以相对路径表示为：download/a,dat。其中，作为描述路径的第一个字符的时候，表示从目录的最顶层也就是从根开始的“根目录”，其他的则表示目录之间的间隔符号。

（2）因为当前目录为 /root/users/admin。该目录中有目录 download 的磁盘地址，将其读入内存，访问磁盘一次；从目录 download 中找出文件 a.dat 的文件控制块地址并将文件控制块读入内存，又访问磁盘一次；在最好的情况下，要访问的页在文件控制块的前 10 个直接块中，按照直接块指示的地址读文件 a.dat 的相应页，又访问一次磁盘。所以在最好的情况下，只需启动磁盘 3 次。在最坏的情况下，要访问的页存放在三级索引下，这时候需要一级一级地读三级索引块才能得到目标页的地址，总共访问磁盘 5 次，最后读入目标页需要再访问磁盘一次。所以在最坏的情况下，需启动磁盘 6 次。

【答案】（1）a.dat 文件的绝对路径名为 /root/users/admin/download/a.dat ;

a.dat 文件的相对路径名为 download/a.dat。

（2）在最好的情况下，只需启动磁盘 3 次。在最坏的情况下，需启动磁盘 6 次。

（3）能。因为给出了 a.dat 文件的大小，且要访问的位置也已经给出（文件末尾，也就是文件的最后一页）。通过文件大小，可以计算出文件最后一页的地址是在直接块中，还是在第 $i$ 级索引块中，若在直接块中，访问次数就是最好情况下的 3 倍。若在第 $i$ 级索引块中，访问次数就是 $3+i$ 次。